21世纪高等学校规划教材 | 软件工程

面向对象应用技术

李代平 编著

清华大学出版社
北京

内容简介

本书是讲述面向对象应用技术的教学用书。全书共分9章，系统地介绍了面向对象的基本应用方法，主要包括面向对象分析与设计的基本概念、主要步骤、典型特点、关键问题等，以及面向对象的表示法和开发过程。每章都包含一节应用领域的实例。

本书论述浅显易懂，书中内容翔实、立论严谨、实例丰富、图文并茂。本书适合作为高等学校软件工程、计算机及相关专业的教材，也可作为工程技术人员的参考书。

图书在版编目(CIP)数据

面向对象应用技术/李代平编著. —北京：清华大学出版社，2018
(21世纪高等学校规划教材·软件工程)
ISBN 978-7-302-51393-3

Ⅰ. ①面… Ⅱ. ①李… Ⅲ. ①面向对象语言—程序设计—高等学校—教材 Ⅳ. ①TP312.8

中国版本图书馆CIP数据核字(2018)第233829号

责任编辑：付弘宇 薛 阳
封面设计：傅瑞学
责任校对：李建庄
责任印制：杨 艳

出版发行：清华大学出版社
网　址：http://www.tup.com.cn，http://www.wqbook.com
地　址：北京清华大学学研大厦A座　　邮　编：100084
社 总 机：010-62770175　　邮　购：010-62786544
投稿与读者服务：010-62776969，c-service@tup.tsinghua.edu.cn
质量反馈：010-62772015，zhiliang@tup.tsinghua.edu.cn
课件下载：http://www.tup.com.cn，010-62795954
印 刷 者：北京富博印刷有限公司
装 订 者：北京市密云县京文制本装订厂
经　销：全国新华书店
开　本：185mm×260mm　**印　张**：16.5　**字　数**：403千字
版　次：2018年12月第1版　**印　次**：2018年12月第1次印刷
印　数：1～1500
定　价：49.00元

产品编号：078881-01

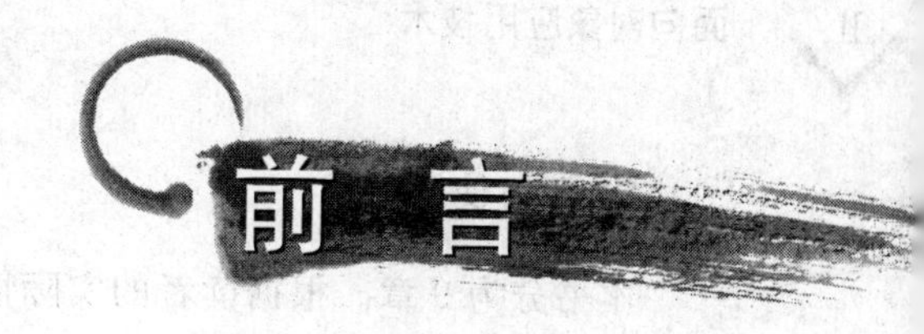

前言

1. 编写意图

随着科学技术的进步,新的软件理论与开发方法不断涌现。面向对象技术是指导计算机软件开发的工程科学技术。面向对象的概念、原理、技术与方法已成为计算机科学与技术中的重要内容。

用面向对象技术进行软件设计与开发的先进性是众所周知的,在计算机科学技术领域中面向对象技术占据了无可争议的主流地位。但是这种技术的流行背后却隐含着涉足者的艰难。作为软件技术人员,要掌握这样一个概念抽象的系统技术,需要阅读很多书籍和文献,特别是要有一个实际软件开发的工作过程。接受面向对象技术的概念并不难,但是要真正理解、掌握和运用这门先进的技术,完整地进行系统开发,是有一定难度的。鉴于此,我们编写了这本应用方法类的书,其目的是向读者提供一本关于面向对象系统分析、设计和实施方法的教科书,以使更多同行受益。

2. 有关本书

本书旨在介绍面向对象技术的系统分析、设计和实施的知识。从广义上来说,系统分析、设计和实施指的是专业人员创建或维护信息系统的过程。

3. 本书特点

本书对于每章的概念进行了严格的论述。每一个概念都有相应的例子解释。特别是每章都配有练习题。

4. 适用范围

本书可作为软件系统开发课程的教科书,讲授时间为 32 学时左右,适用于开设有面向对象系统开发课程或者软件工程课程的大学高年级本科和低年级研究生课程。

在选修本课程之前,读者应该具有计算机的基础知识,同时具有 Visual 类语言或者 C/C++语言的编程经验,这将有助于深入理解信息系统开发过程。

5. 编写方法

本书是作者根据自己近二十年来对软件工程学、面向对象方法等的教学与研究,以及作者领导或参与的 20 项软件项目开发的实际应用经验,并结合软件开发新技术编写而成。根据作者的教学经验,读者想学习一门新技术,教材是非常重要的。因此,在编写本书之前,作者在各方面进行了充分的准备。

6. 如何使用本书

本书分为9章。根据读者的实际情况，教师在教授本书时，可以按照自己的风格和喜好删除章节，也可以根据教学目标灵活调整章节顺序。

第1章　面向对象方法论(建议4学时)

第2章　面向对象建模(建议4学时)

第3章　发现对象、建立对象类(建议4学时)

第4章　定义属性与服务(建议4学时)

第5章　定义结构与连接(建议4学时)

第6章　控制驱动部分的设计(建议4学时)

第7章　对象设计(建议4学时)

第8章　数据库及其接口设计(建议2学时)

第9章　人机交互部分的设计(建议2学时)

本书在编写过程中获得广东理工学院李代平负责的广东省级重点学科建设项目“计算机科学与技术”一级学科课题的支持。除作者外，还有广东理工学院信息工程系的杨成义、杨挺来也做了部分工作。由于软件工程知识面广，在介绍中不能面面俱到，加上时间仓促，作者水平有限，书中的不足之处在所难免，恳请读者批评指正。

7. 配套资源

本书提供配套的电子课件(PPT)，供教师们教学使用，可以从清华大学出版社官方网站www.tup.com.cn下载。关于课件下载和使用中的问题，请联系本书责任编辑404905510@qq.com。

编　者

2018年12月

于　振华楼

目 录

第 1 章　面向对象方法论 ………… 1

1.1　面向对象概念 ………… 3

1.1.1　对象 ………… 3

1.1.2　类 ………… 4

1.1.3　对象图 ………… 5

1.1.4　属性 ………… 5

1.1.5　操作和方法 ………… 6

1.1.6　封装 ………… 7

1.1.7　继承 ………… 8

1.1.8　多重继承 ………… 9

1.1.9　消息 ………… 11

1.1.10　结构与连接 ………… 12

1.1.11　多态性 ………… 13

1.1.12　永久对象 ………… 14

1.1.13　主动对象 ………… 14

1.1.14　对象类的表示方法 ………… 16

1.2　链接与关联 ………… 16

1.2.1　一般概念 ………… 16

1.2.2　重数 ………… 17

1.2.3　关联的重要性 ………… 17

1.2.4　三元关联 ………… 18

1.2.5　关联的候选关键字 ………… 18

1.2.6　异或关联 ………… 18

1.2.7　资格符 ………… 19

1.2.8　链接属性 ………… 19

1.2.9　用关联模型化为类 ………… 19

1.2.10　角色名 ………… 20

1.2.11　排序 ………… 21

1.2.12　资格关联 ………… 21

1.3　聚合 ………… 21

1.3.1　聚合与关联 ………… 22

1.3.2　聚合和概括 ………… 22

1.3.3 递归聚合 …… 23
1.3.4 操作的传播 …… 23
1.3.5 物理聚合与分类聚合 …… 24
1.3.6 物理聚合的语义扩展 …… 24
1.3.7 分类聚合的语义扩展 …… 25
1.4 面向对象实例 …… 25
1.4.1 问题概述 …… 25
1.4.2 对象及其类的分析 …… 25
1.4.3 类的属性与方法分析 …… 26
1.4.4 类的描述(C++) …… 28
1.4.5 类的描述(C++)实验 …… 35
1.5 对象、类描述实验 …… 35
1.5.1 实验问题域概述 …… 35
1.5.2 实验1 …… 37
小结 …… 38
综合练习 …… 38

第2章 面向对象建模 …… 39

2.1 统一建模语言 …… 39
2.1.1 UML的发展 …… 39
2.1.2 统一建模语言的内容 …… 40
2.1.3 统一建模语言的主要特点 …… 42
2.1.4 统一建模语言的应用领域 …… 42
2.2 UML的基本图标 …… 43
2.3 基本规则 …… 51
2.3.1 UML的基本元素 …… 51
2.3.2 UML的语法规则 …… 51
2.3.3 UML的词别 …… 52
2.4 对象模型技术 …… 52
2.4.1 对象模型 …… 53
2.4.2 动态模型 …… 53
2.4.3 功能模型 …… 53
2.4.4 三种模型的联系 …… 53
2.5 软件体系结构 …… 54
2.6 用UML描述ATM机 …… 57
2.6.1 问题概述 …… 57
2.6.2 系统模型 …… 58
2.7 面向对象UML实验 …… 64
2.7.1 实验问题域概述 …… 64

2.7.2 实验2 …… 64
小结 …… 65
综合练习 …… 65

第3章 发现对象、建立对象类 …… 66

3.1 对象、主动对象以及它们的类 …… 66
3.2 表示法 …… 68
3.3 研究问题域和用户需求 …… 68
3.3.1 研究用户需求,明确系统责任 …… 68
3.3.2 研究问题域 …… 69
3.3.3 确定系统边界 …… 70
3.4 发现对象 …… 71
3.4.1 发现对象技术概要 …… 71
3.4.2 正确地运用抽象原则 …… 71
3.4.3 策略与启发 …… 72
3.4.4 审查和筛选 …… 74
3.4.5 发现对象方法 …… 75
3.5 对象分类,建立类图的对象层 …… 77
3.5.1 异常情况的检查和调整 …… 77
3.5.2 类的命名 …… 78
3.5.3 建立类图的对象层 …… 79
3.6 电梯控制系统的对象 …… 79
3.6.1 功能需求 …… 79
3.6.2 发现对象 …… 80
3.6.3 对象层表示 …… 80
3.7 发现对象实验 …… 81
3.7.1 实验问题域概述 …… 81
3.7.2 实验3 …… 81
小结 …… 82
综合练习 …… 82

第4章 定义属性与服务 …… 83

4.1 对象的属性和服务 …… 83
4.2 表示法 …… 84
4.3 定义属性 …… 84
4.3.1 策略与启发 …… 84
4.3.2 审查与筛选 …… 85
4.3.3 推迟到OOD考虑的问题 …… 87
4.3.4 属性的命名和定位 …… 87

4.3.5 属性的详细说明 …… 88
4.4 定义服务 …… 88
4.4.1 对象的状态与状态转换图 …… 88
4.4.2 行为分类 …… 90
4.4.3 发现服务的策略与启发 …… 91
4.4.4 审查与调整 …… 92
4.4.5 认识对象的主动行为 …… 92
4.4.6 服务的命名和定位 …… 92
4.4.7 服务的详细说明 …… 93
4.5 建立类图的特征层 …… 93
4.6 电梯例子 …… 94
4.6.1 电梯系统的属性描述 …… 94
4.6.2 电梯系统的服务定义 …… 96
4.6.3 电梯系统的特征层 …… 101
4.7 对象的属性与服务实验 …… 102
4.7.1 实验问题域概述 …… 102
4.7.2 实验 4 …… 103
小结 …… 103
综合练习 …… 104

第 5 章 定义结构与连接 …… 105

5.1 整体—部分结构 …… 105
5.1.1 整体—部分结构及其用途 …… 105
5.1.2 表示法 …… 107
5.1.3 如何发现整体—部分结构 …… 107
5.1.4 审查与筛选 …… 108
5.1.5 简化对象的定义 …… 109
5.1.6 支持软件复用 …… 109
5.1.7 整体—部分结构的进一步运用 …… 110
5.1.8 调整对象层和属性层 …… 112
5.2 一般—特殊结构 …… 112
5.2.1 一般—特殊结构及其用途 …… 112
5.2.2 表示法 …… 113
5.2.3 如何发现一般—特殊结构 …… 113
5.2.4 审查与调整 …… 115
5.2.5 多继承及多态性问题 …… 115
5.2.6 一般—特殊结构的简化 …… 118
5.2.7 调整对象层和特征层 …… 118
5.3 实例连接 …… 119

5.3.1 简单的实例连接 …… 119
5.3.2 复杂的实例连接及其表示 …… 120
5.3.3 三元关联问题 …… 122
5.3.4 如何建立实例连接 …… 122
5.3.5 对象层、特征层的增补及实例连接说明 …… 124
5.4 消息连接 …… 124
5.4.1 消息的定义 …… 124
5.4.2 顺序系统中的消息 …… 124
5.4.3 并发系统中的消息 …… 126
5.4.4 消息对 OOA 的意义 …… 128
5.4.5 OOA 对消息的表示——消息连接 …… 128
5.5 如何建立消息连接 …… 130
5.5.1 建立控制线程内部的消息连接 …… 130
5.5.2 建立控制线程之间的消息连接 …… 131
5.5.3 对象分布问题及其消息的影响 …… 131
5.6 消息的详细说明 …… 132
5.7 电梯控制系统部分关系结构 …… 133
5.7.1 一般—特殊关系 …… 133
5.7.2 整体—部分关系 …… 133
5.7.3 连接 …… 133
5.7.4 电梯控制系统的关系层 …… 134
5.8 结构与连接实验 …… 135
5.8.1 实验问题域概述 …… 135
5.8.2 实验 5 …… 135
小结 …… 136
综合练习 …… 136

第 6 章 控制驱动部分的设计 …… 137

6.1 类型一致性原则 …… 137
6.2 闭合行为原则 …… 138
6.3 什么是控制驱动部分 …… 139
6.4 相关技术问题 …… 139
6.4.1 系统总体方案 …… 139
6.4.2 软件体系结构 …… 140
6.4.3 分布式系统的体系结构风格 …… 141
6.4.4 系统的并发性 …… 144
6.5 如何设计控制驱动部分 …… 147
6.5.1 选择软件体系结构风格 …… 147
6.5.2 确定系统分布方案 …… 148

6.5.3 识别控制流 …… 151
6.5.4 用主动对象表示控制流 …… 153
6.5.5 把控制驱动部分看作一个主题 …… 155
6.6 医院的信息管理 …… 155
6.6.1 系统概述 …… 155
6.6.2 设计约束 …… 156
6.6.3 设计策略 …… 156
6.6.4 系统总体结构 …… 156
6.6.5 逻辑设计 …… 156
6.6.6 物理设计 …… 157
6.6.7 子系统的结构与功能 …… 157
6.7 系统结构设计实验 …… 158
6.7.1 实验问题域概述 …… 158
6.7.2 实验 6 …… 158
小结 …… 159
综合练习 …… 159
第7章 对象设计 …… 161
7.1 对象设计综述 …… 161
7.1.1 从分析和系统结构着手 …… 161
7.1.2 对象设计的步骤 …… 162
7.1.3 对象模型工具 …… 162
7.2 组合三种模型 …… 163
7.3 设计算法 …… 164
7.3.1 选择算法 …… 164
7.3.2 选择数据结构 …… 165
7.3.3 定义内部类和操作 …… 166
7.3.4 指定操作的职责 …… 166
7.4 设计优化 …… 167
7.4.1 添加冗余关联获取有效访问 …… 167
7.4.2 重新安排执行次序以获得效率 …… 168
7.4.3 保存导出属性避免重复计算 …… 169
7.5 控制实现 …… 170
7.5.1 在程序内进行状态设置 …… 170
7.5.2 状态机器引擎 …… 170
7.5.3 控制作为并发任务 …… 171
7.6 继承的调整 …… 171
7.6.1 重新安排类和操作 …… 171
7.6.2 抽象出公共的行为 …… 172

7.6.3 使用授权共享实现 …… 173
7.7 关联设计 …… 174
7.7.1 分析关联遍历 …… 174
7.7.2 单向关联 …… 174
7.7.3 双向关联 …… 174
7.7.4 链接属性 …… 175
7.8 对象的表示 …… 175
7.9 物理打包 …… 176
7.9.1 信息隐藏 …… 176
7.9.2 实体的相关性 …… 177
7.9.3 构造模块 …… 177
7.10 设计决策文档 …… 178
7.11 ATM 的对象设计实例 …… 178
7.11.1 问题概述 …… 178
7.11.2 ATM 系统类图 …… 179
7.12 对象设计实验 …… 181
7.12.1 实验问题域概述 …… 181
7.12.2 实验 7 …… 181
小结 …… 182
综合练习 …… 183

第 8 章 数据库及其接口设计 …… 184

8.1 数据管理系统及其选择 …… 184
8.2 数据库系统 …… 191
8.2.1 面向对象技术 …… 195
8.2.2 面向对象数据库的应用 …… 197
8.2.3 应用程序设计程序 …… 197
8.2.4 面向对象数据库的最佳化 …… 198
8.3 技术整合 …… 199
8.4 数据接口 …… 200
8.5 对象存储方案和数据接口的设计策略 …… 201
8.5.1 针对文件系统的设计 …… 202
8.5.2 针对 RDBMS 的设计 …… 206
8.5.3 使用 OODBMS …… 215
8.6 数据库设计实验 …… 215
8.6.1 实验问题域概述 …… 215
8.6.2 实验 8 …… 216
小结 …… 216
综合练习 …… 217

第 9 章 人机交互部分的设计 …… 218

9.1 什么是人机交互部分 …… 218

9.2 人机交互部分的需求分析 …… 219

9.2.1 分析活动者——与系统交互的人 …… 219

9.2.2 从 Use Case 分析人机交互 …… 220

9.2.3 分析处理异常事件的人机交互 …… 222

9.2.4 命令的组织 …… 223

9.2.5 输出信息的组织结构 …… 226

9.2.6 总结与讨论 …… 227

9.3 人机界面的设计准则 …… 228

9.4 人机界面 OO 设计 …… 229

9.4.1 界面支持系统 …… 230

9.4.2 界面元素 …… 231

9.4.3 设计过程与策略 …… 232

9.5 可视化编程环境下的人机界面设计 …… 236

9.5.1 问题的提出 …… 236

9.5.2 设计的必要性 …… 236

9.5.3 基于可视化编程环境的设计策略 …… 238

9.6 人机界面设计实验 …… 241

9.6.1 实验问题域概述 …… 241

9.6.2 实验 9 …… 241

小结 …… 242

综合练习 …… 242

附录 A 习题参考答案 …… 243

参考文献 …… 249

第1章 面向对象方法论

本章定义并解释面向对象方法的主要概念，包括对象、类、属性、方法、封装等，并将介绍建立的对象之间、类之间、对象和类之间的联系，以及概括和分组等相关概念。

由于面向对象方法已经发展到计算机科学技术的许多领域，所以若想从一般意义上给出"面向对象方法"严格而清晰的定义，使之对这些领域都能适用，是一件很困难的事。20世纪80年代初期以前，面向对象的定义是：面向对象是一种新兴的程序设计方法，或者是一种新的程序设计范型(Paradigm)，其基本思想是使用对象、类、继承、封装、消息等基本概念来进行程序设计。自20世纪80年代以来，面向对象方法已深入计算机软件领域的几乎所有分支，远远超出了程序设计语言和编程技术的范畴。但是，即使在"计算机软件"范围内定义什么是面向对象也仍然是不完整的，因为面向对象方法还发展到计算机软件以外的一些领域，如计算机体系结构和人工智能等。

由于本书是讨论软件开发问题的，而面向对象方法也主要是在计算机软件领域产生巨大影响并发展出较完整的理论与技术体系，所以就在这个范围内讨论什么是面向对象。面向对象(Object-Oriented或Object-Orientation)不仅是一些具体的软件开发技术与策略，而且是一整套关于如何看待软件系统与现实世界的关系，以什么观点来研究问题并进行求解，以及如何进行系统构造的软件方法学。

概括地说，面向对象方法的基本思想是，从现实世界中客观存在的事物(即对象)出发来构造软件系统，并在系统构造中尽可能地运用人类的自然思维方式。开发一个软件是为了解决某些问题，这些问题所涉及的业务范围称作该软件的问题域。面向对象方法强调直接以问题域(客观世界)中的事物为中心来思考问题、认识问题，并根据这些事物的本质特征，把它们抽象地表示为系统中的对象，作为系统的基本构成单位。这可以使系统直接地映射问题域，保持问题域中的事物及其相互关系的本来面貌。另外，软件开发方法不应该是超脱人类日常的思维方式，与人类在长期进化过程中形成的各种行之有效的思想方法迥然不同的思想理论体系。如果说，在某些历史阶段出现的软件开发方法没有从人类的思想宝库中汲取较多的营养，只是建立在自身独有的概念、符号、规则、策略的基础之上，那只能说明软件科学本身尚处于比较幼稚的时期。结构化方法采用了许多符合人类思维习惯的原则与策略。面向对象方法更加强调运用人类在日常逻辑思维中经常采用的思想方法与原则，例如抽象、分类、继承、聚合、封装等。这使得软件开发者能更有效地思考问题，并以其他人也能明白的方式把自己的认识表达出来。

具体地讲，面向对象方法具有以下一些主要特点。

(1) 从问题域中客观存在的事物出发来构造软件系统，用对象作为对这些事物的抽象表示,并以此作为系统的基本构成单位。

(2) 事物的静态特征(即可能用一些数据来表达的特征)用对象的属性表示,事物的动态特征(即事物的行为)用对象的服务表示。

(3) 对象的属性与服务结合为一体,成为一个独立的实体,对外屏蔽其内部细节(称作封装)。

(4) 对事物进行分类。把具有相同属性和服务的对象归为一类,类是这些对象的抽象描述,每个对象是它的类的一个实例。

(5) 通过在不同程度上运用抽象的原则(较多或较少地忽略事物之间的差异),可以得到较一般的类和较特殊的类。特殊类继承一般类的属性与服务,面向对象方法支持对这种继承关系的描述与实现,从而简化系统的构造过程及其文档。

(6) 复杂的对象可以用简单的对象作为其构成部分(称作聚合)。

(7) 对象之间通过消息进行通信,以实现对象之间的动态联系。

(8) 通过关联表达对象之间的静态关系。

从以上几点可以看到,在用面向对象方法开发的系统中,以类的形式进行描述并通过对类的引用而创建的对象是系统的基本构成单位。这些对象对应着问题域中的各个事物,它们内部的属性与服务刻画了事物的静态特征和动态特征。对象类之间的继承关系、聚合关系、消息和关联如实地表达了问题域中事物之间实际存在的各种关系。因此,无论是系统的构成成分,还是通过这些成分之间的关系而体现的系统结构,都可直接地映射问题域。

通过以上的介绍,读者可以对什么是"面向对象"有一个大致的了解。现在摘录《对象技术语典》中对这个术语的几种定义。对于"面向对象"的名词条目(Object-Orientation),该词典中收集的定义有:

(1) 一种使用对象(它将属性与操作封装为一体)、消息传送、类、继承、多态和动态绑定来开发问题域模型之解的范型。

(2) 一种基于对象、类、实例和继承等概念的技术。

(3) 用对象作为建模的原子。

对于"面向对象"的形容词条目(Object-Oriented),该词典收集的定义有:

(1) 用来描述一些基于下述概念的东西:封装、对象(对象的标识、属性和操作)、消息传送、类、继承、多态、动态绑定。

(2) 用来描述一种把软件组织成对象集合的软件开发策略,对象中既包括数据也包括操作。

然而在这本内容相当丰富的《对象技术词典》中,却没有对"面向对象方法"(Object-Oriented Methods 或 Object-Oriented Methodology)这个在计算机界几乎人人称道的术语给出一个定义。其原因或许是由于它所涉及的领域非常广泛,很难简单而确切地界定它的作用范围并指出它是一种关于什么的方法。它早已超出"程序设计方法"的范畴。说它是一种"软件开发方法"也不够全面,因为它涉及计算机软件以外的一些领域。不过从目前看,面向对象方法最主要的应用范围仍是软件开发,对软件生命周期的各个阶段(包括分析、设计、编程、测试与维护)以及它所涉及的各个领域(如人机界面、数据库、软件复用、形式化方法、CASE 工具与环境等)都已形成或正在形成面向对象的理论与技术体系。所以,如果在这个范围内讨论问题,则可对"面向对象方法"做如下定义:

面向对象方法是一种运用对象、类、继承、封装、聚合、消息传送、多态性等概念来构造系统的软件开发方法。

面向对象方法的基本概念与原则、它的发展历史与现状以及它对改进软件开发的重要意义,将在以后各节中详细介绍。

1.1 面向对象概念

本节定义并解释面向对象方法的主要概念,将以几个最主要的概念为中心来划分小节,并在阐述这些主要概念的同时介绍与它们相关的概念和术语,在次序上是按便于读者理解的方式安排的。由于面向对象方法强调在软件开发过程中面向客观世界(问题域)中的事物,采用人类在认识世界的过程中普遍运用的思维方法,所以在介绍它的基本概念时力求与客观世界和人的自然思维方式联系起来。目前,各种有关面向对象的文献和各种 OOPL 对 OO 方法的一些基本概念所采用的术语还不太一致。本书的原则,一是择善而从——选用较为合理的术语;二是择众而从——选用已被较多的人采用的术语。

1.1.1 对象

从一般意义上讲,对象是现实世界中一个实际存在的事物,它可以是有形的(比如一辆汽车),也可以是无形的(比如一项计划)。对象是构成世界的一个独立单位,它具有自己的静态特征和动态特征。静态特征即可以用某种数据来描述的特征,动态特征即对象所表现的行为或对象所具有的功能。

现实世界中的任何事物都可以称作对象,它是大量的、无处不在的。不过,人们在开发一个系统时,通常只是在一定的范围(问题域)内考虑和认识与系统目标有关的事物,并用系统中的对象来抽象地表示它们。所以面向对象方法在提到"对象"这个术语时,既可能泛指现实世界中的某些事物,也可能专指它们在系统中的抽象表示,即系统中的对象。本书主要对后一种情况讨论对象的概念,其定义是:

对象是系统中用来描述客观事物的一个实体,它是构成系统的一个基本单位。一个对象由一组属性和对这组属性进行操作的一组服务构成。

属性和服务,是构成对象的两个主要因素,其定义是:

属性是用来描述对象静态特征的一个数据项。

服务是用来描述对象动态特征(行为)的一个操作序列。

一个对象可以有多项属性和多项服务。一个对象的属性和服务被结合成一个整体,对象的属性值只能由这个对象的服务存取。

在有些文献中把对象标识(OID)列为对象的另一要素。对象标识也就是对象的名字,有"外部标识"和"内部标识"之分。前者供对象的定义或使用者用,后者供系统内部唯一地识别对象。

另外需要说明以下两点:第一点是,对象只描述客观事物本质的、与系统目标有关的特征,而不考虑那些非本质的、与系统目标无关的特征。这就是说,对象是对事物的抽象描述。第二点是,对象是属性和服务的结合体,二者是不可分的;而且对象的属性值只能由这个对象的服务来读取或修改，这就是后文将要讲述的封装概念。

根据以上两点，也可以给出如下对象定义：

对象是问题域或实现域中某些事物的一个抽象，它反映该事物在系统中需要保存的信息和发挥的作用；它是一组属性和有权对这些属性进行操作的一组服务的封装体。

系统中的一个对象，在软件生命周期的各个阶段可能有不同的表示形式。例如，在分析与设计阶段是用某种 OOA/OOD 方法所提供的表示法给出比较粗略的定义，而在编程阶段则要用一种 OOPL 写出详细而确切的源程序代码。这就是说，系统中的对象经历若干演化阶段，其表现形式各异，但在概念上是一致的——都是问题域中某一事物的抽象表示。

1.1.2 类

把众多的事物归纳、划分成一些类是人类在认识客观世界时经常采用的思维方法。分类所依据的原则是抽象，即：忽略事物的非本质特征，只注意那些与当前目标有关的本质特征，从而找出事物的共性；把具有共同性质的事物划分为一类，得出一个抽象的概念。例如，马、树木、石头等都是一些抽象概念，它们是一些具有共同特征的事物的集合，被称作类。类的概念使我们能对属于该类的全部个体事物进行统一的描述。例如，“树具有树根、树干、树枝和树叶，它能进行光合作用”，这种描述适合所有的树，从而不必对每棵具体的树都进行一次这样的描述。

在 OO 方法中，类的定义是：

类是具有相同属性和服务的一组对象的集合，它为属于该类的全部对象提供了统一的抽象描述，其内部包括属性和服务两个主要部分。

在面向对象的编程语言中，类是一个独立的程序单位，它应该有一个类名并包括属性说明和服务说明两个主要部分。类的作用是定义对象。比如，程序中给出一个类的说明，然后以静态声明或动态创建等方式定义它的对象实例。

类与对象的关系如同一个模具与用这个模具铸造出来的铸件之间的关系。类给出了属于该类的全部对象的抽象定义，而对象则是符合这种定义的一个实体。所以，一个对象又称作类的一个实例(Instance)，而有的文献又把类称作对象的模板(Template)。所谓“实体”“实例”意味着什么呢？最现实的一件事是：在程序中，每个对象需要有自己的存储空间，以保存它们自己的属性值。说同类对象具有相同的属性与服务，是指它们的定义形式相同，而不是说每个对象的属性值都相同。

读者可以对照非 OO 语言中的类型(Type)与变量(Variable)之间的关系来理解类和对象的关系。二者十分相似，都是集合与成员、抽象描述与具体实例的关系。在多数情况下，类型用于定义数据，类用于定义对象。有些面向对象的编程语言，既有类的概念也有类型概念，比如在 C++中，用类定义对象，用类型定义对象的成员变量。但是也有少数面向对象的编程语言(例如 Object Pascal)不采用类的概念，对象和普通数据都是用类型定义的。

事物(对象)既具有共同性，也具有特殊性。运用抽象的原则舍弃对象的特殊性，抽取其共同性，则得到一个适应一批对象的类。如果在这个类的范围内考虑定义这个类时舍弃的某些特殊性，则在这个类中只有一部分对象具有这些特殊性，而这些对象彼此是共同的，于是得到一个新的类。它是前一个类的子集，称作前一个类的特殊类，而前一个类称作这个新类的一般类，这是从一般类发现特殊类。也可以从特殊到一般：考虑若干类所具有的彼此共同的特征，舍弃它们彼此不同的特殊性，则得到这些类的一般类。

一般类和特殊类是相对而言的，它们之间是一种真包含的关系（即：特殊类是一般类的一个真子集）。如果两个类之间没有这种关系，就谈不上一般和特殊。特殊类具有它的一般类的全部特征，同时又具有一些只适应于本类对象的独特特征。

在 OO 方法中关于一般类与特殊类的定义是：

如果类 A 具有类 B 的全部属性和全部服务，而且具有自己特有的某些属性或服务，则 A 叫作 B 的特殊类，B 叫作 A 的一般类。

这个定义也可用另一种方式给出：

如果类 A 的全部对象都是类 B 的对象，而且类 B 中存在不属于类 A 的对象，则 A 是 B 的特殊类，B 是 A 的一般类。

以上两个定义是等价的。但从软件开发的角度看，前一个定义运用起来将更加方便。

举例：考虑轮船和客轮这两个类。轮船具有吨位、时速、吃水线等属性并具有行驶、停泊等服务；客轮具有轮船的全部属性与服务，又有自己的特殊属性（如载客量）和服务（如供餐）。所以客轮是轮船的特殊类，轮船是客轮的一般类。

与一般类/特殊类等价的其他术语有超类/子类、基类/派生类、祖先类/后裔类等。

1.1.3 对象图

前面已经讨论了一些基本的模型概念，重点是对象和类，并已经用例子和文字说明了这些概念。因为这种方法对更加复杂的问题不清楚，所以需要用逻辑上一致的、精确的、容易格式化的对象模型来规范地表述这些概念。

对象图提供了对象、类和它们相互之间联系的建模规范化图形表示。对象图对抽象建模和设计真实程序两方面都有用。实践证明，对象图是简洁、易理解和好操作的，并且在实际应用中效果也很好。本书自始至终用对象图对对象、类及它们的相互联系进行描述，用列举对象图来介绍新概念并解释这些概念。对象图有两种类型：类图和实例图。

类图是描述许多可能的数据实例的一种模式或模板，类图也就是描述对象类。

实例图是描述对象之间相互关系的一种特殊的集合，实例图也就是描述对象实例。实例图用于文档测试案例（如说明）和所讨论的例子。一个给定的类图相应于实例图的无限组合。

类图描述在建模一个系统中的通用情况，实例图主要用于表示实例，从而帮助人们清晰地理解复杂的类图。类图和实例图之间的区别实际上是人为的；类和实例可以出现在同一个对象图上，但通常不使用类和实例混合在一起的做法。

1.1.4 属性

属性是一个类中对象所具有的数据值。名字、年龄和性别是人对象的属性。颜色、重量、型号和年代是汽车对象的属性。对每个对象实例来说，每个属性都是一个值。例如，年龄属性在对象小强中有一个值“28”，其含义是小强 28 岁。不同的对象实例可以有相同或不同的属性。每个属性名在一个表中是唯一的，而在两个不同的类中可以有相同的属性名，这样类人（Person）和类公司（Company）都可以有地址属性。

一个属性应是纯数据值，而不是一个对象。与对象不同，纯数据值没有标识。例如，所有整数“18”的当前值是不做区分的，而字符串“China”的所有当前值是什么呢？我们知道，国家中国(China)是一个对象，其中，名字属性有一个值为“China”(字符串)。中国的首都城市(City)对象不能作为属性，甚至也不能作为国家(Country)对象之间的关联。这个城市对象的名字是“北京(Beijing)”(字符串)。

属性置于类矩形框符的第二个部分，每个属性名有可供选择项，如类型和默认值。在类型前置入冒号(默认值前用等号(=))；也可以在类矩形框中忽略属性，这依赖于对象模型中所期望描述的细节层次。类矩形框在类名和属性之间有一条横线。对象框没有这条横线，这也是与类框符的不同之处。

一些实现工具，如许多数据库，要求一个对象有唯一的标识符来标识对象。在对象模型中不要求显示对象标识，每个对象有它自己唯一的身份，大多数面向对象语言自动产生隐含标识符(对每个参照对象)。不必也不应该显式列出其标识符，标识符是计算机自动产生的内码，在标识一个对象时没有其他的内在含义。

注意，不要把内部标识和真实应用属性混淆起来。内部标识符纯粹是为了实现方便，在问题域中是没有含义的。例如，身份证号、驾驶证号和电话号码不是内部标识符，因为它们有真实的含义，是合法的属性。

1.1.5 操作和方法

操作是一种功能或一种转换，它应用于类中的对象或被类中对象使用。打开、关闭、隐藏和重新显示是在窗口类上的操作。雇用、解雇和分红利是在公司类上的操作。在一个类中所有对象共享相同的操作。

相同的操作可用于许多不同的类中，这样的操作是多态的。也就是说，同样的操作在不同的类中可选用不同的格式。方法仅依赖于类上的目标对象，方法是一个类的操作的实现。例如，类 File 可以有一个操作 print。不同的方法能够实现打印 ASCII 文件、打印二进制文件以及打印数字图像文件。所有这些方法逻辑上执行相同的任务——打印一个文件；这样就可以用通用的操作 print 引用它们，而每种方法却是用不同的代码段加以实现的。

每种操作有一个内含参数的目标对象，该操作的行为依赖于它的目标类。一个对象“知道”它的类，并能正确实现该操作。

一种操作可对它的目标对象添加参数，这种以参数化表示的操作并不影响方法的选择，方法仅依赖于该目标对象的类(个别面向对象语言，如 CLOS，允许方法的选择依赖于参数个数，但这会导致语义的复杂化，不提倡这么做)。

当一种操作在几个类上有多种方法时，所有这些方法重要的是要有相同的特征签名(Signature)——参数个数和类型以及结果值的类型。例如，方法“打印”(Print)不应该用文件名作为参数，也不应该用文件指针作为参数。一种操作的所有方法的行为应保持一致，语义上不同的两种操作最好避免使用相同的名字，即使这两种操作用于类的不同集合。例如，一种不太明智的做法是使用倒置名字——既描述矩阵求逆，又描述几何图形的倒置变换。在特大型项目中，最好避免任何可能的混淆。

操作列于类矩形框的第三部分，也是最低的部分，每种操作名可跟有可任选的部分，诸

如参数表和结果类型。参数表写在名字后的圆括号内，参数用逗号分隔开，每个参数和参数类型可以给定。结果类型之前用冒号隔开，这是不能省略的。因为这是区别返回值的操作中重要的环节。花括号内空参数表显式表示没有参数，也就是说，没有任何操作可做。操作在高层图中可以省略。

在建模期间，将有副作用的操作与那些无须修改任何对象就能计算函数值的操作区分开是很有用的。操作的后一种类型是查询。查询没有参数，除目标对象外没有其他参数的查询，可以当作导出属性考虑。例如，一个框的宽度能从它的边的定位中计算出来，一个导出属性像是对象本身特性中的一种属性，但计算并不改变这个对象的状态。在许多情况下，一个对象有一个相互联系的属性值集合，仅值的固定个数可以单独选取。通常对象模型应从导出属性中区分独立的基属性(Base Attribute)。基属性的选择是任意的，但应当避免重复说明对象的状态，剩下的属性可以省略。

1.1.6　封装

封装是面向对象方法的一个重要原则。它有两个含义，第一个含义是，把对象的全部属性和全部服务结合在一起，形成一个不可分割的独立单位(即对象)；第二个含义也称作“信息隐蔽”，即尽可能隐蔽对象的内部细节，对外形成一个边界(或者说形成一道屏障)，只保留有限的对外接口使之与外部发生联系。这主要是指对象的外部不能直接地存取对象的属性，只能通过几个允许外部使用的服务与对象发生联系。用比较简练的语言给出封装的定义就是：

封装就是把对象的属性服务结合成为一个独立的系统单位，并尽可能隐蔽对象的内部细节。

举例：用“售报亭”对象描述现实中的一个售报亭。它的属性是亭内的各种报刊(其名称、定价)和钱箱(总金额)，它有两个服务——报刊零售和款货清点。

封装意味着，这些属性和服务结合成一个不可分的整体——售报亭对象。它对外有一道边界，即亭子的隔板，并留一个接口，即售报窗口，在这里提供报刊零售服务。顾客只能从这个窗口要求提供服务，而不能自己伸手到亭内拿报纸和找零钱。款货清点是一个内部服务，不向顾客开放。

封装的原则具有重要的意义。对象的属性和服务紧密结合反映了这样一个基本事实：事物的静态特征和动态特征是事物不可分割的两个侧面。系统中把对象看成它的属性和服务的结合体，就使对象能够集中而完整地描述并对应一个具体的事物。以往有些方法把数据和功能分离开进行处理，很难具有这种对应性。封装的信息隐蔽作用反映了事物的相对独立性。当站在对象以外的角度观察一个对象时，只需要注意它对外呈现什么行为(做什么)，而不必关心它的内部细节(怎么做)。规定了它的职责之后，就不应该随意从外部插手去改动它的内部信息或干预它的工作。封装的原则在软件上的反映是：要求使对象以外的部分不能随意存取对象的内部数据(属性)，从而有效地避免了外部错误对它的“交叉感染”，使软件错误能够局部化，因而大大减少了查错和排错的难度(在售报亭的例子中如果没有一道围板，行人的一个错误可能使报刊或钱箱不翼而飞)。另一方面，当对象的内部需要修改时，由于它只通过少量的服务接口对外提供服务，因此大大减少了内部的修改对外部的影响，即减少了修改引起的“波动效应”。

封装是面向对象方法的一个原则,也是面向对象技术必须提供的一种机制。例如在面向对象的语言中,要求把属性和服务结合起来定义成一个程序单位,并通过编译系统保证对象的外部不能直接存取对象的属性或调用它的内部服务。这种机制就称为封装机制。

需要说明的是,封装原则并不是面向对象方法首先采用的,而是多年前已经形成并行之有效的优秀思想。例如,20世纪70年代的并发 Pascal 语言和 XCY 语言中的管程和类程,就是一个数据与操作的结合体,并提供了信息屏蔽机制。抽象数据类型理论,在更广泛的范围内建立了数据与操作结合及信息隐蔽的理论体系。

与封装密切相关的一个术语是可见性。它是指对象的属性和服务允许对象外部存取和引用的程序。

前面已经讨论了封装的好处,然而封装也有它的副作用。如果强调严格的封装,则对象的任何属性都不允许外部直接存取,因此就要增加许多没有其他意义,只负责读或写的服务。这为编程工作增加了负担,增加了运行开销,并且使程序显得臃肿。为了避免这一点,语言往往采取一种比较现实的灵活态度——允许对象有不同程度的可见性。

可见性的代价是放弃封装所带来的好处。各种语言采取了不同的做法。纯 OO 的编程语言一般采取严格的封装(如 Smalltalk); 混合型 OO 编程语言有的完全可见(如 Object Pascal 和 Objective-C); 有的采取折中方案,即允许程序员指定哪些属性和服务是可见的,哪些是不可见的(如 C++)。目前看来,折中的做法是最受用户欢迎的。

1.1.7 继承

继承是 OO 方法中一个十分重要的概念,并且是 OO 技术可提高软件开发效率的重要原因之一,其定义是: 特殊类的对象拥有其一般类的全部属性与服务,称作特殊类对一般类的继承。

继承意味着"自动地拥有"或"隐含地复制"。就是说,特殊类中不必重新定义已在它的一般类中定义过的属性和服务,而它却自动地、隐含地拥有其一般类的所有属性与服务。

OO 方法的这种特性称作对象的继承性。从一般类和特殊类的定义可以看到,后者对前者的继承在逻辑上是必然的。继承的实现则是通过 OO 系统(例如 OOPL)的继承机制来保证的。

一个特殊类既有自己新定义的属性和服务,又有从它的一般类中继承下来的属性与服务。继承来的属性服务,尽管是隐式的(不用书写出来),但是无论在概念上还是在实际效果上,都确确实实地是这个类的属性和服务。当这个特殊类又被它更下层的特殊类继承时,它继承来的和自己定义的属性和服务又都一起被更下层的类继承下去。也就是说,继承关系是传递的。

继承具有重要的实际意义,它简化了人们对事物的认识和描述。比如认识了轮船的特征之后,在考虑客轮时只要知道客轮也是一种轮船这个事实,那就认为它理所当然地具有轮船的全部一般特征,只需要把精力用于发现和描述客轮独有的那些特征。在软件开发过程中,在定义特殊时,不需把它的一般类已经定义过的属性和服务重复地书写一遍,只需要声明它是某个类的特殊类,并定义它自己的特殊属性和服务。无疑这将明显地减轻开发工作的强度。

继承对于软件复用是很有益的。在开发一个系统时,使特殊类继承一般类,这本身就是软件复用，然而其复用意义不仅如此。如果把用OO方法开发的类作为可复用构件提交到构件库，那么在开发新系统时不仅可以直接地复用这个类，还可以把它作为一般类，通过继承而实现复用，从而大大扩展了复用范围。

一个类可以是多个一般类的特殊类，它从多个一般类中继承了属性与服务，这种继承模式叫作多继承。

这种情况是常常可以遇到的。例如，有了轮船和客运工具两个一般类，在考虑客轮这个类时就可发现，客轮既是一种轮船，又是一种客运工具，所以它可以同时作为轮船和客运工具这两个类的特殊类。在开发这个类时，如果能让它同时继承轮船和客运工具这两个类的属性与服务，则需要为它新增加的属性和服务就更少了，这无疑将进一步提高开发效率。但在实现时能不能做到这一点却取决于编程语言是否支持多继承。继承是任何一种OOPL必须具备的功能，多继承则未必，现在有许多OOPL只能支持单继承而不能支持多继承。

多继承无论从概念上还是从技术上都是单继承的推广。用集合论的术语解释多继承结构，即：具有多个一般类的特殊类，它是各个一般类交集的一个子集(可能是真子集，也可能等于这个交集)。

多继承模式在现实中是很常见的，但系统开发是否采用多继承受到OOPL功能的影响。目前比较现实的做法是，在OOA阶段如实地用多继承结构描述问题域中的多继承现象(从而使系统模型与问题域具有良好的对应)；在考虑实现时，如果决定选用一种仅支持单继承的语言，则把多继承转化为单继承。

与多继承相关的一个问题是“命名冲突”问题。命名冲突是指：当一个特殊类继承了多个一般类时，如果这些一般类中的属性或服务有彼此同名的现象，则当特殊类中引用这样的属性名或者服务名时，系统无法判定它的语义到底是指哪个一般类中的属性和服务。解决的办法有以下两种。

(1) 不允许多继承结构中的各个一般类的属性及服务取相同的名字，这会为开发者带来一些不便。

(2) 由OOPL提供一种更名机制，使程序可以在特殊类中更换从各个一般类继承来的属性或服务的名字。

1.1.8 多重继承

多重继承允许一个类有多个超类，并从多个超类中继承属性、操作和关联。这些混合信息来自于两个或多个原始信息。单一继承把类组织成为树，多重继承把类组织成有向无循环图，多重继承的优点是有更强的能力检验类和提高可重用性，使对象模型更接近人的思维方式。其缺点是失去了概念上和实现上的简易性。原则上，可以定义各种不同的混合规则，以解决不同方式定义的特性之间的冲突问题。

1. 有不同鉴别器的多重继承

多重继承可以对相同的类，通过不同的鉴别器产生。在图1-1中，人可以通过管理状态的基本前提(经理或职员)和雇用状态(全部工作时间或部分工作时间)来判别这个人是否是经理或他是不是独立的雇用状态。4个子类尽可能地把管理状态和雇用状态组合在一起，图中表示了一个全部工作时间的职员情况。

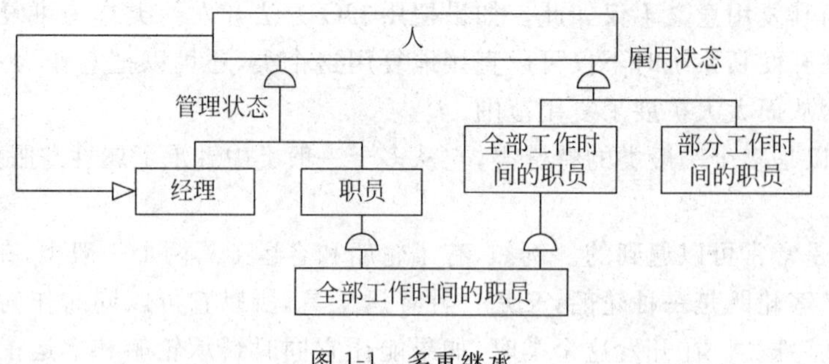

图 1-1　多重继承

2. 无公共祖先的多重继承

多重继承,甚至有时超类也可能没有公共祖先,这通常发生在软件库的混合功能方面。当软件库重叠或抵触时,多重继承就成问题了。

图 1-2 表示了象棋游戏的对象模型的一部分。象棋程序从当前棋格位置寻找前进的方位,并检查多重查询树以决定棋的下一个最有利的合理的棋格位置。可以把实际移动的位置存储到数据库中(加上日期),或为了重新下棋,游戏则把下棋过程中的思考中间点记录到数据库中,而查询空间的检查被看作瞬时的和不重要的存储。

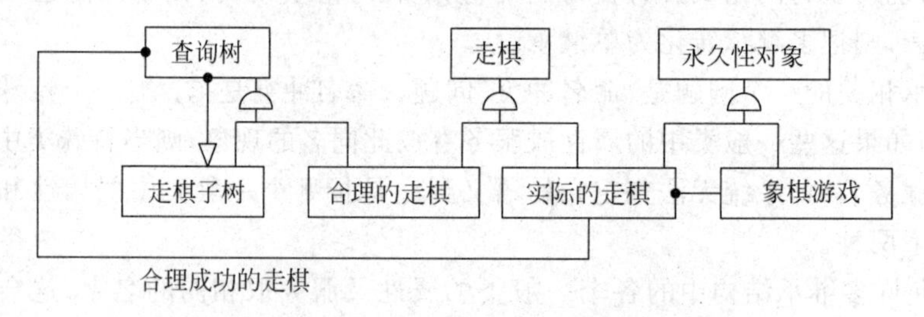

图 1-2　无公共祖先的多重继承

图 1-2 中,每个查询树可以是一个走棋子树,或者是一个合理的走棋。反过来,每个走棋子树很少由查询树组成。这样一个对象模型的组合构成可以描述任意深度的走棋树。每着走棋可以是合理的走棋,或者是实际的走棋。无论是合理的走棋还是实际的走棋,都从走棋超类中继承公共的行为。实际走棋和象棋游戏是有多个对象的类,要永久性存储。在这个对象模型中,永久性对象必须继承对象数据管理组织(ODMG)标准的永久性对象特征。在图中,合理走棋和实际走棋使用了多重继承。

3. 多重继承的工作环境

处理多重继承的不足实际上是一个实现问题,但在早期,重新构造模型是处理这类问题最容易的方法。一些重构技术将在下面介绍,其中两种方法利用了授权,它是一种实现技术,通过这种实现技术一个对象能将一个操作传播给另一个对象执行。

1) 用角色的聚合授权

带多个独立概括的超类能重构成一个其元素各表示一个概括的聚合。这种方法是通过一组构成扩展对象的对象来替代确定的单一对象。通过该聚合的继承操作不是自动的,必须由连接类出发传给合适的成员。

例如,雇员工资单是计时工、周薪工和月薪工的超类。雇员养老金是法定雇员和非法定雇员的超类,然后雇员能成为雇员工资单和雇员养老金的聚合模型。一个传给雇员的计算工资对象的操作将不得不被雇员类重新指向雇员工资单的组成部分。在这个方法中,各种连接类不要求很详细,来自于不同概括的所有子类的组合都是可能的。

2) 继承最重要的类并授权其余的类

构造了它本身是最重要超类的子类的一种连接类。这个连接类作为余下的超类的聚合对待,它们的操作作为前面的替换授权。这种方法通过一个概括提供了标识和继承。

3) 嵌套概括

首先是一个概括的因素,然后是其他的因素。这种方法表示出了所有可能的组合。例如,在每个计时工、周薪工和月薪工下增加了法定和非法定工两个子类。这就保存了继承,但重复了说明和代码,并违背了面向对象编程的精髓。

这些工作环境任何一个都能工作,但都影响了逻辑结构和可维护性。为选择最好的工作环境必须考虑以下一些问题。

(1) 如子类有好几个同样重要的超类,那么最好用“授权方法”并保持该模型的对称性。

(2) 如果某一超类明显地处于支配地位,而其他的类处于相对次要地位时,用单一继承和授权方法来实现多重继承是最佳选择。

(3) 如果一超类比其他的超类有更多的特征,或明显是执行的瓶颈,则通过该路径来保持继承。

(4) 如果组合数目少,则可考虑嵌套概括;如果组合数目多,则应避免使用嵌套概括。

(5) 如果选择嵌套概括,那么首先要考虑的是最重要的分解因素,然后考虑第二个重要的分解因素,如此等等。

(6) 如果需要复制大量代码,那就尽量避免用嵌套概括。

(7) 要维护严格标识的重要性,只有嵌套概括才能保证这一点。

如果希望避免多重继承的复杂性,虽然有几个工作环境是合理的,但通常工作环境使建立的对象模型容易理解、容易实现。

1.1.9 消息

对象通过它对外提供的服务在系统中发挥自己的作用。当系统中的其他对象(或其他系统成分)请求这个对象执行某个服务时,它就响应这个请求,完成指定的服务所应完成的职责。在OO方法中把向对象发出的服务请求称作消息。通过消息进行对象之间的通信,也是OO方法的一个原则,它与封装的原则有密切的关系。封装使对象成为一些各司其职、互不干扰的独立单位;消息通信则为它们提供了唯一合法的动态联系途径,使它们的行为能够互相配合,构成一个有机的运动系统。

例如,顾客对着一个售报亭说:“买一份《北京晚报》!”就是一条消息,它是顾客向售报亭发出的服务请求。顾客没有伸手到亭内取报,而是通过发一个消息达到买报的目的。售报亭接收到这个消息后,就执行一次对外提供的服务——报刊零售。这条消息包含下述信息:接收者,即某个售报亭;要求的服务,即报刊零售;输入信息,即要买的报刊种类、份数和递进去的钱;回答信息,即买到的报纸和找回的零钱。

OO方法中对消息的定义是:

消息就是向对象发出的服务请求，它应该含有下述信息：提供服务的对象标识，服务标识，输入信息和回答信息。

消息的接收者是提供服务的对象。在设计时，它对外提供的每个服务应规定消息的格式，这种规定称作消息协议。

消息的发送者是要求提供服务的对象或其他系统成分(在不要求完全对象化的语言中允许有不属于任何对象的部分，例如 C++程序的 main 函数)。在它的每个发送点上需要写出一个完整的消息，其内容包括接收者(对象标识)、服务标识和符合消息协议要求的参数。

OO 方法的初学者往往感到消息的概念不太好理解，弄不清它到底是什么。如果对照一下某些 OO 语言(如 C++、Object Pascal 或 Eiffel)对消息的实现，这个疑团就可以迎刃而解。在这些语言中，所谓消息其实就是函数(或过程、例程)调用。既然是这样一个尽人皆知的简单技术，为什么要采用一个让人不能一目了然的术语？作为 OO 方法中的一个基本概念，采用“消息”这个术语至少有以下好处。

(1) 更接近人们日常思维所采用的术语。

(2) 其含义更具有一般性，而不限制采用何种实现技术。

在分布式技术和客户/服务器技术快速发展的今天，对象可以在不同的网络结点上实现并相互提供服务。在这种背景下可以看到，“消息”这个术语确实有更强的适应性。

1.1.10 结构与连接

仅用一些对象(以及它们的类)描述问题域中的事物是不够的。因为在任何一个较为复杂的问题域中，事物之间并不是互相孤立、各不相关的，而是具有一定的关系，并因此构成一个有机的整体。为了使系统能够有效地映射问题域，系统开发者需认识并描述对象之间的以下几种关系。

(1) 对象的分类关系。

(2) 对象之间的组成关系。

(3) 对象属性之间的静态联系。

(4) 对象行为之间的动态联系。

OO 方法运用一般—特殊结构、整体—部分结构、实例连接和消息连接描述对象之间的以上 4 种关系。以下分别加以介绍。

1. 一般—特殊结构

一般—特殊结构又称作分类结构(Classification Structure)，是由一组具有一般－特殊关系(继承关系)的类所组成的结构。它是一个以类为结点，以继承关系为边的连通有向图。其中，仅由一些存在单继承关系的类形成的结构又称作层次结构(Hierarchy Structure)，它是一个以最上层的一般类为根的树形结构；由一些存在多继承关系的类形成的结构又称作网格结构(Lattice Structure)，它是一个半序的连通有向图。

2. 整体—部分结构

整体—部分结构又称作组装结构(Composition Structure)，它描述对象之间的组成关系，即：一个(或一些)对象是另一个对象的组成部分。客观世界中存在许多这样的现象，例如，发动机是汽车的一个组成部分。一个整体—部分结构由一组彼此之间存在着这种组成关系的对象构成。

整体—部分结构有两种实现方式。第一种方式是用部分对象的类作为一种广义的数据类型来定义整体对象的一个属性，构成一个嵌套对象。在这种方式下，一个部分对象只能隶属于唯一的整体对象，并与它同生同灭。第二种方式是独立地定义和创建整体对象和部分对象，并在整体对象中设置一个属性，它的值是部分对象的对象标识，或者是一个指向部分对象的指针。在这种方式下，一个部分对象可以属于多个整体对象，并具有不同的生存期。后一种情况便于表示比较松散的整体—部分关系，例如，一个法律顾问可以属于多个企业单位，而且这种所属关系是可以动态变化的。

3. 实例连接

实例连接反映对象与对象之间的静态联系。例如教师和学生之间的任课关系，单位的公用汽车和驾驶员之间的使用关系等。这种双边关系在实现中可以通过对象(实例)的属性表达出来(例如用驾驶员对象的属性表明他可以驾驶哪些汽车)。所以这种关系称作实例连接。实例连接与整体—部分结构很相似，但是它没有那种明显的整体与部分语义。比如，既不能说汽车是驾驶员的一部分，也不能说驾驶员是汽车的一部分。

4. 消息连接

消息连接描述对象之间的动态联系，即：若一个对象在执行自己的服务时，需要(通过消息)请求另一个对象为它完成某个服务，则说第一个对象与第二个对象之间存在着消息连接。消息连接是有向的，从消息发送者指向消息接收者。

一般—特殊结构、整体—部分结构、实例连接和消息连接，均是OOA与OOD阶段必须考虑的重要概念。只有在分析、设计阶段认清问题域中的这些结构与连接，编程时才能准确而有效地反映问题域。

1.1.11 多态性

对象的多态性是指在一般类中定义的属性或服务被特殊类继承之后，可以具有不同的数据类型或表现出不同的行为。这使得同一个属性或服务名在一般类及其各个特殊类中具有不同的语义。

如果一种OOPL能支持对象的多态性，则可为开发者带来不少方便。例如，在一般类“几何图形”中定义了一个服务“绘图”，但并不确定执行时到底画了一个什么图形。特殊类“椭圆”和“多边形”都继承了几何图形类的绘图服务，但其功能却不同：一个是画出一个椭圆，一个是画出一个多边形。进而，在多边形类更下层的一般类“矩形”中绘图服务又可以采用一个比画一般的多边形更高效的算法来画一个矩形。这样，当系统的其余部分请求画出任何一种几何图形时，消息中给出的服务名同样都是“绘图”(因而消息的书写方式可以统一)，而椭圆、多边形、矩形等类的对象接收到这个消息时却各自执行不同的绘图算法。

有些评论者没有把多态性列入OO方法的基本特征或列入OOPL的必备功能，而是将其看作一种比较高级的功能。多态性的实现，需要OOPL提供相应的支持，在几种目前最实用的 OOPL 中仅有一部分是支持对象多态性的。

与多态性的实现有关的语言功能有：重载(Overload)——在特殊中对继承来的属性或服务进行重新定义，动态绑定(Dynamic Binding)——在运行时根据对象接收的消息动态地确定要连接哪一段服务代码，类属(Generic)——服务参量的类型可以是参数化的。这些功能如何支持多态性的实现与语言密切相关，这里就不做详细介绍了。

1.1.12 永久对象

永久对象是当前 OO 领域的一个技术热点。所谓永久对象，就是生存期可以超越程序的执行时间而长期存在的对象。目前，大多数商品化的 OOPL 是不支持永久对象的。程序中定义的对象，其生存期都不超过程序的运行时间，即当程序运行结束时，它所定义的对象也都消失了。如果一个应用要求把某些对象的属性信息长期保存，并能在下一次程序运行时加以恢复，就只好借助文件系统或数据库管理系统来实现。这需要程序员做许多工作，包括对象与文件(或数据库)之间数据格式的转换，以及保存与恢复所需的操作。这些工作无疑是很烦琐的，而且这意味着面向对象的概念的时空范围只局限于程序运行时间和内存空间，一旦超出这个范围，对象就变成了传统的外存数据。

永久对象的概念及实现技术可以使上述问题得到解决。只要程序员声明某个对象是永久的，则它的存储、恢复、转换等问题一概不用程序员关心，完全由系统自动解决。呈现在开发人员面前的是一个“无缝的”(Seamless)对象概念。永久对象的意义不仅提高了编程效率，它还使 OOD 阶段的数据管理部分的设计大为简化，而且可实现对象在不同程序之间的动态共享。

永久对象的实现需要有较强的技术支持。它需要一个能够描述和处理永久对象的编程语言。这种语言的实现需要基于一个存储和永久对象的对象管理系统(Object Management System，OMS)。无论是支持永久对象的 OOPL 还是 OMS，其实现都有较大难度，需要解决对象的存储、恢复、共享、并发存取、一致性保护等一系列技术问题。所以目前国内外在这方面研究性的工作较多而实用的产品较少。

1.1.13 主动对象

主动对象的概念以及它的作用与意义最近几年开始受到人们的重视。随着 OO 方法应用领域的扩大，当人们用 OO 方法所开发的系统中具有多个并发执行的任务时，便会感到，如不确立主动对象的概念及其表示方法，则 OO 方法的表达能力将具有明显的缺陷。

按照通常理解的 OO 概念，对象是一组属性和一组服务的封装体。它的每个服务是一个在消息的驱动下被动执行的操作。向对象发一个消息，它就响应这个消息而执行被请求的服务，否则它的服务就不执行。每个服务相当于过程式语言中的一个过程、函数或例程(在大多数 OOPL 中它的确就是一个等待被调用的过程、函数或例程。Smalltalk 中将其称作“方法”而没有采用这些传统的术语，但本质上并没有什么不同)。所有这样的对象都是被动对象(Passive Object)，需要通过消息的驱动(或者说通过消息的触发)才能执行，那么，原始的驱动来自哪里？目前的 OOPL 一般是来自所有类定义之外的一段主程序，例如C++中的main函数。以纯OO风格著称的Smalltalk，也需要在所有的类定义之外写一段相当于主程序的代码，才能使系统最终成为一个可运行的程序。这样做是不是纯OO，对实践者来说并不重要。特别是，当系统是一个顺序程序时，做到这一点也没有太大的不便。

但是，如果用OO方法开发一个有多个任务并发执行的系统时，就会感到，如果仅有被动对象的概念，则很难描述系统中的多个任务。在20世纪70年代，谈到开发程序，人们首先要联想到操作系统。如今，多个任务并发执行在大量的应用系统中也已经很普遍了。每个任务在实现时应该成为一个可以并发执行的主动程序单位，例如进程(Process)或线程(Thread)。在系统设计阶段需要识别并描述每个任务。用什么来描述呢？用现有的被动对象显然是不合适的，因为它的每个服务在实现时都是一个被动成分(例如函数或过程)。不用对象来描述，就要引入其他概念，这将引起概念的多元化和表示法的不一致，而且不体现OO方法的分类、继承、封装等原则。更令人遗憾的是，使OO方法的运用显得很不充分——似乎对象的表达能力只限于描述那些在消息的驱动下被动工作的事物，而不能描述那些不接收任何消息也要主动工作的事物。

在现实世界(问题域)中具有主动行为的事物并不罕见。例如，交通控制系统中的信号灯，生产控制系统中异步运行的设备，军队中向全军发号施令的司令部和发现情况要及时报告的观察员、哨所等。每个具有主动行为的事物在系统中应该被设计成一个任务，因为它们的行为是主动的，需要并发地执行。除此之外，在系统设计阶段还可能因实现的要求而增加其他一些任务。由于任务是一些主动的、彼此并发的执行单位，所以无法用被动对象描述。为此，本书引入了主动对象的概念，在OOD阶段进行任务管理部分的设计时用主动对象表示每个任务。其定义是：

主动对象是一组属性和一组服务的封装体，其中至少有一个服务不需要接收消息就能主动执行(称作主动服务)。

主动对象的作用是描述问题域中具有主动行为的事物以及在系统设计时识别的任务，它的主动服务描述相应的任务所应完成的操作。在系统实现阶段，主动服务应该被实现为一个能并发执行的、主动的程序单位，例如进程或线程。

除含有主动服务外，主动对象的其他方面与被动对象没有什么不同，例如，属性是描述对象静态特征的数据，只能被该对象的服务所存取。除主动服务之外，主动对象中也可以有一些在消息的驱动下执行的一般服务。

引入主动对象的概念解决了系统设计阶段对任务的描述问题，从而为在实现阶段构造一个描述多任务的并发程序提供了依据。但是这种依据只能是编程工作的一个参考，因为目前还没有商品化的OOPL能支持主动对象的概念，所以OOD阶段识别的主动对象无法直接地对应为程序中的一个主动对象，需要程序员在现有的语言条件下设法把它实现成一个主动成分。

要从根本上解决主动对象的实现问题，必须开发一种能描述主动对象的并发OOPL。这在技术上有一定的难度，但是在当前条件下是可以做到的。

1.1.14 对象类的表示方法

图 1-3 中小结了类的对象模型表示。一个类用划分为三个区域的矩形框表示，这三个区域包括：(从顶到底)类名、属性表、操作表。每个属性名可以跟有类型和默认值，每个操作名可以跟有参数表和结果类型。属性和操作可以表示，也可以不表示，这依赖于所描述的细节层次。

Class-Name
属性名1：数据类型1＝默认值1 属性名2：数据类型2＝默认值2 ……
操作名1(参数列表1)：结果类型1 操作名2(参数列表2)：结果类型2 ……

图 1-3　对象模型

1.2 链接与关联

链接(Link)和关联(Association)是建立对象之间、类之间以及对象和类之间的联系。

1.2.1 一般概念

链接是在对象实例之间的一种物理或概念连接。例如，王先生为某公司工作(Work-for)，在数学上，一个链接是一个元组，即一个对象实例的有序列表。一个链接是一个关联的实例。

关联描述了具有公共结构和共同语义的链接的组合。例如，在一个公司工作(Work-for)的人，所有在关联中的链接都与相同类的对象组连接。关联和链接经常在问题叙述中以动词身份出现，一个关联描述了用相同方式的可能的链接集合，这种方式就是一个类描述所有可能的对象的一个集合。

关联本来就是双向的。一个二元关联的名字通常用特定方向进行读取，但二元关联能用另一方向进行遍历。名字所隐含的方向是“向前”方向，而相反的是逆向的“向后”方向。例如，“Work-for”把人(Person)与公司(Company)相链接，而“Work-for”的逆向称为雇用(Employ)，雇用把 Company 与 Person 相链接。实际上，遍历的两个方向意义是等同的，都是在相同关联下的引用，它仅仅是创建一个导向的命名而已。

关联在程序设计语言中，经常是用指针来实现从一个对象到另一个对象的联系，指针是一个显示对另一个对象包含引用的一个对象中的属性。例如，人的数据结构可以包含指向公司对象的属性雇主，而公司对象可以包含指向雇员对象集合(全体职工)的属性雇员。以指针来实现关联最能被人们接受，但关联不应以这种方式模型化。

一种链接表示两个或两个以上对象之间的联系。用指针模型化一个链接隐瞒了这样一个事实，即这种链接不是对象本身任何一部分，而是同时依赖两个或两个以上的对象；公司不是人的一部分，而人也不是公司的一部分。此外，使用一对匹配的指针，诸如从人到公司的指针和从公司到雇员集合的指针，隐藏相互依赖的向前和向后指针。因此，所有类之间的链接应该是作为关联的模型，甚至程序设计也应如此建模。必须强调关联不是数据库构造，虽然关系数据库是建立在关联概念之上的。

虽然关联用双向建模，但实现时并不一定是双向的。如果仅仅是单一方向的遍历，那关联很容易用指针来实现。

关联可以是二元、三元或更高阶的。在实际应用中，绝大多数是二元的，一般很少碰到三元的。更高阶的关联画起来很复杂，实现起来也较困难，基于这种情况，应当尽量避免出现二元以上的关联。

1.2.2 重数

重数指定一个类的多少个实例与另一个关联类的单一实例有关。重数约束了相关对象的数目，通常重数描述为“1”或“多”，但更普遍的是（有限个）非负整数个子集。重数值是一个单一区间，也可以是解除链接区间的集合。例如，轿车的门的数目是2或4。对象图在关联线末端用特别的符号表示重数。大多数情况下，重数可以指定为一个数或区间集，如“1”（精确1个），“1＋”（1个或1个以上），“3-5”（3～5，3和5包含在内），以及“2.4.18”（2，4或1～8）。用一种特殊线终结符表示某种公共重数值。黑实心圆点是OMT符号中的“多”，其含义是零个和多个。空心圆点表示“可选”，其含义是0个和1个。没有重数符号的线表示为“一对一”关联。通常，重数被写在下一条线的末端，例如，“1＋”表示1个和多个。

重数依赖于假定和如何定义问题的边界。通常模糊的要求常常导致重数的不确定。设计软件初期，不必特别地考虑重数。首先决定对象、类和关联，然后再决定重数。

决定重数常常可以暴露建立模型所隐含的假定。例如，Work-for是人（Person）和公司（Company）的一对多或多对多的关联吗？这要依赖于上下文语义。在税收应用程序中允许一个人为多个公司工作，另一方面，工会组织维护成员记录可以认为第二份工作是不相关的。用对象图显式表示一个模型，帮助提示这些隐藏的假设，使这些假设可视化，当然这要得到安全性检查。

最重要的重数差别是“一”和“多”之间。过低估计重数作用，则限制了应用的灵活性。例如，许多电话号码服务程序不允许一个人有多个电话号码。另一方面，过高估计重数常要求更多的开销，要求应用程序提供添加信息以区别“多”重数集合的成员。例如，在实际的层次组织中，用表示成“0”和“1”的重数来描述“boss（老板）”，比用不现实的矩阵管理来描述要好得多。

1.2.3 关联的重要性

关联的表示的确不是一个新的概念。关联早已广泛地用于数据库模式信息大家庭中。相反地，很少编程语言显式支持关联。因此，把关联着重用于程序的模型构造以及数据库和现实世界系统中，抛开如何实现，认为关联是有用的建模元素。

在概念建模期间，不应该把指针和对象引用放入对象的属性中。替代的办法是应该把它们模型化成关联，表明它们包含的信息不是从属于一个类，而是依赖于两个或两个以上的类。

一种观点认为所有信息都必须归属于某个类，并认为关联破坏了类中的信息封装。实际上，一些信息本身就超越了某个类。如果在平等的立足点上没处理好类与类之间的关联，将会导致程序中包含隐藏假设和依赖，这是不可取的。

大多数面向对象语言用对象指针实现关联，指针在设计的最后阶段，被看作是为实现优化而引入的，它也可能直接实现关联对象，但在实现期间，关联对象的使用的确是一个设计的策略。

1.2.4 三元关联

一种关联的次数是每个链接的角色的个数。关联可以是二元关联、三元关联或更高阶关联。绝大多数关联是二元关联或资格二元关联。三元关联偶尔发生，很少碰到更高阶的关联。

三元关联是具有三个角色的关联，不能重新声明为二元关联。

三元关联的表示是一个大的菱形：每个关联类用一条线连接菱形的一个顶点。譬如，一位教授教一个学期的一系列课程，开设课程要使用许多教科书，同样的教科书可以被多个开设课程所用。

三元关联可以有链接属性，或者作为关联类处理，如图 1-4 所示。

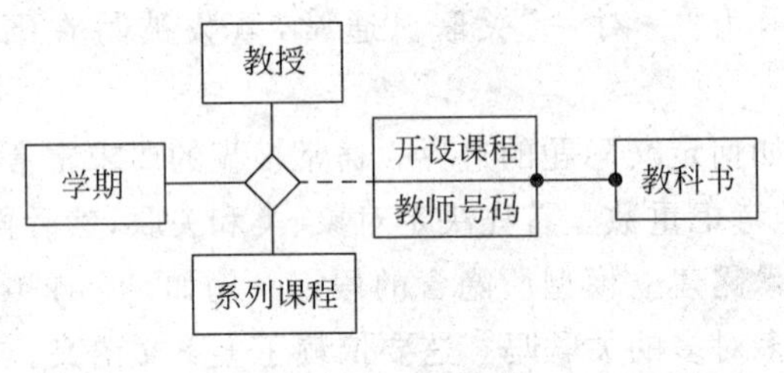

图 1-4 三元关联

1.2.5 关联的候选关键字

在图 1-4 中，注意到在三元关联类中或下一个菱形中没有重数存在，虽然期望对三元关联用重数表示，但最好还是用候选关键字，以避免混淆。一个关联的候选关键字是角色的组合，并在一个关联内唯一标识链接的资格符。因为角色和资格符是用属性来实现的，所以对类和关联都使用术语“候选关键字”。

在候选关键字中角色和资格符的集合必须是最小的。一个正规的三元关联有一个单一候选关键字，它是由所有三个相关的类的角色组合而构成的。恰好将会碰到仅涉及两个相关类的，具有候选关键类的三元关联。学期 ID、教授 ID 和系列课程 ID 的组合是开设课程的候选关键字。一位教授可以教一个学期的许多课程，以及多个学期的相同课程。一门课程可以由多个教授讲授。学期、教授和系列课程的聚合要求标识唯一的开设课程。

用花括号表示关联的候选关键字的注释。

1.2.6 异或关联

异或关联是从一个类起源的关联组的数目，这个类称为原始类。原始类中每个对象严格地应用于一个异或关联，异或关联与目标类的原始类有关。一个单独关于目标类的异或关联是可选的，但该异或关联语义要求一个目标对象被每个原始对象所选取。一个异或关联可以仅属于一个组。

1.2.7 资格符

资格关联(Qualified Association)与两个对象类和一个资格符有关。资格符是一个特殊的属性——它可以有效地降低一个关联的重数。一对多和多对多关联可被资格化，在关联的“多”的一端点的对象集之间用资格符加以区分。资格关联也可以考虑作为二元关联。

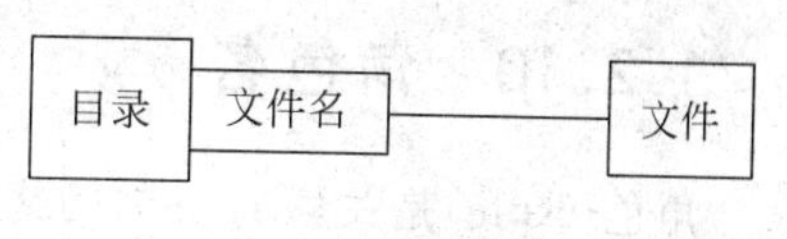

图 1-5　资格关联

在图 1-5 中，一个目录有很多文件，一个文件仅属于一个单一目录。在一个目录内，文件名是唯一的，目录和文件是对象类，而文件名则是一个资格符。一个目录加上一个文件名就产生一个文件，所以一个文件相对应于一个目录和一个文件名。资格符就可以降低这个关联重数复杂度，使一对多降为一对一。一个目录有很多文件，每个文件都有唯一的名字。

资格关联能改善语义上的精确性，增强导航路径的可视性。资格关联更加信息化地告知一个目录和文件名组成有标识的文件，而不是仅告知一个目录有很多文件。资格符语法也表示每个文件名在它的目录中是唯一的。寻找文件的一种方式是首先找文件所在的目录，然后再遍历文件名。

一个资格符用一个小盒子画在该类附近的关联终点处，目录＋文件名产生一个文件，因此，文件名被列在目录邻近的小盒子处。

资格符经常出现在真实的问题中，因为需要频繁地提供名字，例如一个目录提供了文件名的上下文含义。

1.2.8 链接属性

属性是一个类中对象的特性。类似地，链接属性是关联中链接的特性。每个链接属性对每个链接有一个值，样本数据在图底部标出。链接属性的 OMT 表示是用竖虚线表示一个或多个链接属性，可以出现在矩形框的第二区域中，这表示强调对象的属性和链接的属性之间的相似性。

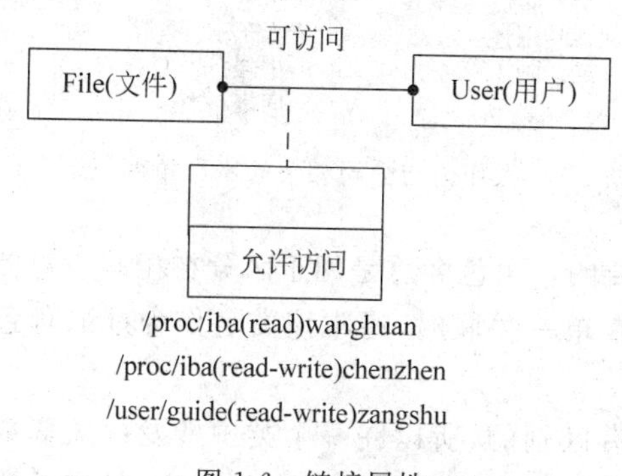

图 1-6　链接属性

多对多关联为链接属性提供了最强有力的方式，这种链接属性只能为链接所有，不可能出现在任何对象中。

在图 1-6 中允许访问是链接文件(File)类和用户(User)类的特性，但它不能单纯地衔接文件和用户类，把它归结到文件或用户都会丢失信息。

1.2.9 用关联模型化为类

有时候用关联模型化为类很有用，这时每个链接变成了该类的一个实例。实际上，在 1.2.8 节介绍的链接属性矩形框是作为一个类的关联的特殊情况，而且可以对属性添加名字和操作。

图 1-7 中展示了工作站的用户的授权信息,用户可以在工作站上有许多权限,每个权限有一个优先级和存取权,作为链接属性的表示。一个用户对每个有权限的工作站有一主目录,但相同的主目录可以共享几个工作站,或共享几个用户。主目录在有权限类和目录类之间表示成多对一的关联。当链接参与到其他对象关联中时,或当链接从属于操作时,用关联模型化为类是很有用的。

1.2.10 角色名

角色(Role)是关联的一端的终点。二元关联有两个角色,其中每个都有一个角色名。角色名是唯一标识关联一端终点的名字。角色提供从一个对象到关联对象集合,遍历的二元关联视图的一种方式。二元关联的每个角色标识一个对象,或者标识与对象另一端终点有关的对象集合。从该对象的观点来看,遍历关联是对相关对象给以的一种操作。角色名是导出属性,其值是一个相关对象的集合。角色名的使用提供从一端终点的对象遍历关联的方式,无须显式说明这种关联。角色通常在问题描述中以名词出现。

图 1-8 中指出了在 Work-for 关联中如何将人(Person)和公司(Company)联系起来。人作为与公司相关的雇员角色,而公司作为与人相关的雇主角色。角色名书写在靠近类起作用的关联线旁边(即角色名出现在遍历的终点)。角色名的使用是可选的,但要尽量选用简单、使人不容易混淆的角色名和关联名。

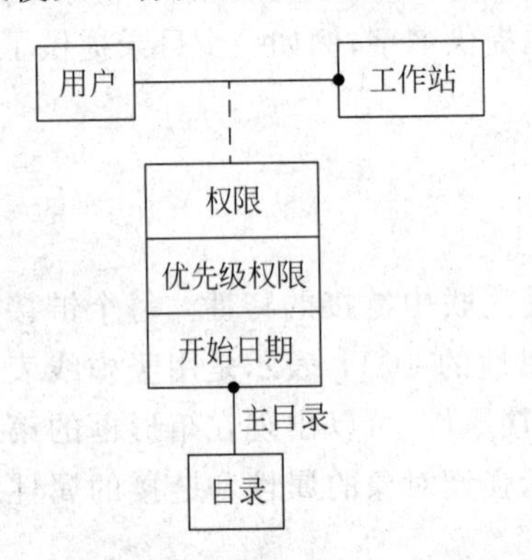

图 1-7 关联模型化为类

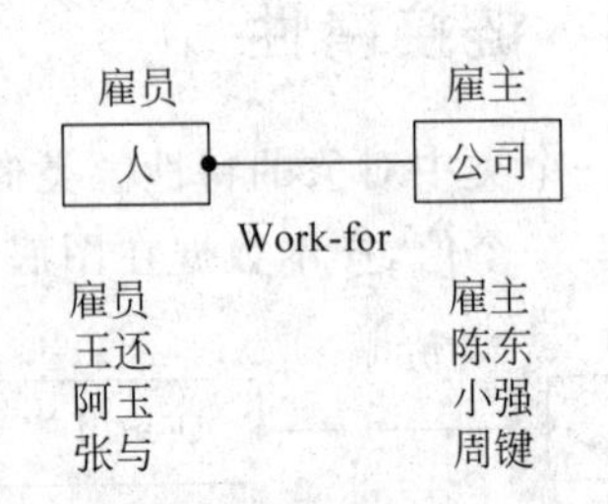

图 1-8 人作为与公司相关的雇员角色

角色名对相同类的两个对象之间的关联是必要的。角色名总是用于区分在相同一对类之间的两种关联。当在一对不相同的类之间仅存在单一关联时,通常该类名作为好的角色名运作。在这种情况下,角色名可以在图中省略。

因为角色名在直接对给定对象的链接之间是有区别的,所以在一个类中涉及的关联终点的所有角色名必须是唯一的。虽然角色名是书写在一个关联对象终点的旁边,但它是真正原始类的导出属性,必须在类中唯一。基于相同的理由,也不应使角色名与原始类的属性名相冲突。

一个 n 元关联的每个端点有一个角色。角色名能区别每个关联端点,如果类不止一次参与到 n 元关联中,角色名是必需的。三元或更多的关联不可能简单地像二元关联那样从一端遍历到另一端,所以角色名并不代表参与类的导出属性。

1.2.11 排序

通常在一个关联的“多”侧边的对象没有明确地排序，但可以看作一个集合。有时，对象是显式排序的。如图 1-9 所示的工作站屏幕包含一定数量重叠的窗口，窗口被显式排序，仅最顶端窗口才清楚地显示在屏幕上。排序本身是关联的内涵的一部分。关联“多”个端点的对象集合的排序用花括号{排序}来表示，并书写在靠近角色重数的旁边，这是一种特殊的约束类型。

1.2.12 资格关联

前面已介绍了资格符的表示，在大多数情况下，一个单一资格符可以从“多”或“1”个目标角色的最大重数中大大降低复杂程度。资格符不能影响关联的最小重数。现在介绍资格符的更复杂形式。

资格符在目标集合中的对象之间选择，经常但不总是能够有效地把“多”降低到“1”的重数作用。图中在使用资格符后“多”重数仍然保留。一个公司有很多职员、一位总裁和财务会计师，以及很多主任和副总裁。因此，公司和办公室的组合可以有许多人，如图 1-10 所示。

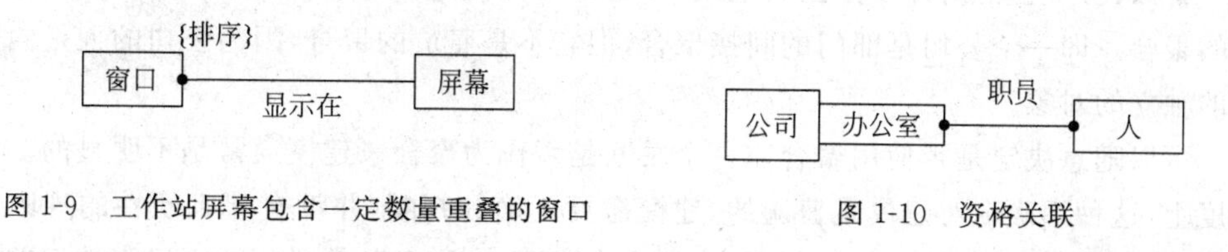

图 1-9 工作站屏幕包含一定数量重叠的窗口

图 1-10 资格关联

资格重叠(方式)是一系列连续的资格关联。资格重叠在表示递增的具体对象的累积处碰到。

组合资格符是由两个或多个属性组成的，这些属性改善了关联重数的组合。该属性是由组合资格符和“与”一起所组成的。

1.3 聚合

聚合是关联的很强的形式，聚合的对象由许多部件组成，部件是聚合的一部分。聚合是语义上的一个扩展对象，虽然在物理上它是由几个较小的成分对象构成的，但在许多操作中它作为一个单位处理。一个单一聚合可以包含几个部分；为了强调与关联的相似性，每个部分和整体的关系都作为一个独立的聚合来对待。这些部分可以在聚合之中，也可以不在聚合之中，或者在多个聚合之中。聚合是一种关联类型，整体之间关联称为装配，而它的部分称为部件。聚合通常称为“a-part-of”(一部分)或“parts-explosion”(部分展开)关系，并可以嵌套任意数目的层次。聚合具有固有的传递性：如果 A 是 B 的一部分，而 B 是 C 的一部分，则 A 是 C 的一部分。聚合也是非对称性的：如果 A 是 B 的一部分，则 B 就不是 A 的一部分。

一个聚合有许多部分，而这些部分又可以包含其他许多部分。许多聚合操作隐含着传递闭包和在直接、间接部分上操作。递归聚合是普遍存在的。传递性可计算装配的传递闭包,即能够直接和间接计算构成它的部件。传递闭包是图论的术语,一个结点的传递闭包是一个结点集合,这些结点是用边的一些序列能够达到的范围。

1.3.1 聚合与关联

聚合是关联的一种特殊形式,而不是一个独立的概念。在特定情况下,聚合增添了语义的内涵。倘若两个对象通过部分—整体的关系组合在一起,那么这就是一个聚合。如果两个对象是独立的,即便它们经常联系在一起,充其量只能算是关联。下面可用条件来检验一下。

(1) 你会使用短语“a-part-of”吗?

(2) 整体上的一些操作能自动地应用于它的部分吗?

(3) 整体的一些属性值能传递给全部或某些部分吗?

(4) 关联中是否存在固有的非对称性,使得一个对象类从属于另外一个对象类?

聚合包含一个对象到其构成部分的剖析和扩充。聚合的下层对象称为“组分对象”,上层对象称为“聚合对象”。

譬如,一个公司由许多分公司组成,即是许多分公司的聚合,而这些分公司又是众多部门的聚合。即一个公司是部门的间接聚合,但它不是雇员的聚合,因为公司的人是同等状态下的独立的对象。

可以随意决定是否使用聚合。一个关联是否作为聚合来建模通常是不明显的。在很大程度上,这种不确定对建模是普遍的,建模需要正确的判断,并没有什么硬性的规则。如果能始终如一地认真训练自己的判断力,那么在实践中,聚合和关联间的不确定的偏差就不会产生。

1.3.2 聚合和概括

聚合不是像概括那样的概念,聚合与实例有关,包含两种不同的对象,其中一个是另一个的一部分。概括与类有关,是一种构造单一对象描述的方法。超类和子类是相对单个对象特性而言的。

通过概括,一个对象可以同时是超类和子类的实例,聚合和概括有时会产生混淆,因为它们都通过传递闭包形成树。一棵聚合树由对象实例组成,这些实例是复合对象的组成部分,一棵概括树由描述对象的类所组成。聚合通常称为“a-part-of”关系,概括称为“is-kind-of”或“is-a”关系。

图 1-11 中以台灯为例说明了聚合和概括的概念。部分扩充是聚合的一个最具强制性的例子。灯座、灯罩、开关和电线是灯的所有部分(组分对象)。灯可以分成好几个各不相同的子类,如荧光灯和白炽灯。每一子类有它自己不同的部件,例如,荧光灯有一个整流器、螺旋形底座和启辉器;白炽灯有插座。

聚合有时候被称为“与”的关系,概括则称为“或”的关系。一盏灯由灯座、灯罩、开关和电池等组成。一盏灯或者是荧光灯,或者是白炽灯。注意表示聚合的菱形是小菱形。

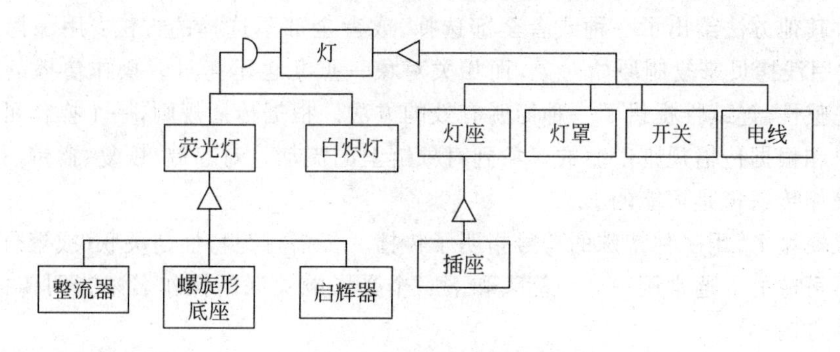

图 1-11　聚合和概括

1.3.3　递归聚合

聚合可以是固定的、可变的，甚至是递归的。

一个固定的聚合有固定的结构，子部分的个数和类型是预先定义的，图 1-11 中的灯就有固定的聚合结构。

可变聚合的层数是有限的，但部分的个数是可变的。递归聚合直接或间接地包含同一种聚合的实例，它可能的层次数是无限的。如图 1-12 所示给出了一个计算机程序的例子。计算机程序是一个有任意递归复合语句块的聚合，以简单语句作为循环的结束，块能以任意的层次深度进行嵌套。

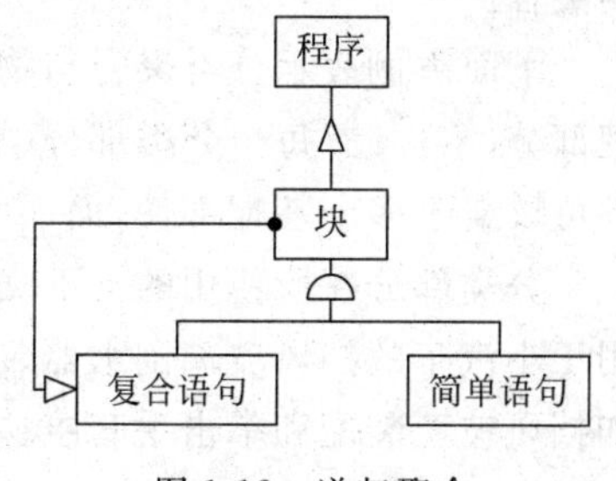

图 1-12　递归聚合

递归聚合的常用形式：一个超类和两个子类，一个是聚合的中间结点，另一个是终结点。这个中间结点是抽象超类实例的汇合。

1.3.4　操作的传播

当操作作用于一些原始对象时，传播（也称为触发）是对对象网络的操作的自动应用。例如，移动聚合就是移动它的部分，移动操作传播到它的部分。对部分的操作的传播经常是聚合的好的标志。

图 1-13 给出了一个传播的例子。一个人拥有多个文件，每个文件是由段落构成的，段落又由字符构成。拷贝操作以文件传播到段落，再传到字符。拷贝段落就是拷贝所有的字符。但这种操作反方向是不传播的。虽然整个文件并不拷贝，但一个段落可以被拷贝。同样，拷贝文件就是拷贝拥有链，但并不拷贝文件的所有者。

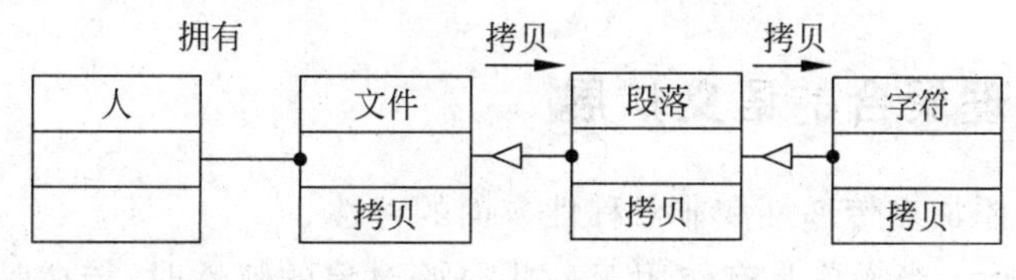

图 1-13　传播

大多数其他方法给出了一种或者全部选择,或者全部不选择的方法：用深拷贝来复制整个网；或用浅拷贝来复制原始对象,而相关对象一点儿也不拷贝。操作传播的思想为检验行为的完整性、连续性提供了一种简明有效的方法。根据传播规则,一个操作可看作起始于原始对象和根据传播规则产生的对象到对象链上的流动。对存储/恢复、撤销、打印、加锁和显示等操作传播也是可能的。

在对象模型上,用一种特殊的符号指明了传播。传播行为特性与关联(或聚合)、方向和操作是密不可分的。通常用一个小箭头和下一个受影响关联的操作名来指明传播,箭头指出了传递的方向。

1.3.5 物理聚合与分类聚合

物理聚合与分类聚合之间的区别是重要的。物理聚合是每个部件均用于一个装配的聚合；分类聚合是每个部件能够可重用多个装配的聚合。作为一个例子,考虑实际的小汽车(具有独立系列号的零部件)和小汽车车型。顾客服务的记录涉及实际的小汽车,而设计文件描述了小汽车车型。实际小汽车的零件扩展涉及物理聚合,而小汽车车型的扩展涉及分类聚合。

下面举例表示分类聚合与物理聚合之间的关系。一个分类部分(零件)可以描述多个物理部分(零件)。每个分类部分(零件)和物理部分(零件)可以包含较少的零件。一个分类零件可以属于多个装配部件,而一个物理零件最多可以属于一个装配部件。

分类部分在所使用的上下文范围内指定一定数量。例如,给定类型的两个螺丝钉可以用于小汽车的挡风玻璃刮水器装配,而相同类型的 4 个螺丝钉可用于拳击手套匣子装配,诸如挡风玻璃装配和拳击手套匣这类角色。可以指定使用不同的零件,一系列角色提供了导航分类聚合网格的唯一路径。

物理聚合树也指定部分(零件)的数量,独立序列号的部分总是有一个数量,因为每个部分必须有独立的特征。相反,其他部分是可交换的,诸如,螺母和螺栓都可以装配成一个箱子,它们是可交换的。可交换物理部分在实际应用中是有标识的,但相应的物理聚合模型可能不保留这个标识。

物理聚合的实例构成了集合树,每个部分都属于一个装配体,树顶端那个部分不属于任何装配体,而所有在树内的其他部分严格地属于一个装配体。

相反,分类聚合的实例构成有向无循环图。一个装配体可以有多个部件,并可属于多个装配体的部件,但存在着严格的方向性——关注哪一个部分是装配体,哪一个部分是部件(非对称性)。

具有物理聚合的装配类有“1”或“0 或 1”个的重数；具有分类聚合的装配类有“多”个重数。

1.3.6 物理聚合的语义扩展

物理聚合支持添加在传递性和非对称性方面的特性。

(1) 操作的传播。当操作具有作用于一些原始对象的特性时,传播是对对象网络操作的某些特性的自动应用。具有一些装配操作的聚合可以传播到本地修改的部件上。例如,移动一个窗口就移动了窗口标题、窗格和边界。对每个操作和其他传播属性，希望能指定扩散的传播。

(2) 默认值的传播。默认值也可以传播。例如，汽车的颜色可以传播到(汽车的)门上。对具体的实例可以尽可能地重写默认值。例如，正在修理的汽车门的颜色可以与汽车车身的颜色不一致。

(3) 版本。一个版本是相对于某些基础对象的替代对象。工程设计中可能碰到假定的版本情况，当一个部件的新的版本创建时，聚合可以自动触发创建一个新的装配版本。

(4) 复合标识符。一个部件的标识符可能包含装配的标识符，也可能不包含复合的标识符。

(5) 物理的簇。对快速存储和检索来说，聚合在辅助存储邻近区域中提供了基本物理上的簇对象。通常，部件存取在装配连接处，复合标识符使物理的簇很容易实现。

(6) 加锁。很多数据库管理者采用加锁机制，存取多用户数据，使之保持一致性。数据库管理者自动要求加锁，以避免冲突，好处是无需任何专门的用户动作。某些数据库管理者对聚合树有效地实现加锁机制：在装配上的加锁隐含着对所有部件的加锁。这比在每个有影响的零件上都放上一把锁，效率显然要高。

1.3.7 分类聚合的语义扩展

分类聚合比物理聚合的特征少，但仍然是重要的，切记不要与物理聚合混淆。例如，传播对分类聚合没有什么帮助，因为一个部件可以有多个与原始信息发生冲突。分类聚合的交叉传播对论题来说太专门化、太独特了，以致设计不出通用解来。分类聚合仍然遵循基本的传递性特性和非对称性特性。

分类聚合的元素集合可以隐含在装配体内，这种情况一般在命名为材料单(BOM 表)的结构化部分(零件)时碰到。并且要注意对象模型不能获取元素集合隐含在一个装配体中的约束信息。

1.4 面向对象实例

1.4.1 问题概述

某公司要开发校园信息管理信息系统，其中有一部分内容是关于人员的信息管理。校方要求人员的信息管理需要对行政、老师、本科生、专科生、研究生、助教各类人员的信息进行录入、修改、显示等操作。

1.4.2 对象及其类的分析

课题组用面向对象方法对系统进行初步分析后，确定了系统的人员信息管理的各类对象。又经归纳抽象为如下的类：Person(人)、Time(入学时间)、Student(学生)、Teacher(老师)、Undergraduate(本科生)、Specialized_subject(专科生)、Graduate(研究生)、Teaching_assistant(助教)。其中，Person(人)为抽象基类，Student(学生)、Teacher(老师)为 Person

(人)的派生类，而 Undergraduate(本科生)、Specialized_subject(专科生)、Graduate(研究生)又是由 Student(学生)派生而来，Teaching_assistant(助教)则由 Teacher(老师)和 Graduate(研究生)派生而来。为避免二义性，所有基类都设为虚基类。它们的关系如图 1-14 所示。

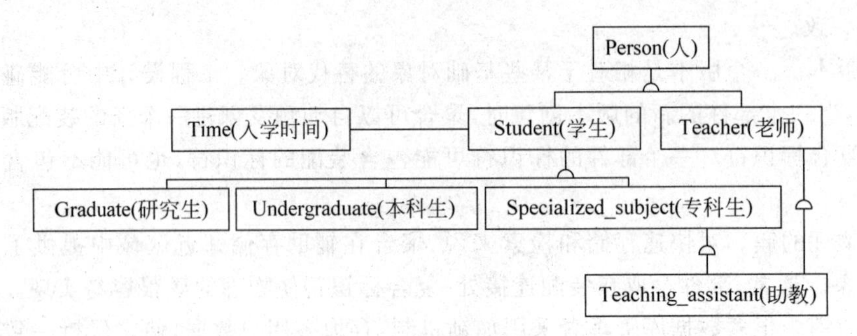

图 1-14 对象间的关系

1.4.3 类的属性与方法分析

根据现行系统的状况和用户需求，对现行对象划分出合理的对象类，明确了对象、类间的关系；以此分析各对象类的初步属性和方法。

1. Person 类

属性：num(编号)，age(年龄)，name(姓名)

方法：

```
Person(int n,int ag,char * str)(构造函数,用来定义有参数的对象)
Person()(构造函数,用来定义无参数的对象)
void show()(用来显示此类中对象的信息)
friend ostream& operator<<(ostream&,Person &)(重载<<)
friend istream& operator>>(istream, Person &)(重载>>)
virtual void sk() = 0(纯虚函数,用来实现多态)
```

2. Student 类

属性：numyear(学制)，sco1(第一科成绩)，sco2(第二科成绩)，sumsco1(所有人的总分)，count(人数)

方法：

```
Student(int n, int ag, char * str, int y, int m, int d,int ny,int sc1,int sc2)(构造函数,用来定义有参数的对象)
Student()(构造函数,用来定义无参数的对象)
void show()(用来显示此类中对象的信息)
virtual void sk()(显示此类对上课函数的反应)
static float getave()(静态函数,求所有学生的第一科的平均成绩)
int operator+(Student &u)(重载+,求每个学生的总成绩)
```

3. Teacher 类

属性：numwork(教龄)，salary(工资)
方法：

```
Teacher(int n, int ag, char * str, int nw,int sa)(构造函数,用来定义有参数的对象)
Teacher() (构造函数,用来定义无参数的对象)
void show()(用来显示此类中对象的信息)
virtual void sk()(显示此类对上课函数的反应)
```

4. Time 类

属性：year(年)，month(月)，day(天)
方法：

```
Time(int y,int m,int d) (构造函数,用来定义无参数的对象)
Time() (构造函数,用来定义无参数的对象)
void show()(用来显示此类中对象的信息)
```

5. Undergraduate 类

属性：credits(学分)
方法：

```
Undergraduate(int n, int ag,char * str, int y, int m, int d,
int ny,int sc1,int sc2,int cr)(构造函数,用来定义有参数的对象)
Undergraduate()(构造函数,用来定义无参数的对象)
void show()(用来显示此类中对象的信息)
virtual void sk()(显示此类对上课函数的反应)
```

6. Specialized_subject 类

属性：numcourse(课程数)
方法：

```
Specialized_subject(int n, int ag, char * str, int y, int m,
int d,int ny,int sc1,int sc2,int nc) (构造函数,用来定义有参数的对象)
Specialized_subject()(构造函数,用来定义无参数的对象)
void show()(用来显示此类中对象的信息)
virtual void sk()(显示此类对上课函数的反应)
```

7. Graduate 类

属性：numproject(项目数)
方法：

```
Graduate(int n, int ag, char * str, int y, int m, int d,int ny,
int sc1,int sc2,int np) (构造函数,用来定义有参数的对象)
```

```
Graduate()(构造函数,用来定义无参数的对象)
void show()(用来显示此类中对象的信息)
virtual void sk()(显示此类对上课函数的反应)
```

8. Teaching_assistant 类

属性：schooltime(教学时间)

方法：

```
Teaching_assistant(int n,int ag,char * str, int y, int m, int d,int ny,intsc1,int sc2,int np,
int nw,int sa, int st)(构造函数,用来定义有参数的对象)
Teaching_assistant()(构造函数,用来定义无参数的对象)
void show()(用来显示此类中对象的信息)
void sk()(显示此类对上课函数的反应)
```

1.4.4 类的描述(C++)

1. Person(Person.h 文件)

```
#ifndef PERSON_H                                        //如果没有定义 POINT_H 这个宏,则编译
                                                        //以下代码
#define PERSON_H 0                                      //定义宏,避免此后重复编译
class Person                                            //定义基类 Person(人)
{
public:                                                 //声明公有成员
int num;                                                //属性 num(身份证号)
int age;                                                //属性 age(年龄)
char name[40];                                          //属性 name(姓名)
Person(int n,int ag,char * str);                        //声明构造函数
Person();                                               //声明构造函数
~Person();                                              //声明虚构函数
void show();                                            //声明成员函数 show()
friend ostream& operator<<(ostream&, Person &);         //声明重载运算符"<<"
friend istream& operator>>(istream&, Person &);         //声明重载运算符">>"
virtual void sk() = 0;                                  //声明纯虚函数
sk();
};
#endif                                                  //Person.cpp 文件
#include <iostream>
using namespace std;
#include "Person.h"                                     //将类定义文件包含进来
Person::Person(int n,int ag,char * str)                 //定义构造函数
{  strcpy(name,str);
num = n;
age = ag;
cout<<"基类 Person 类的构造函数被执行"<< endl;
}
Person::Person()                                        //定义的构造函数
```

```
{   strcpy(name,"未知");
num = 0;
age = 0;
}
void Person::show()                                          //成员函数 show()的定义
{ cout << endl;
cout <<"我是一个普通的人,我的姓名:"<< name <<",年龄:"<< age <<",编号:"<< num << endl;
cout << endl;
}
Person::~Person()                                            //定义析构函数
{   cout << endl <<"析构函数被执行"; cout <<"destruct one object"<< name << endl;
}
```

2. Student(Student.h 文件)

```
#ifndef s #define s
#include "Person.h"
#include "Time.h"
class Student: virtual public Person                        //定义基类 Person 的派生类 Student(学生)
  {
    public:
    int numyear;                                             //成员属性 numyear(学制)
    int sco1;                                                //成员属性 sco1(第一科成绩)
    int sco2;                                                //成员属性 sco2(第二科成绩)
    static int sumsco1;                                      //静态成员属性 sumsco1(所有人的总分)
    static int count;                                        //静态成员属性 count(人数)
    Time time;                                               //引入子对象定义学生入学日期
    Student(int n, int ag, char *str, int y, int m, int d,int ny,int sc1,int sc2);
                                                             //声明构造函数
    Student();                                               //声明构造函数
    void show();                                             //声明成员函数 show()
    virtual void sk();                                       //重写基类的纯虚函数 sk()
    static float getave();                                   //定义静态成员函数 getave()
    int operator + (Student &u);                             //重载 +
};
#endif
//Student.cpp 文件
#include <iostream>
using namespace std;
#include "Student.h"
Student::Student(int n, int ag, char *str, int y, int m, int d,int ny,int sc1,int sc2):
Person(n,ag,str),time (y, m, d)                              //定义构造函数
{
  out <<"派生类 student 类的构造函数被执行"<< endl;
  numyear = ny;
  sco1 = sc1;
  sco2 = sc2;
  count++;
  sumsco1 += sco1;
}
```

```
Student::Student()                                   //定义构造函数
{
  numyear = 0;
  sco1 = 0;
  sco2 = 0;
}
float Student::getave()                              //定义静态成员函数 getave()
{
  return sumsco1/count;
}
void Student::show()                                 //成员函数 show()的定义
{
  cout << endl;
  cout <<"我是一个普通的学生,我的姓名:"<< name <<",年龄:"<< age <<",编号:"<< num <<",学制:"<<
  numyear <<",第一科的成绩"<< sco1 <<",第二科的成绩"<< sco2 << endl;
  cout << endl;
}
void Student::sk()                                   //纯虚函数 sk()的重写
{
cout <<"我是普通学生,上课铃响了,我要去教室听课"<< endl;
}
int Student::operator + (Student &u)                 //重载的" + "运算符求所有学生第一科
                                                     //的总成绩
{
  return sco1 + u.sco1;
}
```

3. Teacher(Teacher.h 文件)

```
#include "Person.h"
class Teacher: virtual public Person                 //定义基类 Person 的派生类 Teacher(老师)
{
  public:
  int numwork;                                       //成员属性
  numwork(教龄)
  int salary;                                        //成员属性 salary(工资)
  Teacher(int n, int ag, char * str, int nw,int sa); //声明构造函数
  Teacher();                                         //声明构造函数
  void show();                                       //声明成员函数
  show()
  virtual void sk();                                 //重写基类的纯虚函数 sk()
};
//Teacher.cpp 文件
#include <iostream>
using namespace std;
#include "Teacher.h"
Teacher::Teacher(int n, int ag, char * str, int nw,int sa):Person(n,ag,str)
                                                     //定义构造函数
{
  numwork = nw;
```

```
    salary = sa;
    cout <<"派生类 Teacher 类的构造函数被执行"<< endl;
  }
  Teacher::Teacher()                                        //定义构造函数
  {
    numwork = 0;
    salary = 0;
  }
  void Teacher::show()                                      //成员函数 show()的定义
  { cout << endl;
    cout <<"我是一个伟大的老师,我的姓名:"<< name <<",年龄:"<< age <<",编号:"<< num <<",教龄:"<<
    numwork <<",工资"<< salary << endl;
    cout << endl;
  }
  void Teacher::sk()                                        //纯虚函数 sk()的重写
  {
    cout <<"我是老师,上课铃响了,我要去给学生上课"<< endl;
  }
```

4. Time(Time.h 文件)

```
#ifndef t
#define t
class Time                                                  //定义子对象类 Time
{
  private:
  int year;
  int month;
  int day;
  public:
  Time (int y,int m,int d);                                 //声明构造函数
  Time ();                                                  //声明构造函数
  void show();
};
#endif
//Time.cpp 文件
#include <iostream>
using namespace std;
#include "Time.h"
Time::Time (int y,int m,int d)                              //定义构造函数
{
  cout <<"子对象 Time 的构造函数被执行"<< endl;
  year = y;
  month = m;
  day = d;
}
Time::Time ()                                               //定义构造函数
{
  year = 0;
  month = 0;
```

```
    day = 0;
}
void Time::show()                                           //定义成员函数 show()
{
    cout <<"我的入学日期"<< year <<" - "<< month <<" - "<< day << endl;
    cout << endl;
}
```

5. Undergraduate(Undergraduate.h 文件)

```
#include "Student.h"
class Undergraduate: virtual public Student                 //定义类 Student 的派生类 Undergraduate
                                                            //(本科生)
{
  public:
  int credits;                                              //成员属性 credits(学分)
  Undergraduate(int n, int ag, char * str, int y, int m, int d, int ny, int sc1, int sc2, int cr);
                                                            //声明构造函数
  Undergraduate();                                          //声明构造函数
  void show();                                              //声明成员函数
  show()
  virtual void sk();                                        //重写基类的纯虚函数 sk()
};
//Undergraduate.cpp 文件
#include <iostream>
using namespace std;
#include "Undergraduate.h"
Undergraduate::Undergraduate(int n, int ag, char * str, int y, int m, int d, int ny, int sc1, int
sc2, int cr) :Student(n, ag, str, y, m, d, ny, sc1, sc2), Person(n, ag, str)
                                                            //定义构造函数
{
    cout <<"派生类 Undergraduate 类的构造函数被执行"<< endl;
    credits = cr;
}
Undergraduate::Undergraduate()                              //定义构造函数
{
    credits = 0;
}
void Undergraduate::show()                                  //成员函数 show()的定义
{
    cout << endl;
    cout <<"我是一名在读本科生,我的姓名:"<< name <<",年龄:"<< age <<",编号:"<< num <<",学制:"<<
numyear <<",第一科的成绩"<< sco1 <<",第二科的成绩"<< sco2 <<",学分: "<< credits << endl;
    cout << endl;
}
void Undergraduate::sk()                                    //纯虚函数 sk()的重写
{
    cout <<"我是本科生,上课铃响了,我要去本科生教室听课"<< endl;
}
```

6. Specialized_subject　　//Specialized_subject.h 文件

```
#include "Student.h"
class Specialized_subject: virtual public Student        //定义类 Student 的派生类
Specialized_subject(专科生)
{
  public:
  int numcourse;                                          //成员属性
  numcourse(课程数)
  Specialized_subject(int n, int ag, char * str, int y, int m, int d,int ny,int sc1,int sc2,int
nc);                                                      //声明构造函数
  Specialized_subject();                                  //声明构造函数
  void show();                                            //声明成员函数 show()
  virtual void sk();                                      //重写基类的纯虚函数 sk()
};
//Specialized_subject.cpp 文件
#include <iostream>
using namespace std;
#include "Specialized_subject.h"
Specialized_subject::Specialized_subject(int n, int ag, char * str, int y, int m, int d,int ny,
int sc1,int sc2,int nc)
:Student(n, ag, str, y, m, d, ny, sc1, sc2),Person(n,ag,str)
                                                          //定义构造函数
{
  cout <<"派生类 Specialized_subject 类的构造函数被执行"<< endl;
  numcourse = nc;
}
Specialized_subject::Specialized_subject()                //定义构造函数
{
numcourse = 0;
}
void Specialized_subject::show()                          //成员函数 show()的定义
{ cout << endl;
  cout <<"我是一名在读专科生,我的姓名:"<< name <<",年龄:"<< age <<",编号:"<< num <<",学制:"<<
numyear << ",第一科的成绩"<< sco1 <<",第二科的成绩"<< sco2 <<",课程数: "<< numcourse << endl;
  cout << endl;
}
void Specialized_subject::sk()                            //纯虚函数 sk()的重写
{
  cout <<"我是专科生,上课铃响了,我要去专科生教室听课"<< endl;
}
```

7. Graduate(Graduate.h 文件)

该研究生类的描述由同学们参照该例自己描述。

8. Teaching_assistant(Teaching_assistant.h 文件)

```
#include "Graduate.h"
#include "Teacher.h"
class Teaching_assistant: public Teacher,public Graduate  //定义派生类 Teacher 和派生类
//Graduate 的共同派生类 Teaching_assistant(助教)
{
  public:
  int schooltime;                                      //成员属性 schooltime(教学时间)
  Teaching_assistant(int n, int ag, char * str, int y, int m, int d,int ny,int sc1,int sc2,int
np,int nw,int sa, int st);                             //声明构造函数
  Teaching_assistant();                                //声明构造函数
  void show();                                         //声明成员函数
  void sk();                                           //重写基类的纯虚函数
};
//Teaching_assistant.cpp 文件
#include <iostream>
using namespace std;
#include "Teaching_assistant.h"
Teaching_assistant::Teaching_assistant(int n, int ag, char * str, int y, int m, int d,int ny,
int sc1,int sc2,int np,int nw,int sa, int st)
:Graduate(n,ag,str,y,m,d,ny,sc1,sc2,np),Teacher(n,ag,str,nw,sa),Student(n, ag, str, y, m,
d, ny, sc1, sc2),Person(n,ag,str)                      //定义构造函数
{
  schooltime=st;
  cout<<"派生类 Teaching_assistant 类的构造函数被执行"<<endl;
}
Teaching_assistant::Teaching_assistant()               //定义构造函数
{
  schooltime=0;
}
void Teaching_assistant::show()                        //成员函数 show()的定义
{ cout<<endl;
  cout<<"我是一名助教,我既有研究生的属性也有教师的属性,我的姓名:"<<name<<",年龄:
"<<age<<",编号:"<<num<<",学制:"<<numyear<<",第一科的成绩"<<sco1<<",第二科的成绩"<<
sco2<<",项目数: "<<numproject<<",教龄:"<<numwork<<",工资"<<salary<<",在校时间"<<
schooltime<<"天/每年"<<endl;
  cout<<endl;
}
void Teaching_assistant::sk()                          //纯虚函数 sk()的重写
{
  cout<<"我是助教,上课铃响了,我要先去研究生教室听课,然后再去教室给我带的学生上课"<<
endl;
}
```

1.4.5 类的描述(C++)实验

根据1.4.4节类的描述,我们发现"7. Graduate(Graduate.h文件)"没有内容,是留给学生练习的。

1.5 对象、类描述实验

1.5.1 实验问题域概述

1. 用途及意义

随着计算机技术的飞速发展,计算机技术在各行各业得到了广泛的应用。图书管理系统也以其方便、快捷、费用低的优点正慢慢地进入人们的生活,将人们从传统的图书管理方式中彻底地解脱出来,提高效率,减轻图书管理人员以往繁忙的工作,减小出错的概率,使图书管理员可以将更多的时间放在图书的修缮和更好地为读者服务上。

2. 系统应遵守的规范与标准

系统在合同阶段或在需求分析阶段就应该根据产品类型、规模等特点提出标准符合性要求。产品应符合字符集编码标准、字型标准、输入法标准、API标准以及相应的软件工程标准等。在最终的产品说明书中应该明示产品符合哪些相关的国家标准(如教育部最新颁布的《教育管理信息化标准》规范、我国图书馆界通用的CNMARC格式标准、目前通用的《中图法四》等)、行业标准或企业标准。

3. 面向用户

图书馆流通部门的工作人员,包括图书管理员、图书馆管理者,所有用户都需要掌握基本的计算机操作技能。

4. 功能需求描述

(1) 读者信息制定、输入、修改、查询,包括种类、性别、借书数量、借书期限、备注。

(2) 书籍基本信息制定、输入、修改、查询,包括书籍编号、类别、关键词、备注。

(3) 借书信息制定、输入、修改、查询,包括书籍编号、读者编号、借书日期、借书期限、备注。

(4) 还书信息制定、输入、修改、查询,包括书籍编号、读者编号、还书日期、还书期限、备注,对超期的情况自动给出提示。可以打印出应归还图书的所有人员名单;也可以选择要打印清单的单位(部门),然后对该单位(部门)的应归还图书人员的借书信息进行打印。

(5) 有条件、多条件查询各种信息。

根据借阅人编码,获得该人员的全部借阅信息。可以获得所有已到期但尚未归还的催还书目信息。用户可以模糊查询,也可以精确查询。

(6) 新生办理借书证、丢失办理借书证、挂失。

(7) 系统维护。

管理员维护：系统管理员可以创建和删除图书管理员编码及口令。但无权修改图书管理员编码及口令，非系统管理员只可以修改自己的口令。

部门维护：当借阅人中有人属于某一部门，系统就不允许用户删除该部门。

默认还书期限：默认还书期限是以月计，修改并确认后，系统将按照设置填写借阅图书操作中的预计还书日期。

5. 需求规定

在图书管理系统中，管理员要为每个读者建立借阅账户，并给读者发放不同类别的借阅卡(借阅卡可提供卡号、读者姓名)，账户内存储读者的个人信息和借阅记录信息。持有借阅卡的读者可以通过管理员(作为读者的代理人与系统交互)借阅、归还图书，不同类别的读者可借阅图书的范围、数量和期限不同，可通过图书馆内查询终端查询图书信息和个人借阅情况，以及续借图书(系统审核符合续借条件)。

借阅图书时，先输入读者的借阅卡号，系统验证借阅卡的有效性和读者是否可继续借阅图书，无效则提示其原因，有效则显示读者的基本信息(包括照片)，供管理员人工核对。然后输入要借阅的书号，系统查阅并显示图书的基本信息，供管理员人工核对。最后提交借阅请求，若被系统接受则存储借阅记录，并修改可借阅图书的数量。

归还图书时，输入读者借阅卡号和图书号(或丢失标记号)，系统验证是否有此借阅记录以及是否超期借阅，无则提示，有则显示读者和图书的基本信息供管理员人工审核。如果有超期借阅或丢失情况，先转入过期罚款或图书丢失处理。然后提交还书请求，系统接受后删除借阅记录，登记并修改可借阅图书的数量。

图书管理员定期或不定期对图书信息进行入库、修改、删除等图书信息管理以及注销(不外借)，包括图书类别和出版社管理。

为系统维护人员提供权限管理、数据备份等通用功能。

6. 系统开发环境

硬件环境：450×2MHz/40GB/1024MB/40GB/。

软件环境：Windows 系列操作系统，Visual C++6/C#集成环境。

7. 非功能性需求

1) 产品质量属性要求

产品质量属性描述如表 1-1 所示。

表 1-1　产品质量属性描述

产品主要质量属性	详 细 描 述
正确性	不允许出现软件意外崩溃
健壮性	最多能够容纳 300 人同时访问，服务器端程序应连续工作半年以上
可靠性	平均故障间隔时间不低于 200h
性能，效率	查询速度不超过 10s。其他系统处理业务时间不超过 3s
易用性	不用安装，操作简便
清晰性	业务处理明确

续表

产品主要质量属性	详细描述
安全性	严格保密用户信息
可扩展性	可在当前需求基础之上进行功能上的扩展
兼容性	可运行在大多数主流的硬件环境中
可移植性	可运行在大多数主流的操作平台上

2）产品美观性要求

系统的界面需要具有一致性、简洁性，系统风格应为 DOS 风格。页面中的文字一般不需要使用颜色来显示，默认为白色，带颜色的文字一般都有特殊的含义。在表示状态的时候一般会使用红色和绿色。

1.5.2　实验 1

1. 实验目的

(1) 熟悉用某种面向对象语言描述问题的基本功能和使用方法。

(2) 掌握使用建模工具绘制活动图的方法。

(3) 学习使用某种面向对象语言对题目进行进度安排。

2. 实验环境

(1) 计算机一台。

(2) 面向对象工具软件。

3. 实验内容

根据图书管理系统用户描述要求，在需求分析的基础上，用面向对象语言(C++)描述图书类和读者类。

4. 实验步骤

(1) 准备好实验环境的机器(计算机)。

(2) 在机器上安装必要的软件平台(语言、绘图、文字编辑等)。

(3) 确定语言平台并熟练掌握某种语言(C++)。

(4) 认真阅读题目，理解用户需求。在有条件的情况下，可以去学校图书馆实地考察图书馆的现行系统运作。

(5) 初步分析出图书馆系统，得出其基本的功能和图书馆系统的对象。

(6) 根据初步分析所得图书馆系统的对象，分析对象的属性和操作，得出它们的类。

(7) 启动语言平台。

(8) 在语言系统中描述对象、类。同时要用适当的操作语句来验证描述的正确性。

(9) 结束。

5. 实验报告要求

(1) 整理实验结果。阐述对类本身和类的属性和服务描述的原则和理由。

(2) 分析实验结果。

(3) 小结实验心得体会。

小　　结

本章为读者定义了面向对象的主要概念，包括对象、类、对象图、属性、操作、方法、封装、继承、多重继承、消息、结构与连接、多态性、永久对象、主动对象、对象类的表示方法等。还介绍了链接和关联的一般概念、重要性，关联的分类等，以及聚合、概括、构造分组的相关定义。本章是本书的基础部分，也可以作为技术手册予以参考。

综 合 练 习

一、填空题

1. ________是用来描述对象动态特征(行为)的一个操作序列。

2. ________就是把对象的属性服务结合成为一个独立的系统单位，并尽可能隐蔽对象的内部细节。

3. ________就是向对象发出的服务请求，它应该含有下述信息：提供服务的________、服务标识、________和回答信息。

二、选择题

1. 构成对象的两个主要因素是(　　)。

A. 属性　　B. 封装　　C. 服务　　D. 继承

2. 描述对象属性之间的静态联系用(　　)方法。

A. 一般—特殊结构　　B. 整体—部分结构　　C. 实例连接　　D. 消息连接

3. (　　)描述两个或多个实例之间的关系，而(　　)描述单一实例的不同的特性。

A. 关联　　B. 整合　　C. 连接　　D. 概括

三、简答题

1. 什么是类？
2. 什么是继承？
3. 试述多继承的几种形式。
4. 试述 OO 方法描述对象关系的几种结构。
5. 什么是消息？
6. 什么是多态性？
7. 试述关联的概念及关联的几种类型。
8. 概括链接与关联的异同。

第2章 面向对象建模

模型是在构造事物之前为了理解事物而对事物做出的一种抽象。由于模型忽略了事物的非本质东西，所以它比原始事物更容易操纵。抽象是人类处理复杂问题的基本能力。几千年来，工程师、艺术家和工匠们为了设计产品，在制作之前都用建立的模型进行试探或实验。软件和硬件系统开发也不例外。在创建复杂系统之前，开发者必须从不同角度来对系统进行抽象，用精确的符号表示建立模型，校验该模型能否满足系统的需求。在设计和实现过程中，逐步添加细节，把该模型逐步完善直至实现成为最终产品。

2.1 统一建模语言

面向对象的分析与设计方法的发展在20世纪80年代末期至20世纪90年代中期出现了一个高潮，UML是这个高潮的产物。它不仅统一了Booch、Rumbaugh和Jacobson的表示方法，而且对其做了进一步的发展，并最终统一为大众所接受的标准建模语言。

2.1.1 UML的发展

公认的面向对象建模语言出现于20世纪70年代中期。从1989年到1994年，其数量从不到十种增加到了五十多种。在众多的建模语言中，语言的创造者努力推崇自己的产品，并在实践中不断完善。但是，OO方法的用户并不了解不同建模语言的优缺点及它们相互之间的差异，因而很难根据应用特点选择合适的建模语言，于是爆发了一场“方法大战”。20世纪90年代中期，一批新方法出现了，其中最引人注目的是Booch 1993、OOSE和OMT-2等。

Booch是面向对象方法最早的倡导者之一，他提出了面向对象软件工程的概念。1991年，他将以前面向Ada的工作扩展到整个面向对象设计领域。Booch 1993比较适合于系统的设计和构造。Rumbaugh等人提出了面向对象的建模技术(OMT)方法，采用了面向对象的概念，并引入各种独立于语言的表示符。这种方法用对象模型、动态模型、功能模型和实例模型，共同完成对整个系统的建模，所定义的概念和符号可用于软件开发的分析、设计和实现的全过程，软件开发人员不必在开发过程的不同阶段进行概念和符号的转换。OMT-2特别适用于分析和描述以数据为中心的信息系统。Jacobson于1994年提出了OOSE方法，其最大的特点是面向用例(Use-Case)，并在用例的描述中引入了外部角色的概念。用例的概念是精确描述需求的重要武器，但用例贯穿于整个开发过程，包括对系统的测试和验证。OOSE比较适合支持商业工程和需求分析。此外,还有Coad/Yourdon方法,即著名的OOA/OOD,它是最早的面向对象的分析和设计方法之一。该方法简单、易学,适合于面向对象技术的初学者使用,但由于该方法在处理能力方面的局限,目前已很少使用。

概括起来,首先,面对众多的建模语言,用户由于没有能力区别不同语言之间的差别,因此很难找到一种比较适合其应用特点的语言;其次,众多的建模语言实际上各有千秋;第三,虽然不同的建模语言大多雷同,但仍存在某些细微的差别,极大地妨碍了用户之间的交流。因此在客观上,极有必要在精心比较不同的建模语言优缺点及总结面向对象技术应用实践的基础上,组织联合设计小组,根据应用需求,取其精华,去其糟粕,求同存异,统一建模语言。

1994年10月,Grady Booch和Jim Rumbaugh开始致力于这一工作。他们首先将Booch 1993和OMT-2统一起来,并于1995年10月发布了第一个公开版本,称之为统一方法UM 0.8(Unified Method)。1995年秋,OOSE的创始人Ivar Jacobson加盟到这一工作。经过Booch、Rumbaugh和Jacobson三人的共同努力,于1996年6月和10月分别发布了两个新的版本,即UML 0.9和UML 0.91,并将UM重新命名为UML(Unified Modeling Language)。1996年,一些机构将UML作为其商业策略已日趋明显。UML的开发者得到了来自公众的正面反应,并倡议成立了UML成员协会,以完善、加强和促进UML的定义工作。当时的成员有DEC、HP、I-Logix、Itellicorp、IBM、ICON Computing、MCI System house、Microsoft、Oracle、Rational Software、TI以及Unisys。这一机构对UML 1.0及UML 1.1的定义和发布起了重要的促进作用。

UML是一种定义良好、易于表达、功能强大且普遍适用的建模语言。它融入了软件工程领域的新思想、新方法和新技术。它的作用域不限于支持面向对象的分析与设计,还支持从需求分析开始的软件开发的全过程。

在美国,UML获得了工业界、科技界和应用界的广泛支持,1996年年底,UML已稳占面向对象技术市场的85%,成为可视化建模语言事实上的工业标准。1997年11月17日,OMG采纳UML 1.1作为基于面向对象技术的统一建模语言。UML代表了面向对象方法的软件开发技术的发展方向,具有巨大的市场前景,也具有重大的经济价值和国防价值。

2.1.2 统一建模语言的内容

首先,UML融合了Booch、OMT和OOSE方法中的基本概念,而且这些基本概念与其他面向对象技术中的基本概念大多相同,因而,UML必然成为这些方法以及其他方法的使用者乐于采用的一种简单一致的建模语言。

UML不仅是上述方法的简单汇合,而是在这些方法的基础上广泛征求意见,集众家之长,几经修改而完成的。UML扩展了现有方法的应用范围。

UML是标准的建模语言,而不是标准的开发过程。尽管UML的应用必然以系统的开发过程为背景,但由于不同的组织和不同的应用领域,需要采取不同的开发过程。作为一种建模语言,UML的定义包括UML语义和UML表示法两个部分。

1. UML 语义

UML 语义描述基于 UML 的精确元模型定义。元模型为 UML 的所有元素在语法和语义上提供了简单、一致、通用的定义性说明，使开发者能在语义上取得一致，消除了因人而异的最佳表达方法所造成的影响。此外，UML 还支持对元模型的扩展定义。

2. UML 表示法

UML 表示法定义 UML 符号的表示法，为开发者或开发工具使用这些图形符号和文本语法为系统建模提供了标准。这些图形符号和文字所表达的是应用级的模型，在语义上它是 UML 元模型的实例。

统一建模语言的重要内容可以由 5 类图来定义，分别是静态图、用例图、交互图、行为图和实现图。

(1) 静态图

静态图包括类图、对象图和包图。其中，类图描述系统中类的静态结构，不仅定义系统中的类，表示类之间的联系如关联、依赖、聚合等，也包括类的内部结构(类的属性和操作)。类图描述的是一种静态关系，在系统的整个生命周期都是有效的。对象图是类图的实例，几乎使用与类图完全相同的标识。它们的不同点在于对象图显示类的多个对象实例，而不是实际的类。一个对象图是类图的一个实例。由于对象存在生命周期，因此对象图只能在系统某一时间段存在。包图由包或类组成，表示包与包之间的关系。包图用于描述系统的分层结构。

(2) 用例图

用例模型描述的是外部执行者所理解的系统功能。用例模型用于需求分析阶段，它的建立是系统开发者和用户反复讨论的结果，表明了开发者和用户对需求规格达成的共识。首先，它描述了待开发系统的功能需求；其次，它将系统看作黑盒，从外部执行者的角度来理解系统；第三，它驱动了需求分析之后各阶段的开发工作，不仅在开发过程中保证了系统所有功能的实现，而且被用于验证和检测所开发的系统，从而影响到开发工作的各个阶段和 UML 的各个模型。从用户角度描述系统功能，并指出各功能的操作者。

(3) 交互图

交互图描述对象间的交互关系。其中，顺序图显示对象之间的动态合作关系，它强调对象之间消息发送的顺序，同时显示对象之间的交互；合作图描述对象间的协作关系，跟顺序图相似，显示对象间的动态合作关系。除显示信息交换外，合作图还显示对象以及它们之间的关系。如果强调时间和顺序，则使用顺序图；如果强调上下级关系，则选择合作图。这两种图合称为交互图。

(4) 行为图

行为图描述系统的动态模型和组成对象间的交互关系。其中，状态图描述类的对象所有可能的状态以及事件发生时状态的转移条件。通常,状态图是对类图的补充。在实用上并不需要为所有的类画状态图,仅为那些有多个状态、其行为受外界环境的影响并且发生改变的类画状态图。而活动图描述满足用例要求所要进行的活动以及活动间的约束关系,有利于识别并行活动。

(5) 实现图

其中,构件图描述代码部件的物理结构及各部件之间的依赖关系。一个部件可能是一个资源代码部件、一个二进制部件或一个可执行部件。它包含逻辑类或实现类的有关信息。部件图有助于分析和理解部件之间的相互影响程度。

配置图定义系统中软硬件的物理体系结构。它可以显示实际的计算机和设备(用结点表示)以及它们之间的连接关系,也可显示连接的类型及部件之间的依赖性。在结点内部,放置可执行部件和对象以显示结点跟可执行软件单元的对应关系。

从应用的角度看,当采用面向对象技术设计系统时,首先是描述需求,其次根据需求建立系统的静态模型,以构造系统的结构,第三步是描述系统的行为。其中,在第一步与第二步中所建立的模型都是静态的,包括用例图、类图(包含包)、对象图、组件图和配置图等5个图形,是标准建模语言UML的静态建模机制。第三步中所建立的模型或者可以执行,或者表示执行时的时序状态或交互关系。它包括状态图、活动图、顺序图和合作图等4个图形,是标准建模语言UML的动态建模机制。因此,标准建模语言UML的主要内容也可以归纳为静态建模机制和动态建模机制两大类。

2.1.3 统一建模语言的主要特点

统一建模语言(UML)的主要特点可以归结为以下三点。

(1) 以使用实例为引导,以主结构为核心。

(2) UML还吸取了面向对象技术领域中其他流派的长处,其中也包括非OO方法的影响UML符号表示的各种方法的图形表示,删掉了大量易引起混乱的、多余的和极少使用的符号,也添加了一些新符号。因此,在UML中汇入了面向对象领域中很多人的思想。这些思想并不是UML的开发者们发明的,而是开发者们依据最优秀的OO方法和丰富的计算机科学实践经验综合提炼而成的。

(3) UML在演变过程中还提出了一些新的概念。在UML标准中新加了模板、职责、扩展机制、进程、线程、分布式、并发、模式、合作、活动图等新概念,并清晰地区分类型、类和实例、细化、接口和组件等概念。

因此可以认为,UML是一种先进实用的标准建模语言,但其中某些概念尚待实践来验证,UML也必然存在一个进化过程。

2.1.4 统一建模语言的应用领域

UML的目标是以面向对象图的方式来描述任何类型的系统,具有很宽的应用领域。其中最常用的是建立软件系统的模型,但它同样可以用于描述非软件领域的系统。UML

是一个通用的标准建模语言,可以对任何具有静态结构和动态行为的系统进行建模。此外,UML 适用于系统开发过程中从需求规格描述到系统完成后测试的不同阶段。在需求分析阶段,可以用用例来捕获用户需求。通过用例建模,描述对系统感兴趣的外部角色及其对系统的功能要求。分析阶段主要关心问题域中的主要概念和机制,需要识别这些类以及它们相互间的关系,并用 UML 类图来描述。为实现用例,类之间需要协作,这可以用 UML 动态模型来描述。在分析阶段,只对问题域的对象建模,而不考虑定义软件系统中技术细节的类。这些技术细节将在设计阶段引入,因此设计阶段为构造阶段提供更详细的规格说明。

编程是一个独立的阶段,其任务是用面向对象编程语言将来自设计阶段的类转换成实际的代码。在用 UML 建立分析和设计模型时,应尽量避免考虑把模型转换成某种特定的编程语言。因为在早期阶段,模型仅仅是理解和分析系统结构的工具,过早考虑编码问题十分不利于建立简单正确的模型。

UML 模型还可作为测试阶段的依据。系统通常需要经过单元测试、集成测试、系统测试和验收测试。不同的测试小组使用不同的 UML 图作为测试依据:单元测试使用类图和类规格说明;集成测试使用部件图和合作图;系统测试使用用例图来验证系统的行为;验收测试由用户进行,以验证系统测试的结果是否满足在分析阶段确定的需求。

总之,标准建模语言 UML 适用于以面向对象技术来描述任何类型的系统,而且适用于系统开发的不同阶段,从需求规格描述直至系统完成后的测试和维护。

2.2 UML 的基本图标

面向对象的规划分析方法在使用图标上往往百家争鸣,统一建模语言则提供统一的图标供分析与设计者使用。首先由模型共享元素、关系图标、类图开始介绍,再依序介绍统一建模语言所使用的 8 大图标。

1. 模型共享元素

模型共享元素如图 2-1 所示。

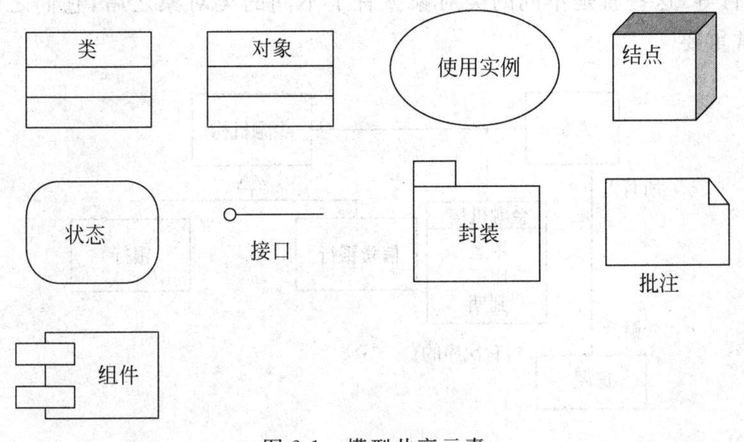

图 2-1 模型共享元素

2. 关系图标

关系图标如图 2-2 所示。

3. 类图

1）类与关联

（1）类。类图如图 2-3 所示。

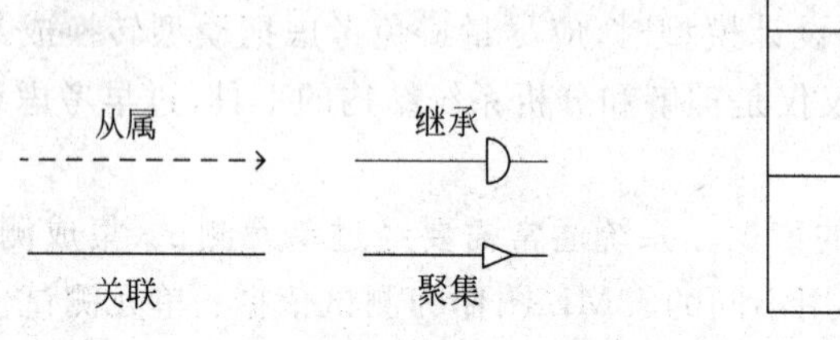

图 2-2 关系图标

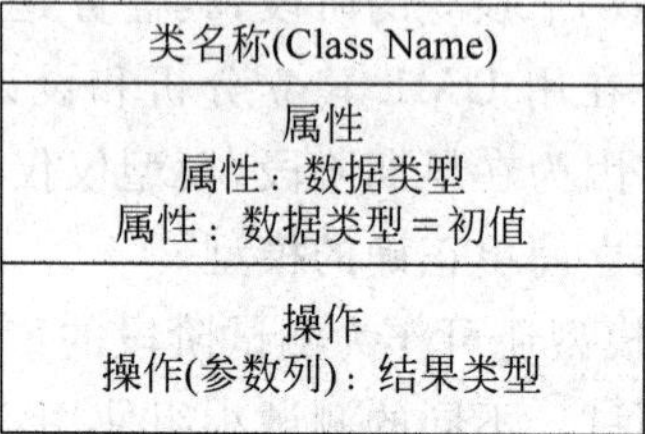

图 2-3 类图

（2）个体数目。个体数目如图 2-4 所示。

（3）角色姓名关联。角色姓名关联如图 2-5 所示。

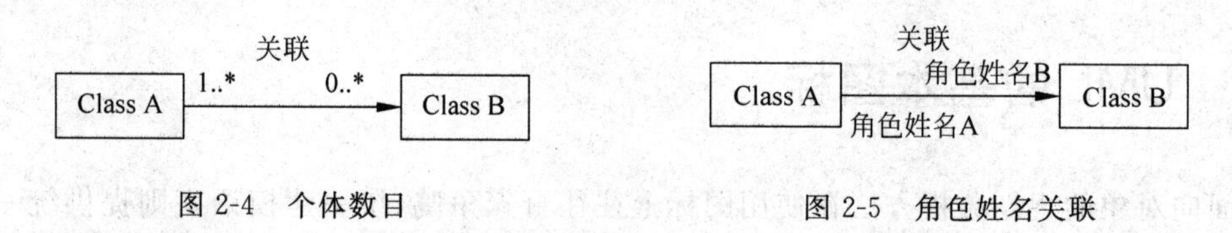

图 2-4 个体数目　　图 2-5 角色姓名关联

2）类图：静态的结构

如图 2-6 所示的类图是静态的呈现，静态结构的图标像在帮系统照一张相片，照到的东西就是在那一个单纯时刻同步发生的事件。如图 2-6 所示的每一个方格子都是一个类，类就是同一类的对象。图 2-6 左上角是人员，它是相似的对象，把它变成一个类。左下角是房屋，右边是银行等，这些就是不同的类对象。有了不同的类对象之后，它们之间的联系和关系就变得非常重要。

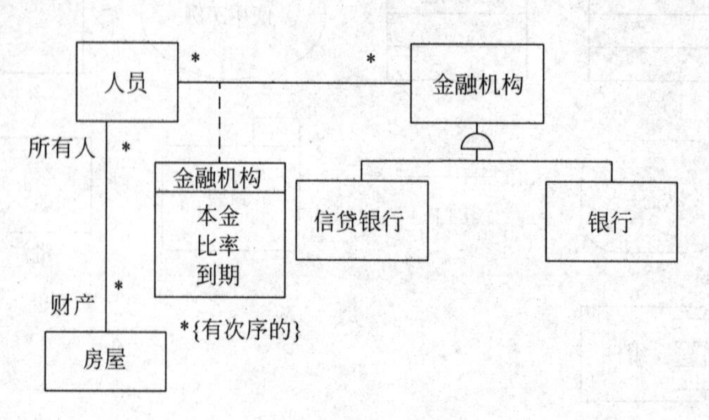

图 2-6 静态的结构

如果软件用户在做对象链接库的时候，清楚它们之间的关系，比较容易将对象相似的类，归纳为一类，到时候画出的类图会清楚。越没有关系，越是单纯的、独立运作的，越难制造链接库。

左上方人员的类可以拥有房子的类，一个人可以拥有几幢房子，数目可以写在＊的地方；右上方是一个金融机构的类，下面有箭头拉实线的是继承关系。什么是继承关系？银行是金融机构，左边的信贷银行也是金融机构，继承关系的值在下面，圆背指的是可以用这种继承关系，到时候就有数据相关的流程，或许用它来做数据库的产生。换句话说，如果是用同一个类模型来做不同的数据库，它们分享的语言、信息是一样的，这个时候再写软件会非常好用。

3）类图类型

（1）关联类。

关联类如图 2-7 所示。

（2）关联。

关联如图 2-8 所示。

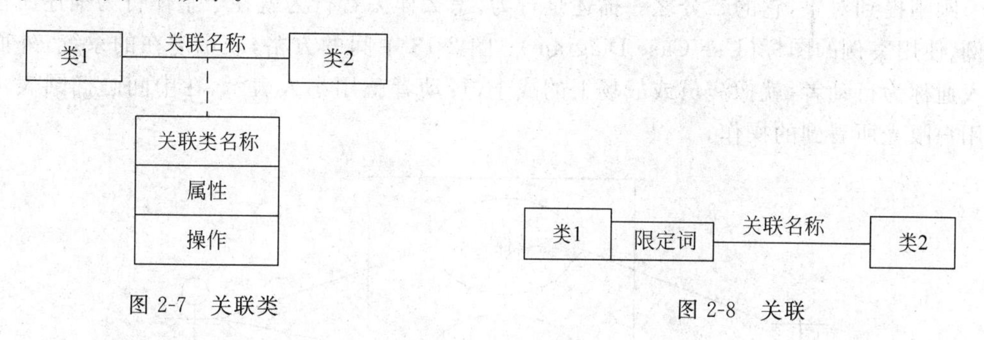

图 2-7　关联类

图 2-8　关联

（3）聚集、追踪性和个体数目。

聚集、追踪性和个体数目如图 2-9 所示。

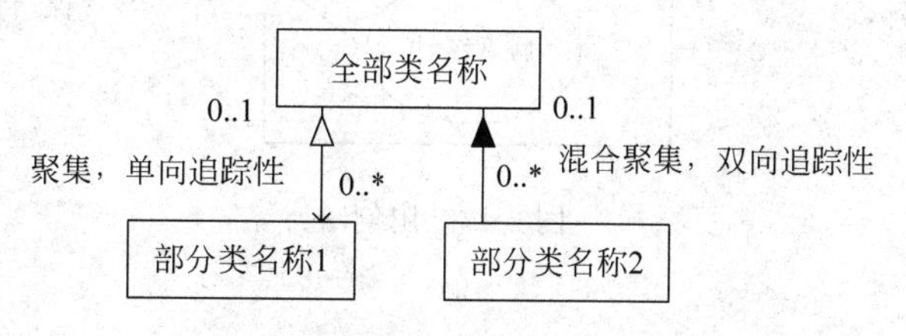

图 2-9　聚集、追踪性和个体数目

（4）有条件的聚集。

有条件的聚集如图 2-10 所示。

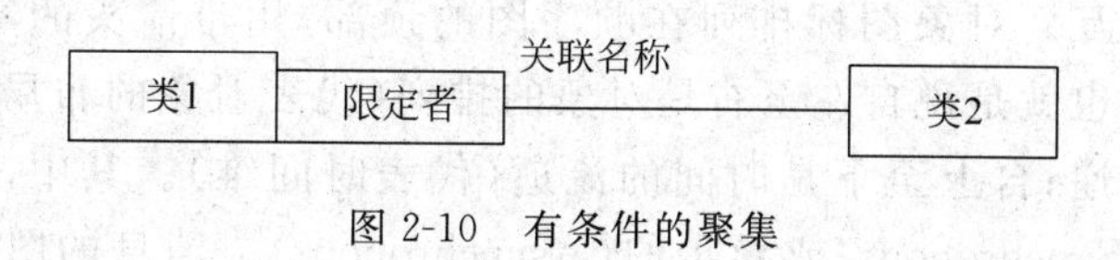

图 2-10　有条件的聚集

（5）一般化/特殊化。

一般化/特殊化如图 2-11 所示。

（6）限制。

限制如图 2-12 所示。

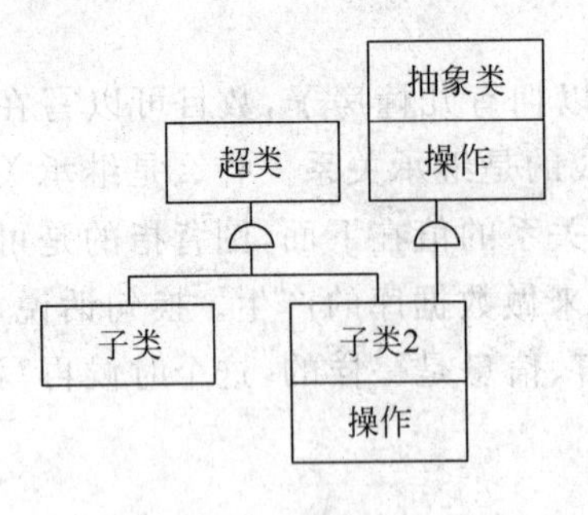

图 2-11 一般化/特殊化

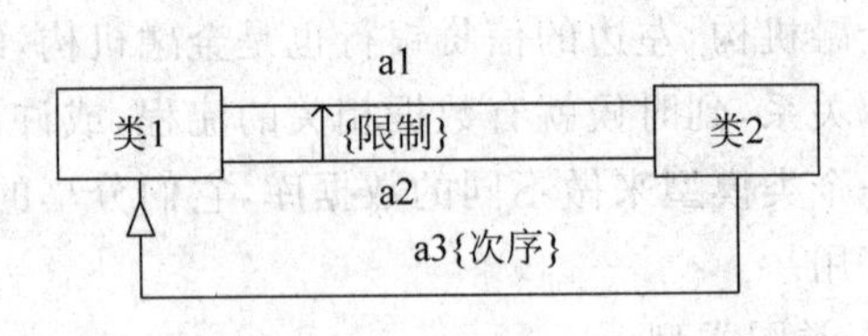

图 2-12 限制

4. 使用实例图

刚刚提到对象，它的二分之一描述是行为，怎么样去看行为就在于整体行为描述所使用实例、使用案例的图标（Use Case Diagram）；图 2-13 中间的方格，表示潜在的系统，外面的小人通称为行动者，就像演员或战场上的战士，行动者就用小人表示，在中间画椭圆表示是以用户眼光所看到的操作。

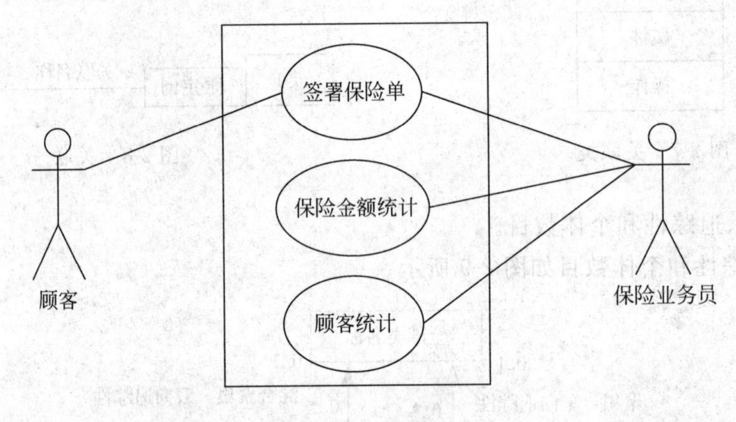

图 2-13 用例图

5. 顺序图

如果要看每一个交互实例，就必须要看它的使用状况，由下面的顺序图（Sequence Diagram）来表示。顺序图表示对象之间基于时间的动态交互，它可视化地表示对象之间如何随时间发生交互。对象图标排列在顺序图的顶部，用带箭头的实线表示消息，用垂直虚线表示时间。也就是说自左至右是对象的排列（代表对象的布局维），并用带箭头的实线表示消息的传递；自上至下是时间的流逝（代表时间维）。其中，消息可以是简单的（Simple）、同步的（Synchronous）或异步的（Asynchronous）。消息的图符及顺序图的表示法分别见图 2-14（a）和图 2-14（b）。

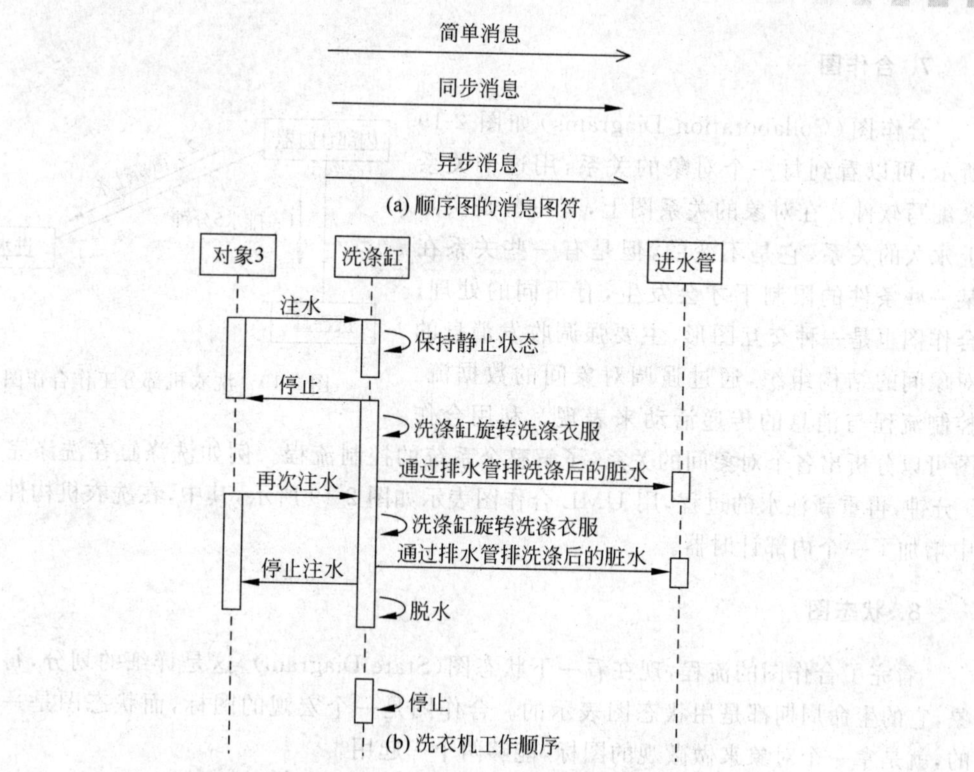

图 2-14 顺序图的消息图符与洗衣机的工作顺序

6. 使用实例图

1）图标

(1) 行动者，如图 2-15 所示。

(2) 沟通关联，如图 2-16 所示。

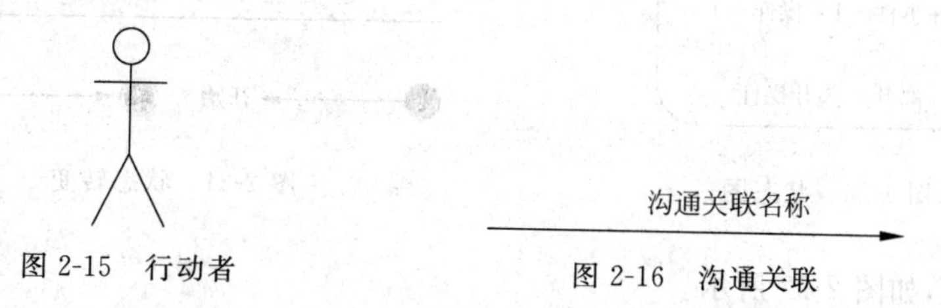

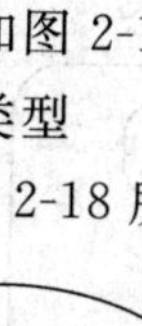

图 2-15 行动者

图 2-16 沟通关联

(3) 使用实例，如图 2-17 所示。

2）使用实例图类型

使用实例图如图 2-18 所示。

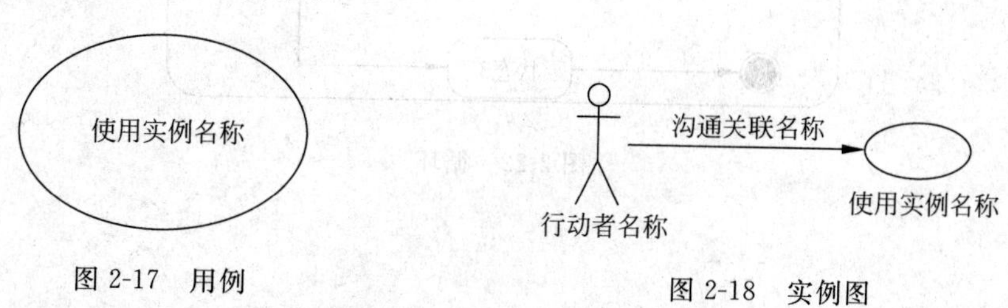

图 2-17 用例

图 2-18 实例图

7. 合作图

合作图(Collaboration Diagrams)如图 2-19 所示,可以看到每一个对象的关系,用这个关系来编写软件。在对象的关系图上,有一些是实际上永久的关系,它是不变的,但是有一些关系在某一些条件的限制下才会发生,有不同的处理。合作图也是一种交互图形,主要强调收发消息的对象间的结构组织,通过强调对象间的数据流、控制流程与消息的传递活动来表现。利用合作图可以分析出各个对象间的关系,了解整个系统的控制流程。例如洗涤缸在洗涤完后排水 5 分钟,再重新注水的过程,用 UML 合作图表示如图 2-19 所示,其中,在洗衣机构件的类集中增加了一个内部计时器。

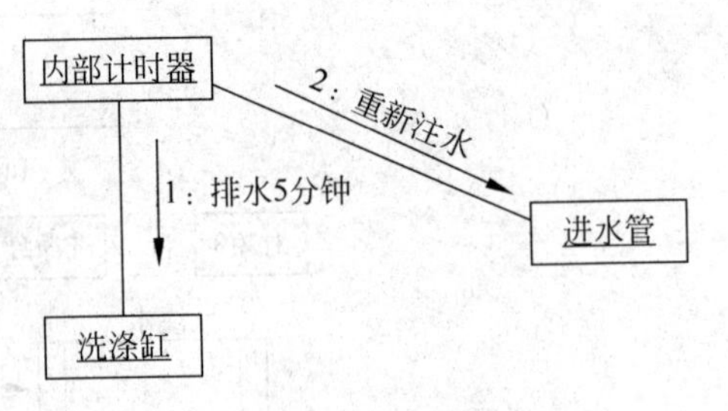

图 2-19 洗衣机部分工作合作图

8. 状态图

看完了合作图的流程,现在看一下状态图(State Diagram),这是详细的划分,每一个对象,它的生命周期都是用状态图表示的。合作图是一个宏观的图标,而状态图是一个微观的,就是拿一个对象来做微观的图标,能够两个一起用。

状态图显示各种对象、各层次系统及系统的生命周期。

(1) 状态图原型,如图 2-20 所示。

(2) 状态转变,如图 2-21 所示。

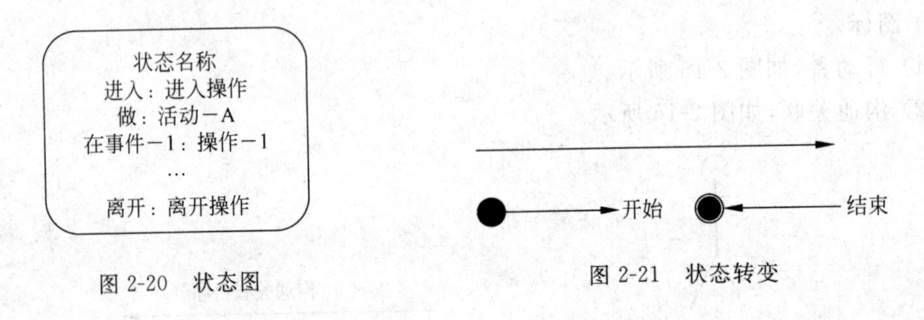

图 2-20 状态图

图 2-21 状态转变

(3) 循环,如图 2-22 所示。

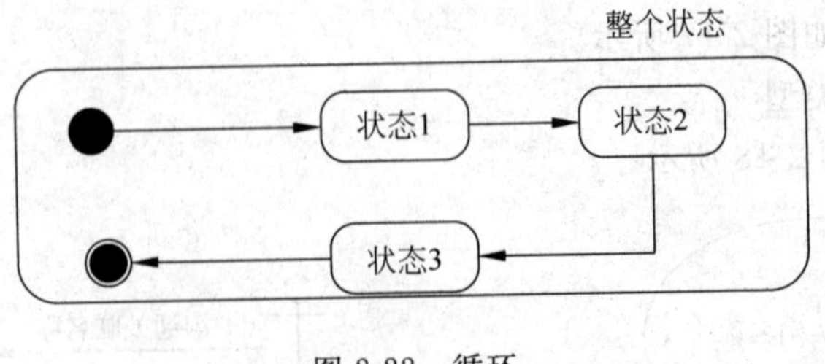

图 2-22 循环

9. 封装

封装是一系列群模型的要素。看完了模型，现在把它扩大后观看，把不同的模型封装(Package)在一个包装里面。因为当设计一个很大的系统时，用户不需要看到这么多不同的模型，他只需要看到包装。最外面的活页夹编辑，也是一个封装，可是这个封装下面还可以拆成更小的封装，更小的封装还可以拆成各种模型。

封装类型如图 2-23 所示。

10. 活动图

活动图(Activity Diagram)展现交互作用，焦点集中在工作的执行上。活动图显示行动的顺序，包含方案执行、对象的工作情形。

1) 图标

(1) 行动状态，如图 2-24 所示。表示内部行动执行的情形，当行动发生时，行动状态受到变动，自动产生另一个状态，譬如：按按钮掉下饮料。

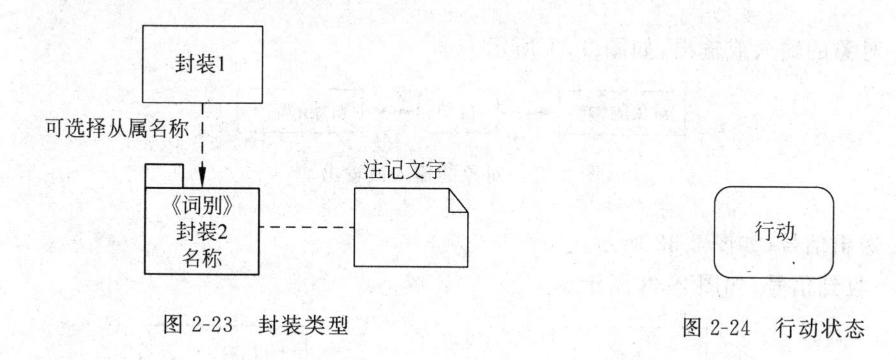

图 2-23 封装类型

图 2-24 行动状态

(2) 开始状态，如图 2-25 所示。

(3) 终止状态，如图 2-26 所示。

图 2-25 开始状态

图 2-26 终止状态

(4) 状态行动的转变，如图 2-27 所示。

(5) 选择，如图 2-28 所示。

(6) 平行处理工作，如图 2-29 所示。

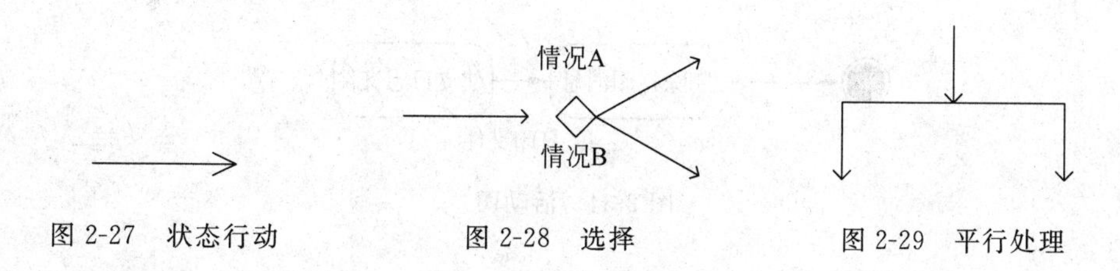

图 2-27 状态行动

图 2-28 选择

图 2-29 平行处理

(7) 工作行动,如图 2-30 所示。依据反应采取行动,可应用于不同的目的。

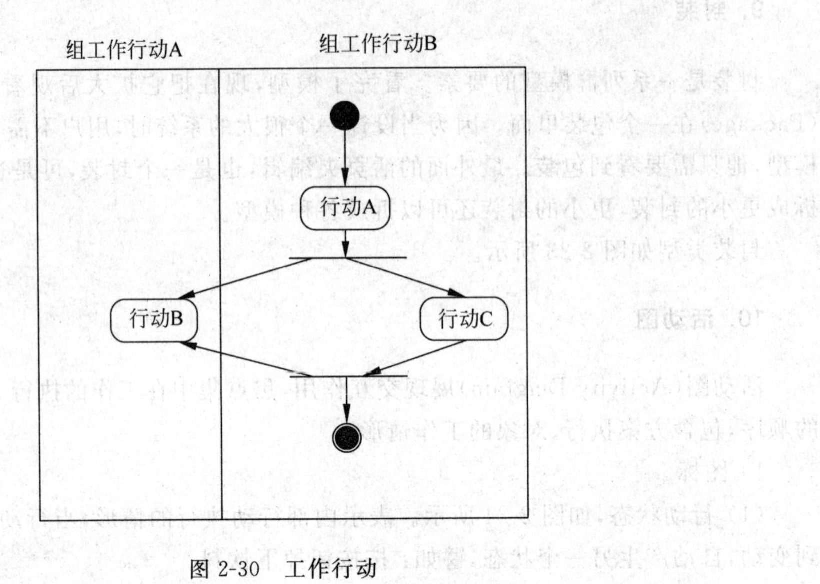

图 2-30　工作行动

(8) 对象的输入或输出,如图 2-31 所示。

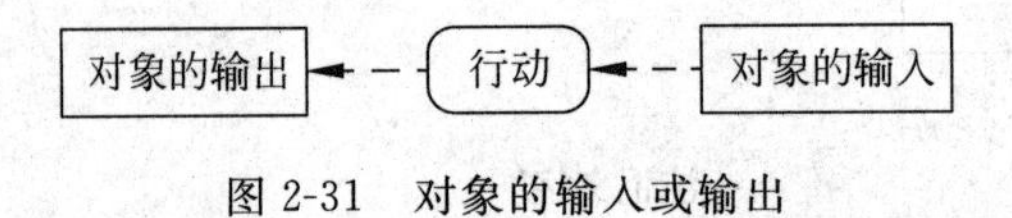

图 2-31　对象的输入或输出

(9) 送出信号,如图 2-32 所示。
(10) 收到信号,如图 2-33 所示。

图 2-32　送出信号　　图 2-33　收到信号

2) 活动图例

活动图：磁盘,如图 2-34 所示。

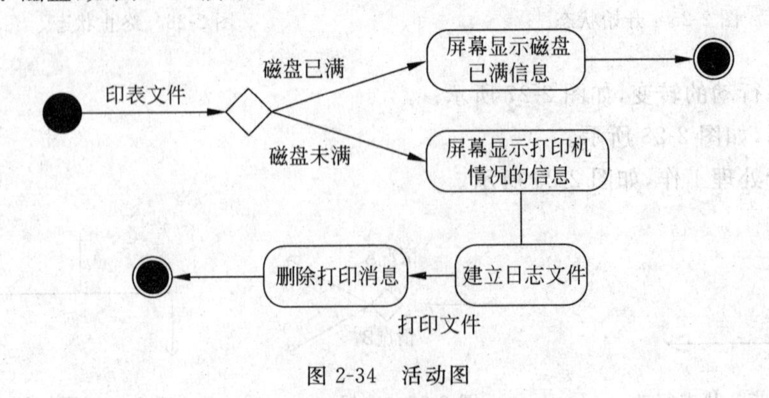

图 2-34　活动图

11. 组件图

组件图类型如图 2-35 所示。

12. 配置图

配置图(Deployment Diagram)描述各种处理器、外围设备及软件组件运转时的结构。类型如图 2-36 所示。

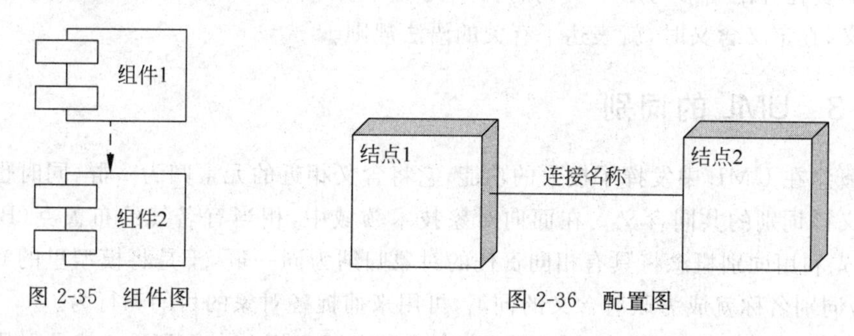

图 2-35 组件图　　图 2-36 配置图

2.3 基本规则

2.3.1 UML 的基本元素

UML 的基本元素是类、对象、操作、继承及结合关联等。利用这些有限的元素可组合成为各式各样的软件模型。在软件设计师的思维中,也常有较高层次的元素。如使用案例、软件设计样式、任务及组封装等。UML 的元素含义在自然语言中,其元素——字或词组都有其所表达的意义,这通称为固有的含义,代表人们对这些字词的共同认知,也是人们互相沟通与了解的基础。

英文的“and”这个字,代表着“而且”及“和”的意思。此外,还会依它的用途而归类,如常分为“对等连接词”,对等连接词因而为“and”赋予了深一层的含义:可用来连接对等的字、词组或句子。面向对象模型语言方面,“继承”是其中一个重要的元素,其含义为人们共同认知的,某个元素承袭另一个元素的特性。

UML 提供基本而共通的元素,并定义其词的含义,也让设计师基于这些基本元素,进一步定义新的元素及新的词别含义。如此,既利用别人的创意,也发挥自己的创意;就像在利用前人的名言创造出自己的名言一样。除了上述的类、继承等基本元素外,UML 还提供了高级的元素,包括使用实例、设计式样及组封装等,这些元素常由一群类的互助合用来完成其责任或任务。必要时可为这些元素定义词别及词别的含义。例如,将组封装元素分为两群子系统,各有各的用途含义。其中,元素的含义则可借助文字、图形或其他方式来表示。

2.3.2 UML 的语法规则

语言的基本组合包括元素和文法规则。上面已谈过 UML 的元素,那么 UML 的语法规则如何表达呢?通常语法规划大多在元素的含义里表达。例如,英文的“and”,其词类为

“对等连接词”,用来连接两个对等的字、词组或文字,这是重要的文法规则。再看看建筑方面,克里斯托弗·亚历山大(Christopher Alexander)的建筑模型语言是样式语言。其中,语言的元素就是样式,而语法规则就包含在样式里,即在样式的含义中表达。

样式既是元素也是规则,所以规则和元素是不可分的。样式就是元素,而每一个样式也是一条规则,这些规则语句用在如何安排与组合一些较小的元素,这些软件的元素也是样式。就 UML 而言,其规则也包含在元素的含义中。例如,在使用实例的含义中,会将如何使用实例的责任分配给参与用户实例的各个类或对象,所以 UML 借助其词别功能来定义元素的含义,在定义含义时,就表达了有关的语法规则。

2.3.3 UML 的词别

词别概念在 UML 中发挥了极大的功能,它将含义相近的元素归为一群,同时也让设计师们可定义该词别的共同含义。在面向对象技术领域中,相当有名气的布鲁克(Brook)于 1993 年首先利用词别概念将具有相同责任的对象归纳为同一群,于是将模型里的对象分为许多词别,词别名称就成为赋有含义的词汇,可用来捕捉各对象的目的和行为。

有了这些共同的词汇,设计师们就可以沟通和交互运用。在 UML 中就是引用布鲁克的词别概念,用词别来描述语言中的元素,亦即定义元素的含义,让大家能正确地运用 UML 来支持其个人的创见。

2.4 对象模型技术

从三个不同但又相关的角度去建立系统模型是很有用的。这三个角度各自都抓住了系统的一些重要方面,但对于系统的完整描述来说都是需要的。对象模型技术(OMT)是综合这三种不同观点建立系统模型的方法学。

“对象模型”表示系统静态的、结构化的数据;“动态模型”表示系统动态的、行为的控制方式;“功能模型”则表示了系统的转换功能。

一个典型的软件过程把这三个方面紧密结合在一起:使用数据结构(对象模型),按时间调整操作顺序(动态模型)和转换属性值(功能模型)。每种模型都包含对应于另外模型中的实体。例如,操作可归并到对象模型中的对象,但在功能模型中则更充分地展开。

OMT 技术的三种模型用纵向视图把系统划分为能够用统一的符号表示和操作的独立模型。不同的模型并不完全独立,一个系统肯定比单个独立的聚集包含的内容更多更丰富。但在很大程度上,每种模型能够通过模型进行测试和理解。不同模型间的相互联系是有限的、明确的。当然,也有可能形成不理想的设计,三种模型交错混合以致不能分离,然而一个理想的设计应该能区分一个系统的不同方面并限制它们之间的耦合。

在开发周期中,这三种模型的每一种都不断发展。在分析阶段,应用领域的一种模型不需要涉及实现的构造;在设计阶段,在原有模型上添加了应用问题的解决方法;在实现阶段,则对应用领域和解领域的结构都进行了编码。模型有两层含义,一层是系统的观点(对象模型、动态模型和功能模型);另一层是开发阶段(分析、设计和实现)。根据前后关系,它们的含义一般是很清晰的。

2.4.1 对象模型

对象模型描述了系统中的对象结构，包括对象的标识、与其他对象的关系、属性和操作。对象模型提供了动态模型和功能模型都适用的基本框架。如果不存在将要改变或转换的事物的话，那么该改变和转换是没有意义的。对象是现实世界划分事件的单元，是模型中的组成成分。

构造对象模型的目的是想捕获那些来自实际事件且对应用很重要的概念。在建立工程问题模型中，对象模型应包含工程师所熟悉的术语；在建立商业问题的模型中，术语应该来自商业；在建立用户界面的模型中，术语应该来自应用领域。除非建立的模型是计算机问题(如编译系统或操作系统)，一个分析模型不应当包含计算机结构。设计的模型描述如何去解决一个问题，它可以包含计算机结构。

对象模型用包含对象类的对象图来表示。类按层次排列，并共享公共结构和行为特征，类与其他类相关联。类定义了每个对象实例所取的属性值和每个对象执行的操作。

2.4.2 动态模型

动态模型描述了系统中与时间和操作序列有关的内容，即标志改变的事件、事件序列，定义事件上下文状态以及事件和状态的组织。动态模型着眼于“控制”，即描述系统中发生的操作序列，而不考虑操作做些什么，对什么进行操作以及如何实现这些操作。

动态模型用状态图表示。每一个状态图展示了系统中对象类所允许的状态和事件序列，状态图也涉及其他模型，状态图中的动作对应于功能模型中的功能。状态图中的事件为对象模型中对对象的操作。

2.4.3 功能模型

功能模型描述了系统与值转换有关的诸方面，即功能、映像、约束和功能性依赖。功能模型只着眼于系统做什么，而不用考虑如何做，什么时候去做。

功能模型用数据流图表示。数据流图的表示是根据输入值和函数进行的输出值的计算与值之间的相关性，而不考虑功能是否执行和什么时候执行。像表达树这些传统的计算机概念是功能模型的例子。电子数据表格是较新的一个例子。在动态模型中，功能作为动作被唤醒，而在对象模型中则作为对对象的操作。

2.4.4 三种模型的联系

每种模型描述系统的一个侧面，但包含对其他模型的联系。对象模型描述了动态模型和功能模型操作的数据结构。对象模型中的操作对应于动态模型中的事件和功能模型中的功能。

动态模型描述对象的控制结构，它展示了依赖于对象值并导致改变对象值和唤醒功能的动作的决策。功能模型描述由对象模型中的操作和动态模型的动作唤醒(产生)的功能。功能是对象模型指定的数据值上的操作，功能模型给出对象值上的约束。

当然，各模型应该包含哪些属性还存在着一定程度的偶然性和模糊性。这是很自然的，因为任何抽象仅仅是对现实世界粗略的反映，不可避免地存在一些越界的抽象。

系统的某些性质不能通过模型表示，这也是正常的，因为没有一个抽象能概括一切。其目的是简化系统的描述，而不希望模型具有很多结构，以致变成大而无用的模型。对那些模型不能充分说明的事物，自然语言和专门的应用表示法仍是一种最好的、可接受的描述工具。

2.5 软件体系结构

软件体系结构是对系统的组成与组织结构较为宏观的描述，它按照功能部件和部件之间的联系与约束来定义系统。软件体系结构设计包括系统结构的总体设计、各计算单元功能分配、各单元间的高层交互等。

用什么成分构成软件系统，以及这些成分之间如何相互连接、相互作用，在这些问题上的不同选择决定了不同的软件体系结构风格。以下是几种典型的软件体系结构风格。

（1）管道与过滤器风格（Pipe And Filter Style）。

（2）客户—服务器风格（Client-Server Style）。

（3）面向对象风格（Object-oriented Style）。

（4）隐式调用风格（Implicit Invocation Style）。

（5）仓库风格（Repository Style）。

（6）进程控制风格（Process Control Style）。

（7）解释器模型（Interpreter Model）。

（8）黑板风格（Blackboard Style）。

（9）层次风格（Layered Style）。

（10）数据抽象风格（Data Abstraction Style）。

上述体系结构风格是从不同的视角总结提炼的，因此各种体系结构风格之间有一定的正交性。其中的面向对象风格和大多数其他风格都是不冲突的。例如，一个系统体系结构既可以是面向对象风格，又可以是客户—服务器风格。

1．体系结构的标记法

现在普遍使用的一种体系结构表示法是图形标记法，它是用特定的符号来表示系统的各种不同模块。体系结构图标记法示例如图 2-37 所示。

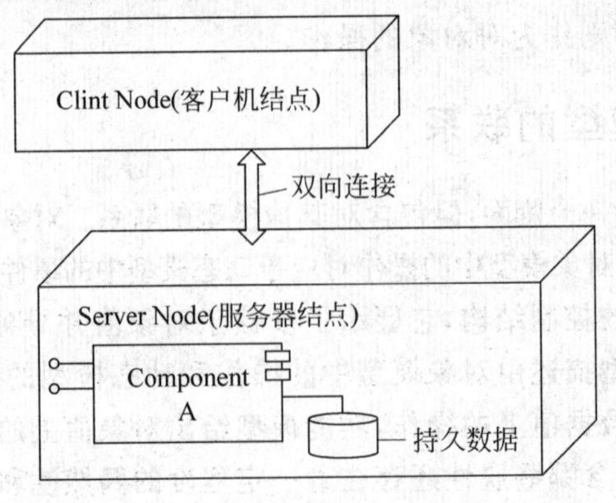

图 2-37　体系结构图标记法

图形标记法也存在很大的缺陷：体系结构图要被多种不同背景的人使用，它们的侧重点不同，因而倾向用不同的符号和图案来表述系统的组织和性质，而且许多图形和标记都是为特定的系统而设，不能通用。

2. 流程处理系统

图 2-38 是流程处理系统的处理过程，从图中可以看出它以程序算法和数据结构为中心，每一个处理过程中，先接收输入数据，对它们进行处理，最后产生输出数据。

以流程处理系统为基础的软件体系结构，常见于数据和图像的处理，计算机模拟数值解题等。流程处理系统示例如图 2-39 所示。

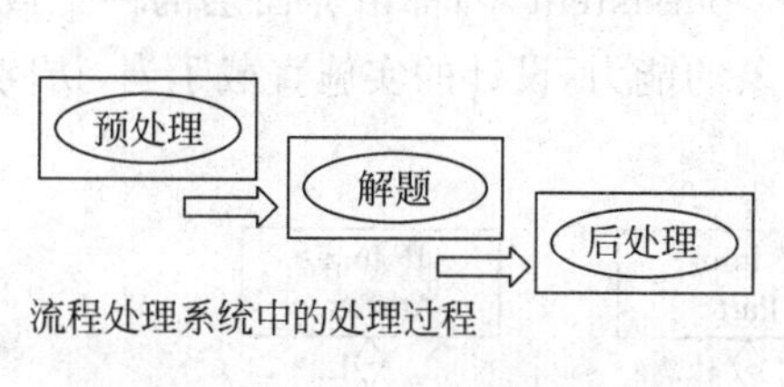

图 2-38 流程处理系统的处理过程

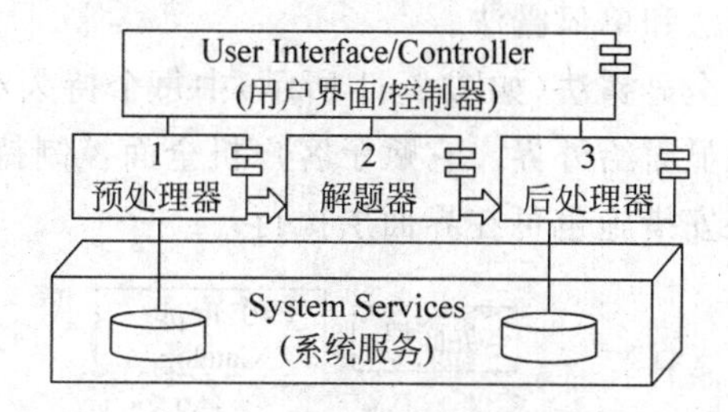

图 2-39 流程处理系统

3. 客户/服务器系统

1）客户/服务器系统

在客户/服务器系统结构中，客户机负责用户输入和展示；服务器则处理低层的功能，它通常含有一组服务器对象，能同时为多个客户机服务。在客户/服务器系统中，客户机和服务器之间通过约定的协议来交谈，常见的协议有：超文本传输协议(HTTP)、CORBA 的网际对象经纪之间的协议、CORBA/IIOP 等。

2）基于 MVC 的网上应用系统

模型视图控制器(MVC)构架，是建立网上应用行之有效的方案。虽然细节各异，其精神都是数据与展示分离。服务器主对象收到用户的要求以后，便构造一个数据集对象，该对象是以数据库的数据来建立的。应用的视图，则由模块对象中的网页样本提供。服务器主对象把样本中的变量换成数据，再把带有数据的网页直接送到客户机一端，由后者显示。使用模型视图控制器架构的网上应用示例如图 2-40 所示。

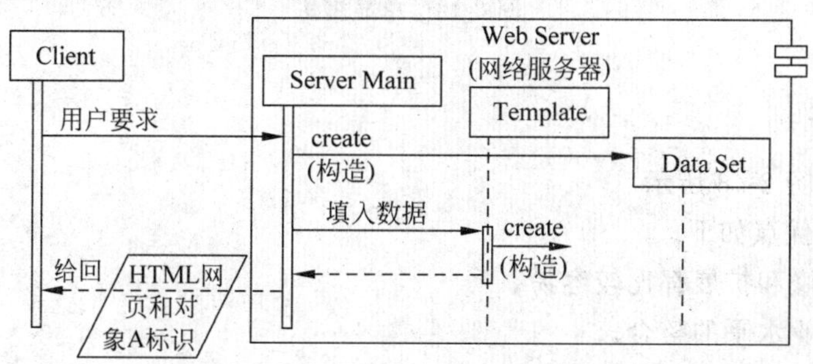

图 2-40 模型视图控制器架构

4. 层状系统

所谓层，就是一个部件或结点中的一组对象或函数。层状系统则是带有这些分组或层的软件系统，层状的体系结构常见于应用服务器（Application Server）、数据库系统、层状的通信协议（如 CORBA/IIOP）和计算机的操作系统。但是层状系统体系结构中层的个数较多时，系统性能就会下降，而且标准化的层界面可能变得臃肿，从而降低函数调用的性能。

以服务对象分层把持久对象作为界面对象的服务类。这个结构有两层：界面层和持久层。在构造对象时，系统先构造或提取持久对象，然后再构造界面层的对象。具体又分为全显露法和单显露法。

全显露法（如图 2-41 所示）中每个持久对象（« persistent »）都由界面层的一个或多个对象显露给外界。它赋予客户机全面控制持久对象的能力，设计的实施直截了当，访问控制和保安措施也可在界面层执行。

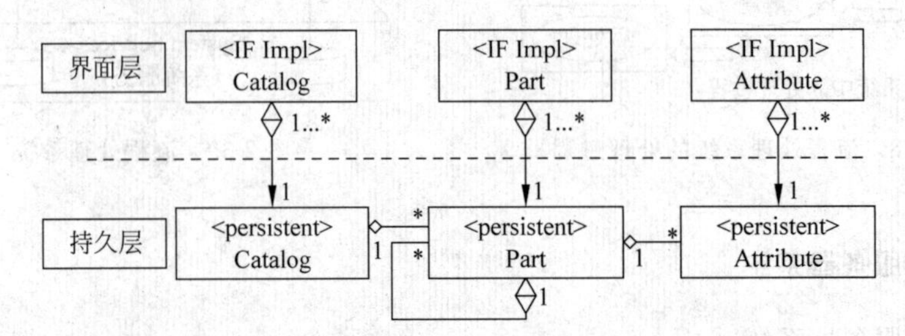

图 2-41　全显露法

单显露法（如图 2-42 所示）只用一个界面层对象来操纵持久层的运算。若目录只需要一组粗略的运算来操作，这种方法很有效。

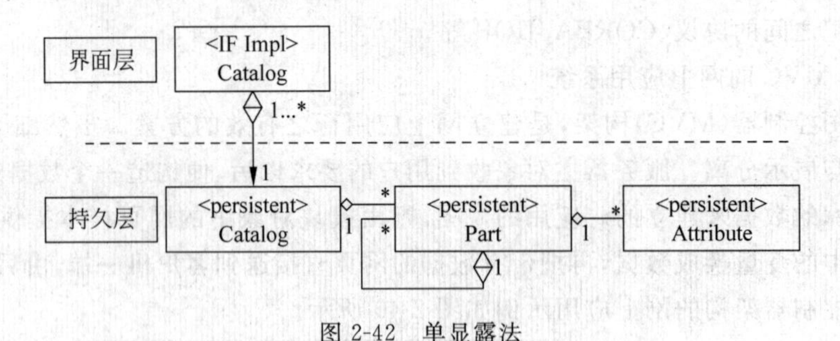

图 2-42　单显露法

5. 多级系统

多级系统如图 2-43 所示。

多级系统的优点如下。

(1) 系统维修和扩展都比较容易。

(2) 方便企业水平的整合。

(3) 从底层到高层，可以分级控制，对不同级的客户机提供不同水平的服务。

(4) 多级系统可以扩充，以服务大量同时使用系统的客户机。

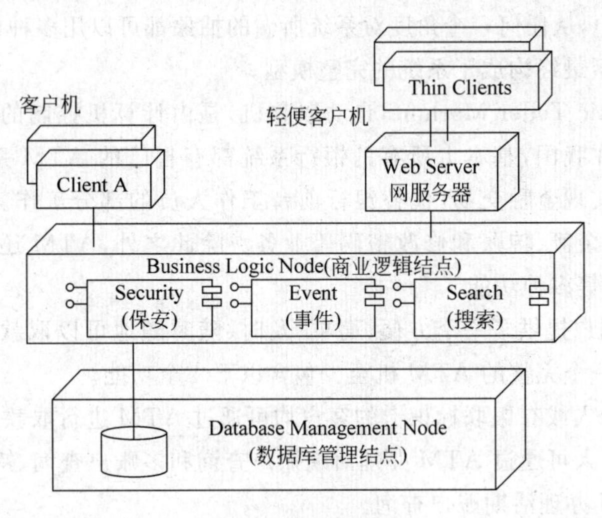

图 2-43 4 级系统

多级系统的缺点如下。

(1) 各对客户/服务器之间可能有多种不同的通信协议。

(2) 调试系统的整体性能很不容易。

6. 代理

代理其实就是服务器,它启动以后,就静候客户机的请求。收到请求以后,就进行处理,然后送回结果,接着再等候下一个请求。代理可以模拟企业工作流程中的行动者。代理体系结构如图 2-44 所示。

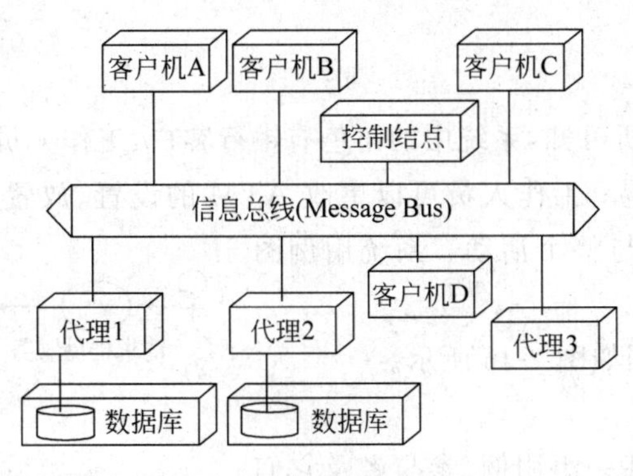

图 2-44 代理体系结构

2.6 用 UML 描述 ATM 机

2.6.1 问题概述

UML(统一建模语言)是一种通用的可视化建模语言,用于对软件进行描述、可视化处理、构造和建立软件系统的文档。它提供了从不同的角度去观察和展示系统各种特征的标准方法。在UML中,从任何一个角度对系统所做的抽象都可以用多种模型来描述,而这些来自不同角度的模型最终构成了系统的完整模型。

ATM(Automatic Teller Machine,自动取款机)是由计算机控制的持卡人自我服务型的金融专用设备。在我国,基本上所有的银行系统都有自己的ATM系统。ATM利用磁性代码卡或智能卡实现金融交易,代替银行前台工作人员的部分工作。顾客可以在ATM机上进行取钱、查询余额、转账和修改密码等业务。除此之外,ATM还具有维护、测试、事件报告、监控和管理等多种功能。

ATM系统向用户提供了一个方便、简单、及时、随时随地可以取款的互联的现代计算机化的网络系统。一个完整的ATM机至少包含以下4个功能。

(1) 取款:持卡人或有银联标识卡的客户均可通过ATM进行取款交易。

(2) 查询:持卡人可通过ATM办理活期账户查询和多账户查询,持有银联标识卡的客户可通过本行ATM办理活期账户查询。

(3) 改密:持卡人可通过ATM更改账户密码,确保资金安全。

(4) 转账:持卡人可通过ATM办理卡与卡账户、卡与折账户的转账等业务。

为了实现上述4个基本功能,一个ATM系统应包括读卡模块、输入模块、IC卡认证模块、显示模块、吐钱模块、打印模块、监视器模块等。读卡模块用于识别客户卡的种类并在显示器上提示输入密码;输入模块用于客户输入密码、账号和金额等信息;IC卡认证模块用于鉴别卡的真伪,以防假冒;显示模块用于显示持卡客户有关的信息;吐钱模块则按照客户的需求提供相应的现金;打印模块则为客户提供交易凭证。

2.6.2 系统模型

1. 系统用例图

根据系统的需求分析可知,系统中的角色有银行客户、工作人员和系统,其中,银行客户使用ATM系统进行交易;工作人员可以更改ATM的设置、放置现金、进行机器维护等;系统则作为外部角色参与整个活动。系统用例图如图2-45所示。

ATM取款的用例图如图2-46所示。

用例图说明:

(1) 用例图用于描述一组用例、参与者及它们之间的连接关系。

(2) 用例图仅从角色使用系统的角度描述系统中的信息,也是站在系统外部查看系统功能,而并不描述该功能在系统内部是如何实现的。

(3) 用例图是被称为参与者的外部用户所能观察到的系统功能的模型图。

(4) 用例可应用于整个系统,也可应用于系统的一部分,包括子系统、单个的类甚至接口。

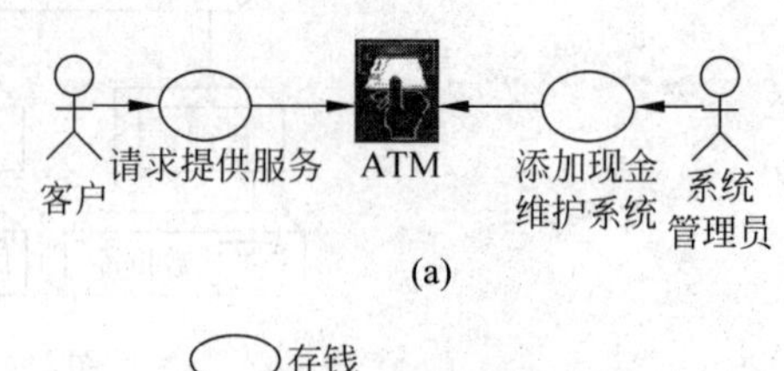

(a)

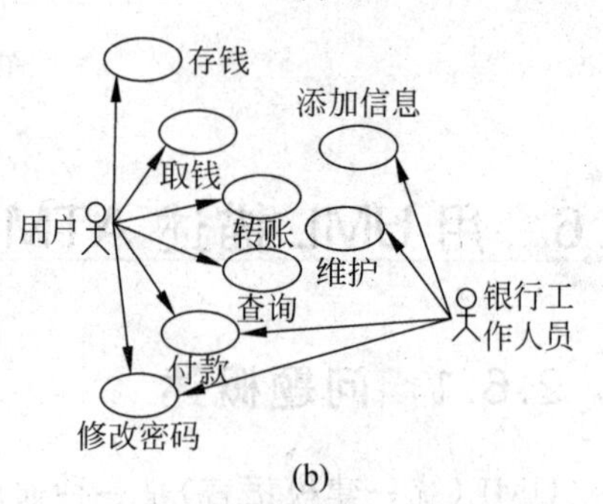

(b)

图2-45 系统用例图

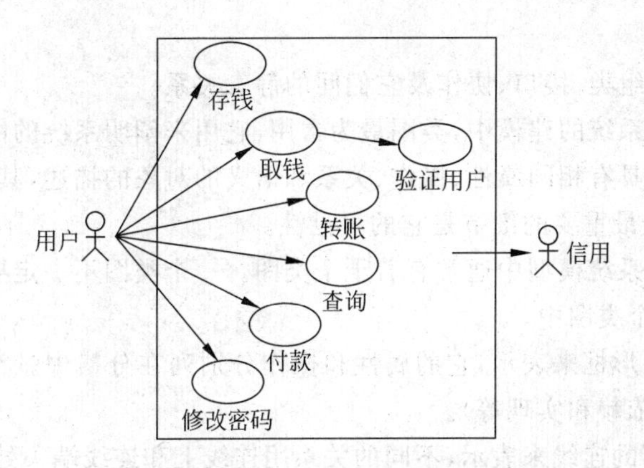

图 2-46 ATM 取款用例图

(5) 通常,用例不仅代表这些元素所期望的行为,而且还可把这些元素用作开发过程中测试用例的基础。

在用例图中:

椭圆:该符号表示用例是一个过程。

人形:参与者(外部执行者)是指用户在系统中所扮演的角色。

用例是角色启动的,基于这样的考虑,ATM 系统根据业务流程大致可以分为以下的几个用例。

(1) 客户取钱。

(2) 客户存钱。

(3) 客户查询余额。

(4) 客户转账。

(5) 客户更改密码。

(6) 客户通过信用系统付款。

(7) 银行人员改变密码。

(8) 银行人员为 ATM 添加现金。

(9) 银行人员维护 ATM 硬件。

(10) 信用系统启动来自客户的付款。

顾客先将自己的磁卡或智能卡插入 ATM 机,ATM 机先审核该卡,如果合法,则提示用户输入密码,如果密码错误,则提示重新输入,如果输入次数超过限制,则自动吐卡;如果密码正确,则让顾客选择服务类型,此时顾客就可以进行取款、查询余额、设置密码、转账等操作,操作完成后退磁卡或智能卡,顾客用例图如图 2-47 所示。

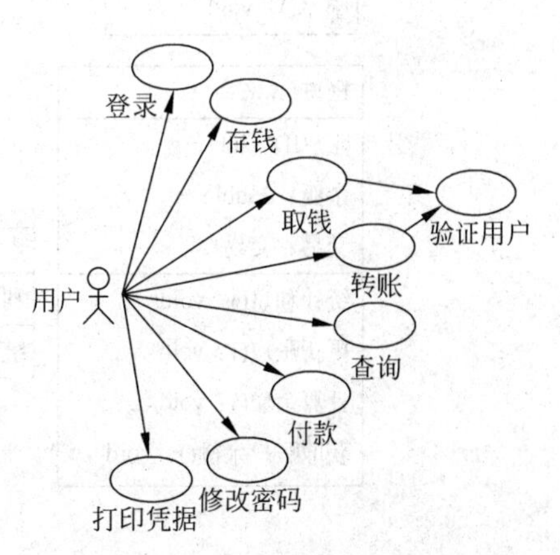

图 2-47 顾客用例图

2．系统类图

(1) 用于描述一组类、接口、协作及它们间的静态关系。

(2) 在面向对象系统的建模中，类图最为常用，它用来阐明系统的静态结构。

(3) 类是对一组具有相同属性、操作、关系和语义的对象的描述，其中，对类的属性和操作进行描述时的一个最重要的细节是它的可见性。

(4) 一个典型的系统模型中通常有若干个类图。一个类图不一定要包含系统中所有的类，一个类可加到多个类图中。

在类图中类用矩形框来表示，它的属性和操作分别列在分格中。类之间可以多种方式链接(如关联、泛化、依赖和实现等)。

关系用类框之间的连线来表示，不同的关系用连线上和连线端头处的修饰符来区别。

ATM机系统主要类图如图2-48所示。

银行用户
-用户姓名：string -地址：string -电话号码：int -电子邮件：string -卡型：ATM卡 -交易：账户
+取款()：银行用户 +插卡()：void +选择交易类型()：void +输入密码()：void +修改密码()：void +提取现金()：void +交易概要()：void +认付总额()

配款机
-可用现金：float
+配给现金():void +产生收据()：void

ATM卡
-密码：int -账号：int -账户：账户
+设置密码()：void +获取密码()：int +获取账户()：账户

读卡
+进卡()：bool +读卡()：void +取卡()：void +确认密码()：void

ATM
编号：int 位置：string 银行名称：string
显示()：void

显示屏
触屏()：void 输入()：void

交易
日期：object 总额：double 保证金：账户
统计余额()：double 开始交易()：void 获取总余额()：double 取消交易()：void

账户
账户ID：int 余额：double 交易：交易
统计利息()：void 更新账户()：void 计算余额()：void 获取账户余额()：void

当前账户
利率：float
统计利率()：void

已有账户
利率：float
统计利率()：void

(a)

图2-48 ATM机系统主要类图

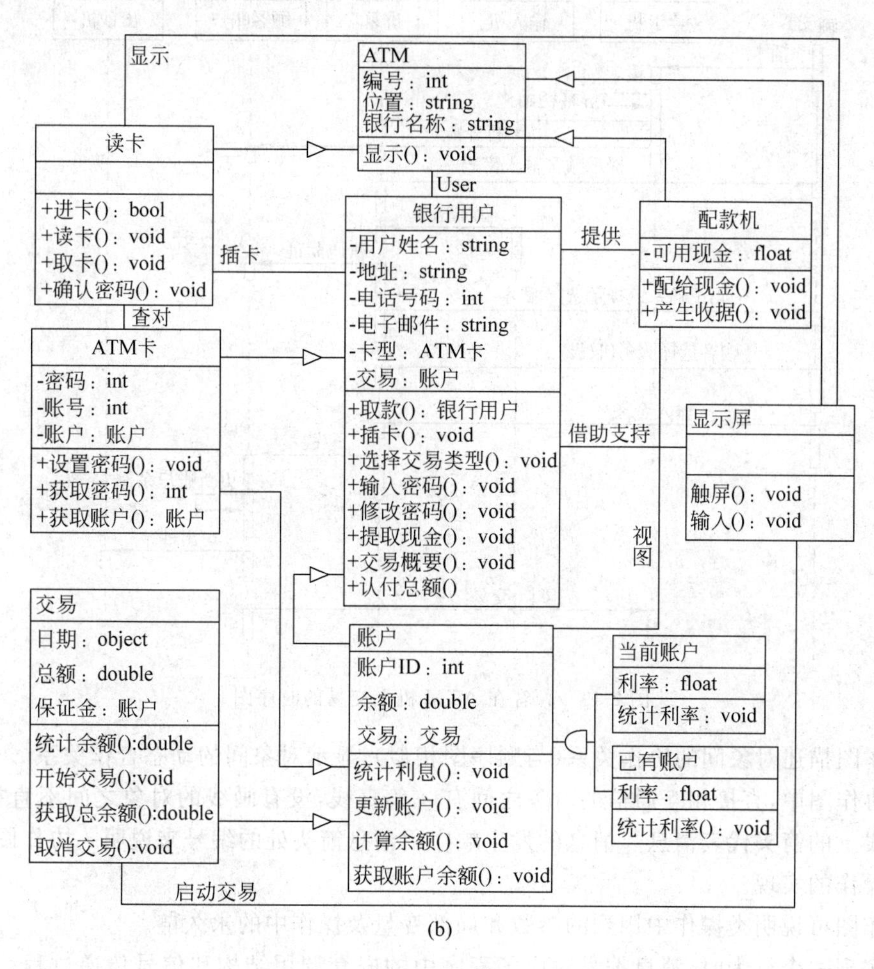

(b)

图 2-48 （续）

3. 系统动态模型

动态模型是指系统随时间变化的行为，行为是从静态视图中抽取系统的瞬间值的变化来描述的。UML 中动态模型包括时序图、协作图、活动图和状态图等。

1）时序图(顺序图)

时序图(Sequence Diagram)用来显示对象之间的关系，并强调对象之间消息的时间顺序，同时显示了对象之间的交互。时序图主要包括如下元素：类角色，生命线，激活期和消息等。

顾客要取款时先插入磁卡，ATM 机验证磁卡正确后要求顾客输入密码，如果用户输入正确，则系统提示顾客选择服务，此时顾客选择取钱，系统再次要求输入金额，如果顾客输入的金额在允许范围内，则系统正常进行交易，交易完成后提示顾客取走磁卡，顾客在 ATM 机上交易的时序图如图 2-49 所示。

2）协作图

协作图也是一种交互图，它强调收发消息的对象的组织结构。

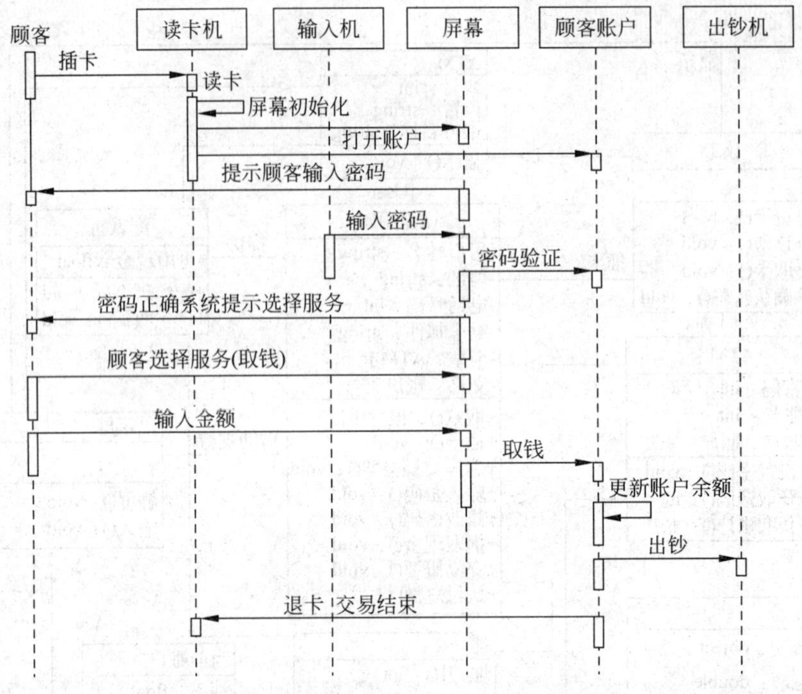

图 2-49　顾客在 ATM 机上交易的时序图

协作图描述对象间的协作关系(与顺序图相似),显示对象间的动态合作关系。

在协作图中,直接相互通信的对象之间有一条直线,没有画线的对象之间不直接通信。附在直线上的箭头代表消息。消息的发生顺序用消息箭头处的编号来说明。协作图是表示一个类操作的实现。

协作图可说明类操作中用到的参数和局部变量及操作中的永久链。

当实现一个行为时,消息编号对应了程序中的嵌套调用结构和信号传递过程。李某某取款的协作图如图 2-50 所示。

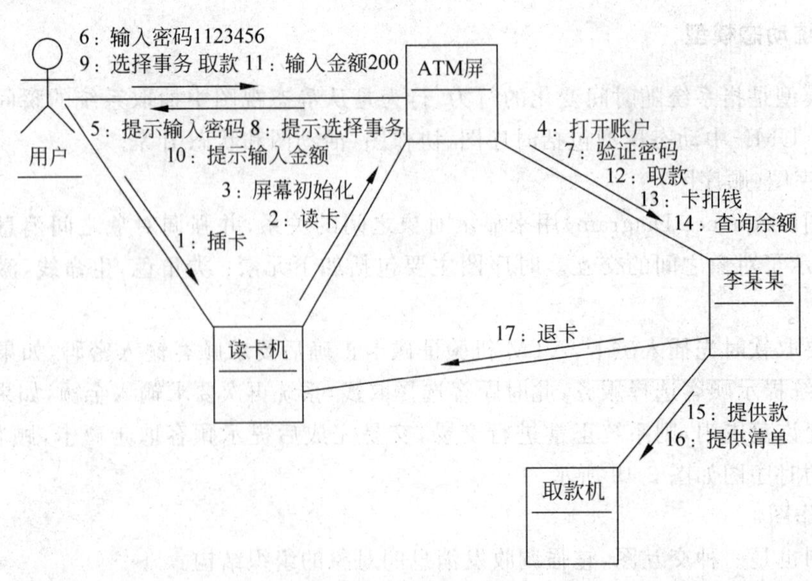

图 2-50　取款协作图

协作图与顺序(时序)图二者同构,可以互相转换。

在多数情况下,协作图主要用来对单调的、顺序的控制流建模,但它也可以用来对包括迭代和分支的复杂控制流程进行建模。如果强调时间和顺序,则使用顺序图;如果强调上下级关系,则选择协作图。

3) 状态图

状态图是一个对象可能经历的所有过程的模型图,由对象的各个状态和连接这些状态的转换组成。它用状态描述系统的状态变化,状态的变化是由外界(包括自己)的作用(事件)驱动而引起的。

顾客在ATM机上进行操作会经历多种状态及各种状态之间转换的条件,除了等待顾客插入磁卡的起始状态和结束服务的终止状态,顾客会处于输入密码、选择服务类型、存款和取款4种状态。

状态视图是一个类对象所经历的所有历程的模型图。状态由对象的各个状态和连接这些状态的变迁组成。

每个状态对一个对象在其生命周期中满足某种条件的一个时间段建模。当一个事件发生时,它会触发状态间的变迁,导致对象从一种状态转到另一种新的状态。与变迁相关的活动执行时,变迁也同时发生。状态用状态图来表达。在UML中,状态图可用来对一个对象按事件排序的行为建模。存取款状态图如图2-51所示。

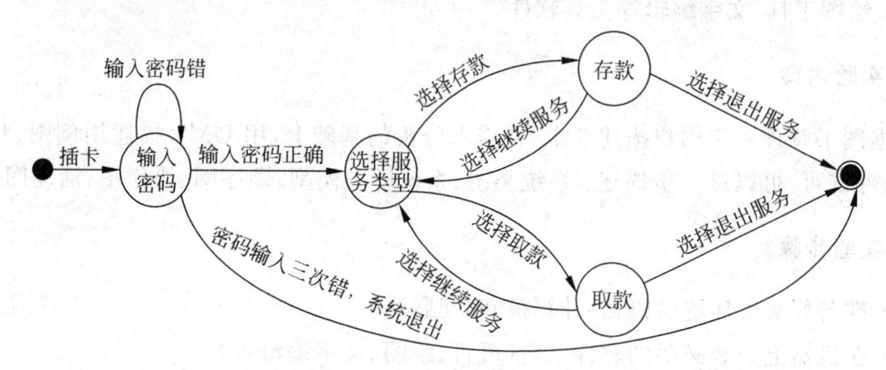

图2-51 存取款状态图

4) 活动图

活动图是状态图的一种特殊情况,其中几乎所有或大多数状态都处于活动状态,而且几乎所有或大多数变迁都是由源状态中活动的完成而触发的。活动图本质上是一种流程图,它描述从活动到活动的控制流。活动图显示了系统的流程,可以是工作流,也可以是事件流。

开户的活动图如图2-52所示。

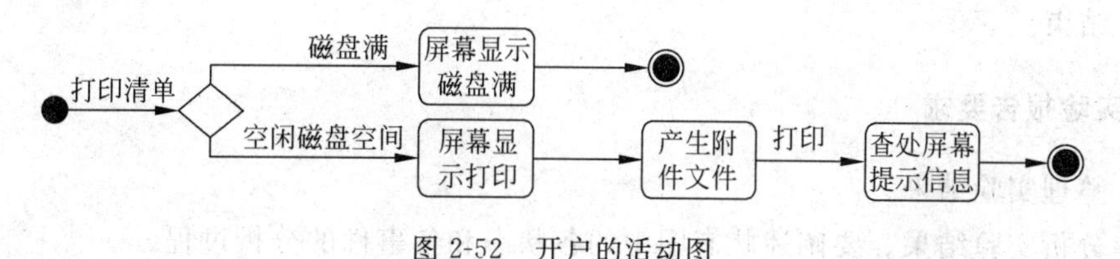

图2-52 开户的活动图

2.7 面向对象 UML 实验

2.7.1 实验问题域概述

用户需求见 1.5 节。

2.7.2 实验 2

1. 实验目的

(1) 熟悉某种绘图工具和 UML 的使用方法。

(2) 掌握如何使用建模工具绘图表示 UML 描述系统模型。

(3) 学习使用某种绘图工具对问题域各方面的模型进行描述。

2. 实验环境

(1) 计算机一台,互联网环境。

(2) 绘图工具、文字编辑等工具软件。

3. 实验内容

根据图书管理系统用户描述要求,在需求分析的基础上,用 UML 描述用例图、状态图。(如果条件许可,可以进一步描述:系统类图、系统动态模型、顺序图、协作图、活动图。)

4. 实验步骤

(1) 准备好实验环境的机器(计算机)和互联网。

(2) 在机器上安装必要的软件平台(语言、绘图、文字编辑等)。

(3) 熟练掌握工具。

(4) 认真阅读题目,理解用户需求。有条件的情况下,可以去学校图书馆实地考察图书馆的现行系统运作。可以上互联网搜索资料,查询图书馆应该描述哪些模型。

(5) 根据初步分析所得图书馆系统的对象,对对象进行分析其属性和操作。

(6) 初步分析图书馆系统,得出其基本的功能和图书馆系统的处理过程以及控制关系。

(7) 启动工具平台。

(8) 用 UML 描述系统模型,认真分析其正确性。

(9) 结束。

5. 实验报告要求

(1) 整理实验结果。

(2) 分析实验结果。要阐述状态图中的各状态和各事件的分析过程。

(3) 小结实验心得体会。

小 结

本章主要论述了面向对象建模的相关技术，包括建模的目的以及采用抽象的方法，并且详细论述了统一建模语言(UML)，介绍了三种主流的模型，分别是对象模型、动态模型、功能模型，以及三种模型之间的关系。另外，本章还介绍了许多面向对象建模的方法论。相信读者能够从本章中吸取对象建模的基础知识并学会在应用中运用。

综 合 练 习

一、填空题

1. 构成类模型的两个部分是：________和________。

2. ________描述了系统中与时间和操作序列有关的内容，即标识改变的事件、事件序列，定义事件上下文状态以及事件和状态的组织。

3. ________描述类的状态，在分析阶段可以描述系统的动态行为，从一个状态转换至另一个状态的事件及状态改变的结果；在设计阶段，则可用来描述类或类组合的状态转换。

二、选择题

1. 下面(　　)不是使用模型的目的。

   A. 关联　　B. 整合　　C. 连接　　D. 概括

2. 状态模型的建立有(　　)。

   A. 列出对象间的交互作用　　B. 辨认对象间的事件
   C. 绘制事件顺序图　　D. 找出状态数据
   E. 建立状态转换图

3. 下面(　　)不是企业系统的特点。

   A. 以企业流程为导向来分析及设计流程
   B. 4层结构可以重复使用企业对象，并支持分布式主从式系统
   C. 采用对象模型技术及面向对象软件工程(Object-Oriented Software Engineering, OOSE)为其面向对象模型化技术，并整合开发操作流程
   D. 渐进式输出是重复原型法开发过程的一项重要关键因素。利用静态类图及动态模型图中各企业对象的操作规则套入辅助工具中，以显示操作流程中企业对象的信息及操作，而产生对象互动图

三、简答题

1. UML有哪几种结构？
2. 建立模型的目的什么？
3. 试述面向对象采用的方法。
4. UML的目标是什么？
5. 试述UML系统的几个观点。
6. 比较建立对象模型、动态模型和功能模型的步骤。

第3章 发现对象、建立对象类

分析和研究问题域及用户要求，认识其中的对象，从而确定系统中应该设立哪些对象类是 OOA 的核心工作。所以，本章首先从发现对象开始对 OOA 过程进行介绍。

3.1 对象、主动对象以及它们的类

1. 对象

从一般意义上讲，现实世界中的任何事物均可称作对象，但 OOA 只注意那些与问题域和系统责任有关的对象，它是在应用领域中有意义的、与所要解决的问题有关系的事物。通过分析、认识这些对象，抽象出它们的主要特征，用系统中的对象来表示它们。

对象的定义是：对象是对问题域中某个实体的抽象，这种抽象反映了系统保存有关这个实体的信息或与它交互的能力。它既可以是具体的物理实体的抽象，也可以是人为的概念，或者是任何有明确边界和意义的东西。例如，一名职工、一家公司、一个窗口、一座图书馆、一本图书、贷款、借款等，都可以作为对象。总之，对象是对问题域中某个实体的抽象，设立某个对象就反映了软件保存有关它的住处及与它进行交互的能力。

由于客观世界中的实体通常都既具有静态的属性，又具有动态的行为，因此，面向对象方法学中的对象是由描述该对象属性的数据以及可以对这些数据施加的所有操作封装在一起而构成的统一体。对象可以做的操作表示它的动态行为，在面向对象分析和面向对象设计中，通常把对象的操作称为服务或方法。

2. 类

现实世界中存在的客观事物有些是彼此相似的，例如，张三、李四……虽说每个人的职业、性格、爱好、特长等各有不同，但是，他们的基本特征是相似的，都是黄皮肤、黑头发、黑眼睛，于是把他们统称为“中国人”。人类认识现实世界的思维活动并不是逐个地认识和描述每一个对象实体，而是通过抽象把具有共同特征的对象归结为一类，形成一般概念。在面向对象的软件开发中，也是用类作为对象的抽象描述。

在面向对象的软件技术中，“类”就是对具有相同数据和相同操作的一组相似对象的定义，也就是说，类是对具有相同属性和行为的一个或多个对象的描述，通常在这种描述中也包括对怎样创建该类的新对象的说明。例如，一个面向对象的图形程序在屏幕左下角显示

一个半径 3cm 的红颜色的圆，在屏幕中部显示一个半径大小和颜色均不相同的圆，是两个不同的对象。但是，它们都有相同的数据（圆心坐标、半径、颜色）和相同的操作（显示自己、放大缩小半径、在屏幕上移动位置等）。因此，它们是同一类事物，可以用“Circle 类”来定义。

在面向对象的编程语言中，对象和类是两种不同的语法成分。前者是后者的实例，后者是前者的定义模板。编程中需要确切地给出所创建的每个对象。但是在 OOA 和 OOD 中，分析员和设计人员一般不需要定义（更谈不上创建）每个具体的对象。尽管属于同一个类的对象可以有很多，乃至成千上万，但在 OOA 模型中只用一个类符号表示这个类以及由它创建的全部对象。所以 OOA 模型涉及的主要概念是类，它是可能由它创建的全部对象的代表。系统中也可能设立一些不创建任何对象实例的类，它们的作用是在一般—特殊结构中描述特殊类的共性，通过继承简化特殊类的描述。OOA 不必专门为对象实例规定一种表示符号，因为系统中总有描述该对象的类，不需要单独地描述每个对象。尽管如此，对象的概念对于 OOA 仍然是重要的，因为 OOA 的每个类都是通过考察它们的对象而得到的，分析员需要从对象着眼来分析、认识问题，才能正确地抽取它们的类。

3. 主动对象

在此之前，人们所理解的对象概念实际上只是被动对象，即：对象的每个服务都是响应从外部发来的消息才被动执行的。这样理解和定义对象，有两点不足：一是客观世界中的一些事物具有主动行为，对象的行为局限于被动响应，难以准确地描述事物的主动行为，例如，物体按自然规律进行的运动，人由自己的思想所支配的行动等；二是从系统开发的角度看，现今大量的系统具有并发执行的多个任务，用响应消息而被动执行的对象服务难以准确地表达任务的并发性与主动性。

根据(1.1.13)主动对象的定义，不需要接收消息就能主动执行的服务可称为主动服务，在编程时它将对应一个并发执行的程序单位。相比之下，被动对象的服务在编程时对应的是被动的程序成分，如函数、过程、例程等。应该指出主动对象的主动服务是可以接收消息的，只是，它们并不是必须由消息触发才能执行，而是首先主动地执行，然后在执行中接收消息。

主动对象的类称作主动类（Active Class），它和主动对象的关系就像前面所说的类和它们的对象一样：前者是后者的抽象描述，后者是前者的实例。

关于在 OOA 中运用主动对象，有如下两点认识。

(1) 不提倡脱离系统开发的实际需要漫无目标地去发掘每个对象的主动行为。在现实中几乎每种对象都具有某些主动行为，但未必都需要在系统中表达。因为系统中的对象，是对实际事物的抽象，实际事物如果只有某些属性和被动行为需要在系统中表示，则应该用一个被动对象来表达；如果它确实有一些主动行为需要在系统中表示，才将其表示为主动对象。

(2) 往往由设计决策决定是否应该把一个对象定义为主动对象，设计者可以为提高或减低系统的并发难度而人为地增加或减少主动对象的种类与数量。OOA 与 OOD 方法所采用的原则是：在OOA阶段提供主动对象的表示法，使分析员能够表示他们所认识的主动对象；如果分析员暂时不能决定某类对象是否该定义为主动对象，则允许他们把这种决策留给设计人员。在OOA中，找出所有的对象类并用类符号表示它们是首要任务，然后是把能够认识的主动对象标识出来。一些主动对象在被认识之前，暂时用普通的类符号表示，在逻辑上也并不矛盾。

3.2 表示法

普通对象（包括被动对象和尚未认定的主动对象）由如图3-1所示的类符号表示。矩形框的上栏填写类名。这是本章所讲的“发现对象、定义对象类”这一活动的基本要求。矩形框中栏和下栏准备填写对象的属性和服务名。主动对象的类符号如图3-2所示。它与普通对象的类符号的区别是，在类名之前增加一个主动标记“@”，此外，将来在定义服务时应在服务部分（下栏）用“@”标出至少一个主动服务。

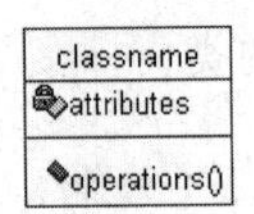

图3-1　类符号

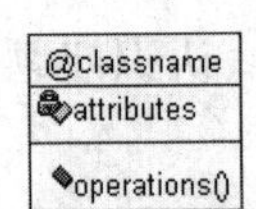

图3-2　主动对象的类符号

3.3 研究问题域和用户需求

OOA的基本出发点是问题域和用户要求，分析员的主要工作就是：通过不断地研究问题域，建立一个能满足用户需求的系统模型。通常，面向对象分析过程从分析陈述用户需求的文件开始。可能由用户（包括出资开发该软件的业主代表及最终用户）单方面写出需求陈述，也可由系统分析员配合用户，共同写出需求陈述。当软件项目采用招标方式确定开发单位时，“标书”往往可以作为初步的需求陈述。

需求陈述通常是不完整、不准确的，而且往往是非正式的。通过分析，可以发现和改正原始陈述中的二义性和不一致性，补充遗漏的内容，从而使需求陈述更完整、更准确。因此，不应该认为需求陈述是一成不变的，而应该把它作为细化和完善实际需求的基础。在分析需求陈述的过程中，反复多次的讲解，快速建立起一个可在计算机上运行的原型系统，非常有助于分析员和用户之间的交流和理解，从而能更正确地提炼出用户的需求。

3.3.1 研究用户需求，明确系统责任

系统的需求包括4个不同的层次：业务需求，用户需求和功能需求，非功能性需求。业务需求说明了提供给用户新系统的最初利益，反映了组织机构或用户对系统、产品高层次的目标要求，它们在项目视图与范围文档中予以说明。功能需求定义了开发人员必须实现的软件功能，使得用户能完成他们的任务，从而满足了业务需求。非功能性需求是用户对系统良好运作提出的期望，包括易用性、反应速度、容错性、健壮性等质量属性。用户需求就是用

户对所要开发的系统提出的各种要求和期望。它包括系统的功能、性能、可靠性、保密要求、交互方式等技术性要求和资金强度、交付时间、资源使用限制等非技术性要求。在多数情况下，功能需求是分析员考虑最多的因素。

需求获取就是根据系统业务需求去获得系统用户需求，然后通过需求分析得到系统的功能需求和非功能需求。项目视图和范围文档就是从高层次上描述系统的业务需求，应该包括高层的产品业务目标，评估问题解决方案的商业和技术可行性，所有的使用实例和功能需求都必须遵从的标准。而范围文档定义了项目产品所包括的所有工作及产生产品所用的过程。

作为一种实用的分析技术，OOA应该从当前的现实出发来设定工作的起点。它的工作起点是，能得到一份正确表达用户需求、符合某种标准（如国家标准、行业标准或企业内部规范）的需求文档。如果所得到的材料不能确切地表达用户需求，或者不符合标准规范，则真正的分析工作还不能立刻开始。这种情况是经常会遇到的。因为许多用户（特别是那些首次要求开发一个计算机应用系统的用户）往往不知道怎样正确地表达自己的要求，在这种情况下，分析员需要与用户和其他有关人员配合，完成一份能够正确地反映用户需求并符合标准规范的需求文档。分析员开始一项分析工作首先要研究用户需求，要搞清楚到底要开发一个什么样的系统，包括：系统需要提供哪些功能，系统的边界在哪里，要达到何种性能指标以及可靠性、安全性要求，人机交互要求等。研究用户需求包括以下活动。

阅读有关文档：阅读用户提交的需求文档等一切与用户需求有关的书面材料。

与用户交流：了解用户的需求，搞清有关用户需求的疑点。

进行实地调查：有些需求问题，通过以上途径仍然不能完全明确，则需要到现场做适当的调查，因为以上资料可能表达得不够准确、清晰。

记录所得认识：随时记录通过阅读、交流和调查所得到的认识，更要记录所存在的疑点。

整理相关资料：纠正初始需求文档中不符合的内容，整理出一份确切表达系统责任的需求文档。

上述活动，几乎对所有的分析方法都是必要的。对OOA而言，分析员研究用户需求始终要带着一个问题——系统中要设立哪些对象来满足用户需求。在分析工作开始时，为了明确系统责任而对用户需求的研究不可能使这个问题得到完全解答。但是在分析工作的自始至终，需要反复回顾通过研究用户需求而认识的系统责任，结合对问题域的分析研究，确定系统中所有对象的类，以及它们的内部构成与外部关系。

3.3.2 研究问题域

研究问题域是贯穿分析工作始终的基本工作。面向对象的分析比其他分析方法更加强调系统模型与问题域的紧密对应，因此OOA过程中的每一个活动都十分强调对问题域的研究。研究问题域对任何分析方法都是最基本的工作。其目的有两个：一是进一步明确用户需求，二是为了建立一个符合问题域情况、满足用户需求的分析模型。调查研究问题域的开始阶段，侧重点可以放在第一个目的，随后更深入、更大量地调查研究，重点是第二个目的。不同的分析方法，调查研究的核心问题及工作方式有很大的不同。如结构化分析（数据流法）核心问题是数据流和加工，因此调查跟踪数据流和发现加工。OOA的核心概念是对象，因此调查研究的核心问题是系统中应该设立哪些对象，并进一步研究对象内部的属性与服务，以及对象外部的结构与连接。问题域的定义是：被开发的应用系统所考虑的整个业务范围。研究问题域，应包括下述工作要点。

1. 认真听取问题域专家的见解

分析员接触一个新的应用领域时应该虚心地向领域专家学习，要积极地与问题域专家(技术人员、管理者和富有经验的职员等)接触，向他们学习、请教。要以恰当的提问正确地引导交谈的内容。这种调查可概括为如下的流程：提问——倾听——理解消化——反馈自己的理解以求印证——提出进一步的问题。

2. 亲临现场，通过直接观察掌握第一手材料

要了解一个领域，最可靠的办法是身临其境，实践是检验真理的唯一标准，只有自己的亲身体验才是最有效的。比如要开发一个商场的管理系统，分析员最好先作为普通顾客到这个商场去购物。看看售货员怎么开小票，收款台怎样收款，小票的哪一联留到收款台，哪一联返给售货员，哪一联给顾客。当然这只是表层的观察。进一步应该深入商场内部观察一般情况下看不到的业务处理过程。

3. 阅读领域相关资料

向问题域专家学习固然是最重要的，但如果对领域最基本的常识和概念、术语一点儿都不懂，就缺少与问题域专家交流的共同语言，增加了调查的难度，甚至使用户对你的单位承担这个项目的能力缺乏信心。所以在和用户及问题域专家正式接触之前，最好先阅读与问题域有关的科学，学习相应的行业和领域的基本知识，广泛地收集一些与问题域知识有关的书籍或其他书面材料，进行一番闭门苦读，充实自己的知识。这样的突击学习可能使你掌握相当多的知识，进而在日后的分析工作中受益颇多。

4. 借鉴他人经验

查阅相同或相似问题域已有系统的 OOA 文档，包括自己或同事开发的，以及在教科书、专业论文或技术报告中能找到的相似系统的 OOA 技术资料，看看别人是怎样分析与研究问题域的，从问题域中抽象了哪些类，“它山之石，可以攻玉”。同时，这种借鉴还可以发现一批可以复用的类。

3.3.3 确定系统边界

确定系统边界，就是明确系统是什么以及系统的环境是什么，划出被开发的系统和与该系统打交道的人或物之间的明确界限，并确定它们之间的接口。例如，当准备用一个自动化系统去取代现有的手工劳动或半自动化系统时，新系统的环境与旧系统的环境是一样的，在另外一些情况下，却有许多不确定性，需要在需求分析过程中不断认识。在系统边界以内，是系统本身所包含的对象。在系统边界以外，是系统外部的活动者，主要是人、设备和外部系统三种外部活动者。在许多情况下，系统与环境之间的界限是相对清楚的。

与系统交互的人向系统发出命令，提供输入信息，接受系统的服务或从系统获得信息。

设备是指与系统相连并交换信息的设备。外部系统是指与系统相连并交换信息的其他系统。

只有由系统的信息或模拟其行为的人和物才应该被当作系统边界以内的对象，而那些与系统进行信息交换的人员、设备或外部系统，尽管系统中也可能设立一些描述它们的特征并负责与它们交互的对象，但它们本身是通过系统边界与系统交互的活动者。

认识系统边界的目的是为了明确系统的范围以及与外部世界的接口。系统边界以内的事物，由系统中的对象来表达；边界以外的活动者通过经它们和系统的接口与系统交互；边界以外不与系统交互的事物统统不必考虑。系统边界的另一个作用是，在定义用例时系统边界是作为观察活动者与系统交互的着眼点。

3.4 发现对象

3.4.1 发现对象技术概要

利用面向对象软件设计技术可以显著地提高软件开发的质量和生产效率，但它必须在正确识别了对象集合的基础上才能得以体现。对于一个给定的应用领域，一个合适的对象集合能够确保软件的可重用性，提高可扩充性，并能借助面向对象的开发模式，提高软件开发的质量和生产效率。没有一个科学的对象识别的客观方法，就不能充分发挥面向对象程序设计方法的优势。

3.4.2 正确地运用抽象原则

OOA 用对象映射问题域中的事物，并不意味着对分析员见到的任何东西都在系统中设立相应的对象。在对象识别中最为关键的是正确地运用抽象原则。面向对象分析用对象来映射问题域中的事物，但并不是问题域中的所有事物都需要用对象来进行映射，系统分析员应紧密围绕系统责任这个目标去对问题域中的事物进行抽象。

在 OOA 中运用抽象原则，先要舍弃与系统责任无关的事物，保留与系统责任有关的事物。其次，还要舍弃与系统责任有关的事物中与系统责任无关的特征。判断事物及其特征是否与系统责任相关的准则是：该事物是否为系统提供了一些有用的信息或需要系统为其保存和管理某些信息；该事物是否向系统提供了某些服务或需要系统描述它的某些行为。

正确地进行抽象还需要考虑将问题论域中的事物映射为什么对象以及如何对这些对象进行分类的问题。一个可说明这个问题的例子是：当开发一个书店的业务管理系统时，不需要把每一本书作为一个对象，在这个系统中把同一版本的一种书从总体上看作一个对象更合理些。只要把一种书看作一项货物，记住它的货源、单价、库存等信息就够了，不需要记录每一本书的信息。但在开发一个图书馆管理系统时设立了“书”这个类，同时把每一本书作为该类的一个对象，因为系统需要记住每一本书借给了哪个读者。但是在类的设置中也可以有不同的决定，例如在一个系统中可以把所有的人员对象都用同一个“人员”类来定义，而在另一个系统中也可以把管理者和工作设置成不同的类。这些例子表明，如何把问题域的事物抽象为对象和类，可以有不同的选择。在不同的系统中，抽象的程度可以有所不同。

好的抽象应能清晰而简练地表达问题域，并使系统的开销少，这需要分析员根据不同系统的具体情况恰如其分地运用抽象原则。

3.4.3 策略与启发

为了尽可能识别出系统所需要的对象，系统分析员应首先找出各种可能有用的候选对象，尽量避免遗漏；然后对所发现的候选对象逐个进行严格的审查，筛选不必要的对象，或者将它们进行适当的调整与合并，使系统中的对象和类尽可能地紧凑。这种策略可以称为“先紧后松”策略。寻找各种可能有用的候选对象时，主要的思路是：从问题域、系统边界和系统责任这三个方面出发，考虑各种能启发自己发现对象的因素，找到可能有用的候选对象。

1. 考虑问题域

在问题域方面，可以启发分析员发现对象的因素包括：人员、组织、设备、物品、事件、表格、结构等。

人员：大多数系统的问题域都涉及各种各样的人员，需要考虑的是以下两种情况：一是需要由系统保存和管理其信息的人员；二是在系统中提供某些服务的人员，这些都有可能是系统候选的人员对象。

组织：在系统中发挥一定作用的组织结构。如行政单位、业务部门、办事机构、社会团体、工作班组等。

设备：是指在系统中动态地运行，由系统进行监控或者供系统使用的各种设备、仪表、机器以及运输工具。分析员只考虑问题域中固有的设备，暂不考虑计算机的相应硬件设备。这是为了使分析模型不受硬件选择的影响。实际上，在大多数情况下计算机设备已被系统软件屏蔽，不需要在被开发的系统中设立相应的对象。

物品：是指那些需要由系统管理的各种物品。如经营的商品、出厂的产品等。还应注意那些无形的事物，例如企业中的一项生产计划、贸易部门的一项业务等。它们容易被忽视，所以要特别注意。

事件：指那些需要由系统长期记忆的事件。大部分系统每日每时都会发生许多事件，其中有些(但并非全部)事件的信息需要在系统中长期记忆。对于这样的事件，可考虑设立相应的对象记录其信息。分析员首先要判断哪些事件是需要长期记忆的，然后根据其信息的复杂程度与其他对象的相关情况决定是否为它设立一个对象。

表格：这里“表格”的概念是广义的，既包括各种业务报表、统计表、登记表、申请表，也包括身份证件、户口簿、商品订单、预支款单、报销单、账目、学生成绩单等。分析员进入问题域，首先容易看到的就是各种各样的表格，也很容易想到设立一些对象来映射这些表格。由于表格在形式上比较规范，因此在系统中设立相应的对象来描述它们是很方便的。但是无节制地设立许多表格对象往往会产生一个臃肿的、畸形的系统，原因如下。

(1) 尽管表格也是问题域中的一种事物，但大多数情况下并不是那种固有的、原始的事物。它们是由人根据对一些原始事物的理解，经过头脑的加工而产生的二手信息，是对一些现实事物的映射。例如，身份证件是对人员对象的一种映射。如果过分依靠这些表格来构造系统，反而看不到它们所描述的那些客观事物固有的属性和行为。

(2) 许多表格的信息，是可以从其他表格(或某些对象)导出的。例如，在我国各个省级的电话管理局中，每年上报到各种政府部门或行业部门的报表有上百种，而手头保存的和日常收集的表格则只有很少几种，所有上报的表格都是依据这几种表格的信息产生的。在这种情况下，如果针对每一种表格设立一类对象，会使系统显得十分凌乱，并会造成大量的信息冗余。

正确的策略是：不要急于考虑从表格发现对象，把产生的各种表格看成一种用户需求，将它与其他的用户需求结合起来，共同作为发现对象的途径。通过考虑问题域的其他事物发现了许多对象之后，检查能否满足表格的需求。如果不能满足，则考虑是否遗漏了某些对象，或者一些对象中遗漏了某些属性和服务。最后再考虑针对某些表格设立相应的对象。

结构：通过考虑结构可以得到一种启发——从已经发现的对象联想到其他更多的对象。例如，考虑"汽车"这个对象的类在一般—特殊结构中的位置，向上可以联想到"车辆"，向下可以联想到"客车"和"货车"，"车辆"向右可以联想到"轮船"。"车辆"和"轮船"又可以向上联想到"交通工具"，如图 3-3 所示。

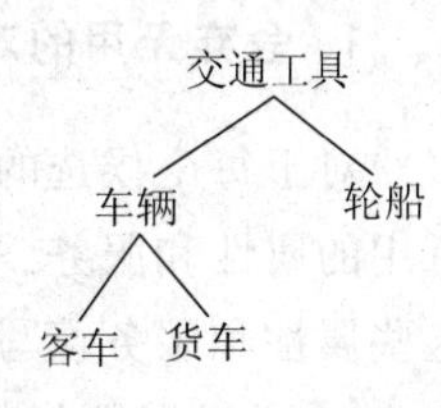

图 3-3 类的关系

2. 考虑系统边界

在系统边界方面，应该考虑的因素包括人员、设备和外部系统，它们可以启发分析员发现一些系统与外部活动所进行的交互，并处理系统对外接口的对象。

人员：作为系统以外活动者与系统进行直接交互的各类人员，如系统操作员、直接使用系统的用户等。

设备：作为系统以外的活动者与系统相连并交换信息的设备。

外部系统：与系统相连并交换信息的其他系统。

这里讨论的人员和设备，在考虑问题域时也谈到了。分析员可以从不同的角度去观察问题。前面的讨论是从问题域的角度出发，把这些人员和设备看作问题域范畴以内的事物，系统中的对象是对它们的抽象描述。现在是从另一个角度去看：当计算机应用系统建立之后，它们是在系统边界之外与系统进行交互的活动者(即用例图中的操作者)，系统中需要设立相应的对象处理系统与这些实际的人和设备交互。前一种观点侧重于以系统中的对象模拟现实中的人和设备；后一种观点侧重于以系统中的对象处理现实中的人和设备与系统的交互。哪种效果更好，要看系统的具体情况。

至于外部系统的接口，无疑只能从系统边界这个角度去考虑。只能说在系统中设立一个对象处理与外部系统的接口，不能说用这个对象去映射外部系统。

3. 考虑系统责任

通过对问题域和系统边界的考察，发现了许多对象，但谁也不敢保证没有疏漏，对基于发现对象识别的遗漏的考虑，对照系统责任所要求的每一项功能，查看是否可以由已找出的对象来完成该功能，如果发现某些功能在现有的任何对象中都不能提供，则可启发我们发现问题域中某些遗漏的对象。

系统责任要求的某些功能可能与实现环境(如图形用户界面系统、数据库管理系统)有关。OOA 的对象不提供这些功能是正常的，应该推迟到设计阶段考虑。因为按原则，OOA

模型应该独立于具体的实现环境。

系统责任所要求的某些功能，例如系统安装、配置、信息备份、浏览，可能无法从问题域中找到相应的对象来提供这些功能。此时，可考虑专门为它们增加一些对象。

3.4.4 审查和筛选

在找到许多可能有用的候选对象之后，需要进行的工作是对它们进行逐个审查，分析它们是否是OOA模型所真正需要的，从而筛选掉一些对象，或精简及合并一些对象，以及将一些对象推迟到OOD阶段再进行考虑。

1. 舍弃无用的对象

对于每个候选的对象，要判断它在系统中是否真正有用，判断的标准是它们是否提供了有用的属性和服务。在进行判断的同时，系统分析员也认识了对象的一些属性和服务，并将这些属性和服务填写到相应对象的类符号中。

1）通过属性判断

这个对象所对应的事物，是否确实有些信息是需要在系统中进行保存和管理的，也就是说，这个对象是否将记录一些对用户或者系统的其他对象有用的信息，如果是，则这个对象是有用的。

2）通过服务判断

这个对象所对应的事物，是否有某些行为需在系统中模拟，并在系统中发挥一份作用，也就是说，这个对象是否将提供一些对用户或对系统中其他对象有用的服务，是否直接或间接地提供了一些用户需要的功能，如果是，则这个对象是有用的。

按照上述属性和服务所进行的判断，只要符合其中一条，就可认为一个对象是有用的。这是否意味着系统中可以出现某些只有属性而没有服务，或者只有服务而没有属性的对象？这种对象在概念上是否和封装的原则相违背？对此问题应该这么看：尽管现实中的事物几乎都有数据和行为两方面的特征，但系统中的对象只是对它们的抽象，如果该对象某一方面的特征全都与系统的目标无关，则可以全部忽略。例如，人事档案管理系统中的人员对象和物资管理系统中的物资对象，系统可能只需要它们的属性信息而不设置描述其行为的服务。从严格封装的要求出发，这样的对象至少应该有一引用其属性的服务，否则外部无法得到其属性信息。但是这种服务是由于封装机制引起的，不是对象固有的行为描述，如果设计决策不采用严格的封装，那就什么服务也不需要了。只有服务而没有属性的对象也可能存在，例如系统可能需要一个关于公共服务的对象，它只可能包含一组服务函数而没有自己的属性。

尽管在发现对象的OOA活动中并没有要求把每个对象的属性和服务全部找出来，但从以上这两方面判断各个候选对象的取舍仍然是可行的。问题的关键是设立这个对象的目的是为了通过其属性提供一些有用的信息，还是通过其服务提供一些有用的功能？或者二者兼而有之？符合这样的目的就是有用的，否则就是无的放矢，应该丢弃。这样的判断在发现对象的活动中是可以做到的。在进行这样的思考时，认识了对象的一些属性和服务，那就应该顺便填写到对象的类符号中。这样做是正确的，可能正好因为OOA并不主张在各个活动之间规定严格的界限和次序。

2. 对象的精简

如果系统中对象的种类及数量过多,则将增加系统的复杂性,应该考虑是否能精简。下述情况需要重点审查。

1) 只有一个服务的对象

如果一个对象只有一个服务,没有属性,并且系统中只有一个类的对象请求这个服务,可以考虑合并到它的请求者对象中。例如,“格式转换器”对象只有一个“文件格式转换”服务。系统中只有“输出设备”类的对象使用这个服务,此时可把它合并到“输出设备”对象中,把“文件格式转换”服务作为合并之后的对象的服务。推而广之,如果一个对象只有多个服务,而没有属性,并且每个服务各自只被一个类的对象使用,则可考虑把这些服务分别放到它的使用者(对象)中,从而取消这个对象。

2) 只有一个属性的对象

如果对象只有一个属性,应考虑它是被哪些对象引用,看看能否合并到这些对象中。例如,教学管理系统中有“班主任”对象,它只有一个“姓名”属性,而这个对象是被“班级”对象引用的。此时完全可以把它合并到“班级”对象中,只需为“班级”对象增加一个属性“班主任姓名”。

除了以上讨论的情况外,还有其他几种情况可能有精简的余地。

3. 推迟到 OOD 考虑的对象

候选对象中那些与具体的实现条件密切相关的对象,例如与图形用户界面(GUI)系统、数据管理系统、硬件及操作系统有关的对象应该推迟到 OOD 阶段考虑,不要在 OOA 模型中建立这些对象,这样使 OOA 模型可独立于具体的实现环境而只与问题有关。

3.4.5 发现对象方法

在面向对象分析中发现对象的方法过程如图 3-4 所示。

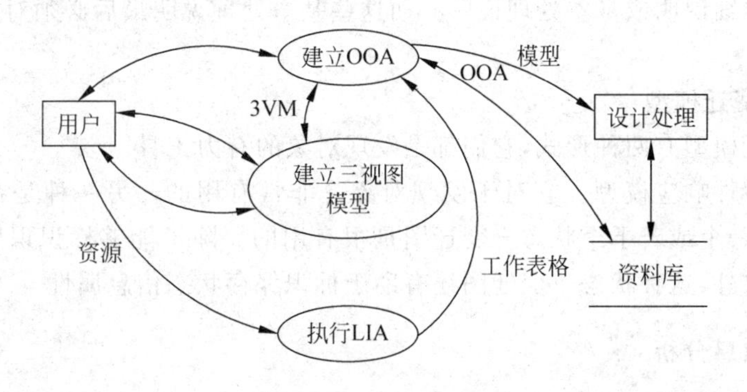

图 3-4　发现对象过程

图 3-4 说明了如何将 3VM 和 LIA 应用于发现对象的过程。这里要指出,3VM 和 LIA 是有别于且独立于面向对象分析的活动。另外,从图中可以看出,这些技术的应用是一个不断反复的过程。应用这个方案的目的是在实际应用中降低对象标识的主观性。

1. 三视图模型(3VM)

数据流图、实体—关系图和状态—变迁图在软件分析中的使用已非常普遍。一个系统的不同三视图模型的构造对于发现对象是非常有用的。

1) 实体—关系模型

众所周知,数据流图是面向对象分析的一个有力前哨。实体一般都有可能成为对象,而那些实体的属性则表示成最终要由对象存储的数据。实体间的关系有可能将建立关联对象,而所谓关系的基数和条件性则有可能成为维持这些关系的服务。

2) 数据流模型

数据流模型有两种模型,都是发现对象的有力工具。

首先是上下文图。用它可以确定系统的边界,系统边界从系统分析的角度讲是非常重要的。如图 3-5 所示是一个软件系统的上下文图。上下文图所标识的外部实体表示数据流的源头和目的地。

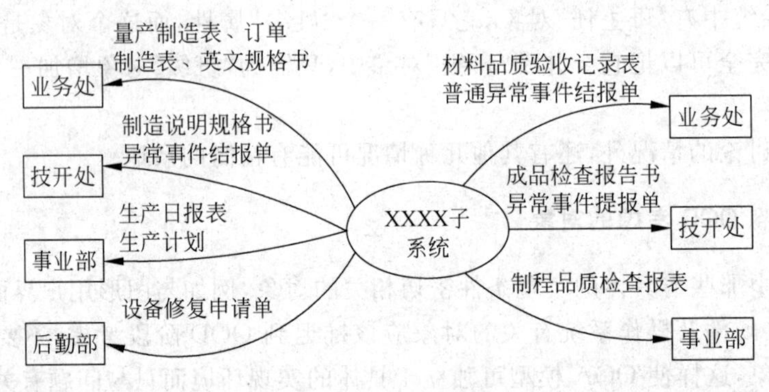

图 3-5 上下文图

另外一种就是结构化方法中的数据流图。在系统具有一定规模的情况下,还会产生分层数据流图集合。模型表明,将待开发的系统功能分解为一些基本单元。这些基本单元又可以视为一些详细说明或基本处理说明。而这些基本处理说明最后必须对应于对象的方法和服务。

3) 状态—变迁模型

状态—变迁模型有两种形式,它们都是发现对象的有力工具。

第一种是事件响应模型。它对于发现对象是非常有用的。另一种是在一些特别情况下,为系统建立一个或若干个状态—变迁图是很有用的。除了能够标识识别事件的对象和发生事件的对象外,这种状态—变迁图还有助于标识保存状态信息属性。

2. 语言信息分析

这里主要介绍短语频率分析。使用这两种技术将相关的档案、模型、软件、人员、规格说明书、相关系统的用户手册、打印格式、日志用于语言信息分析技术。短语频率分析的工作方式是对选定的资源文本进行搜索,将可以表示问题域概念的术语标识出来。然后,用一个二维表列出对这个问题域进行描述的短语。当对描述短语进行频率分析时,得出描述问题的所有短语结果清单。这种清单的建立基本上是一个客观的过程,但是在审查清单时会发现，许多概念与所处理问题域的目的是无关的。可以对这些与目的无关的描述短语进行处理。将短语频率分析清单转换到面向对象分析或者面向对象设计，其工作表是非常有用的。表3-1显示了这类工作表。

表3-1 面向对象分析/设计工作表格

条目	(0)	(1)	(2)	(3)	(4)	(5)	(6)	(7)	(8)	注释

说明：表中(0)～(8)栏的意义如下。

(0) 不合适，可能无关。

(1) 可能的对象——类。

(2) 可能是子/超类。

(3) 可能描述对象——类的属性/关系。

(4) 可能描述对象的服务。

(5) 与实现无关。

(6) 可能属于人机交互。

(7) 可能属于任务管理。

(8) 可能属于数据管理。

面向对象分析/设计工作表提供了一种系统的方法，它可以用于评审相当长的短语频率分析清单，并标出其面向对象分析的成分初始集合。

3.5 对象分类，建立类图的对象层

在大多数情况下，如果对系统中所需的对象有了正确的认识，建立它们的类便是一件相对简单的工作了。从识别对象到定义它们的类是一个从特殊个体上升到一般概念的抽象过程，需要为每一种对象定义一个类，并用一个类符号进行表示，同时还应把陆续反映类的属性和服务填写到类符号中，以得到这些对象的类。

但是在有些情况下事情未必都这么简单，从单个对象着眼所认识的对象特征是否正好可作为整个类的特征有待于核实。此外，把各种对象放在一起构成一个系统，也需要从全局的观点对它们进行一番考查。因此，在定义对象类时，需要对一些异常情况进行检查，必要时做出修改或调整。

3.5.1 异常情况的检查和调整

1. 属性及服务相同的类

现实世界中完全不同的事物经过以系统责任为目标的抽象，保留下来的属性和服务可能是完全相同的，于是就出现了完全不同的事物被抽象为同一个类的现象。例如，“电视机”和“计算机”差别很大，但是当它们在系统中仅被作为商店销售的商品时，其属性和服务就可

能完全相同。对这种情况可考虑把它们合并为一个类(例如把“电视机”和“计算机”合并为“商品”类)。但若找不到能概括原先属于不同类的全部对象的类名来,则宁可不合并,以避免概念上的混乱。

2. 类的属性或服务不适合该类的全部对象

如果一个类的某些属性或某些服务对一些对象不适合,或只能适合该类的一部分对象,则说明类的设计有问题。例如,“汽车”这个类如果有“载货限量”这个属性,则它只适合于货车,而不能适合高级轿车。此时需要重新分类,并考虑建立一般—特殊结构。

3. 属性和服务相似的类

如果两个(或以上)类的属性和服务有许多是相同的,则考虑建立一般—特殊结构或整体—部分结构,以简化类的定义。例如,“轿车”和“货车”有许多属性相同,可考虑增加“汽车”作为一般类以形成继承关系。又如,“抽风机”和“电风扇”两个类都有一组属性和服务描述其中的马达,则可考虑把这些共同的属性与服务分离出来设立一个“马达”类,与原有的“抽风机”类和“电风扇”类构成整体—部分结构。

4. 对同一事物的重复描述

问题域中某些事物实际上是另一种事物的附属品和一定意义上的抽象。例如,车辆驾照对车辆、身份证对公民、图书条形码对图书都是这样的关系。人类早在使用计算机之前就学会了抽象,所以他们创造的某些事物已经包含对原有事物信息的一定抽象。系统分析员从这些事物得到的对象和从它们对应的原始事物得到的对象之间就可能出现重叠。例如,“身份证”对象中除“编号”属性之外其余的属性都与“公民”对象相同,此时应考虑取消“身份证”,而在“公民”类中增加“身份证号码”属性。

通过对上述异常情况的处理,系统中需要设置哪些类就基本明确了。至此,系统中所有的对象都应该有了类的归属,而每个类应该适合于由它所定义的全部对象。

3.5.2 类的命名

类的命名应遵循以下原则。

(1) 类名应该反映每个对象个体,而不是整个群体。因为类在软件系统中的作用是用于定义每个对象实例,而不是用于讨论其集合。

(2) 类的名字应恰好符合该类(和它的特殊类)所包含的每一个对象。例如,一个类(和它的特殊类)的对象如果既有汽车又有马车,则可用“车辆”作类名;如果还包括轮船,则可用“交通工具”作类名。

(3) 采用名词,或带有定语的名词(如“外语书”);使用规范的词汇,不用市井俚语(如“大款”“手提”之类)和问题域专家及用户习惯使用的词汇(例如在计算机行业不要把显卡称为“视屏适配器”),还要注意避免使用毫无意义的字符和数字作为类名(如 x、y、z 等)。

(4) 使用适当的语言文字。中国的软件开发者为国内用户开发的软件,OOA 与 OOD 文档使用中文无疑最有利于表达和交流,但类及其属性和服务的命名使用英文有利于与程序的对应。理想的是软件工具能同时支持两种文字。一般有经验的开发人员都选择用英文进行类的设计。

3.5.3 建立类图的对象层

系统分析员的工作很大一部分是对问题域和系统责任的调查研究,从而发现对象并研究它们的类。动手的工作相对比较简单,包括:

(1) 用类符号表示每个类(对于主动对象,在类名之前增加主动标记"@"),把它们画出来(目前比较流行的是 Rose 工具),便形成了 OOA 基本模型中的对象层。

(2) 在类描述模板中填写关于每个类的详细说明。

(3) 在发现对象的活动中能够认识的属性和服务以及能够认识的结构—连接,均可随时在类图上画出。

3.6 电梯控制系统的对象

下面将继续使用前面的电梯控制系统作为示范 OOA 实际操作过程的例子。书中很难选用较大的系统作为例子,即使这个小型系统,也对它的规模和功能做了一定程度的限制和简化。介绍这个例子所关注的重点是,让读者看到运用 OOA 方法分析实际系统时应该如何思考问题和解决问题,而不是不加说明地给出一份完整的工程文档。

3.6.1 功能需求

总的需求就是要设计和实现一个能对一座 40 层楼的建筑物内的 4 部电梯进行调度和控制的程序,这些电梯能以常规的方式将乘客从某一层楼送到另一层楼。

效率:这个程序应能有效、合理地对电梯进行调度。

目的地按钮:每部电梯里有一个面板,上面有一排按钮,每个按钮代表一层,共 40 个,并以数字 1~40 编号。从计算机传送到面板的信号可以使这些目的地按钮亮起来。

目的地按钮指示灯:当程序的中断服务例程接收到一个目的地按钮中断,它就发送一个信号到相应的面板,使相应的按钮指示灯发亮。

楼层传感器:每部电梯升降的每个楼层上都有一个楼层传感器开关。当电梯到达该层时,电梯的一个机轮就闭合该层开关并向计算机发送一个中断信号,计算机收到信号就去读相应寄存器的内存,内存中存放着引起该中断的楼层传感器开关所对应的楼层号。

到达指示灯:在每部电梯里还有一排指示电梯当前到达某层的指示灯,当电梯到达一楼层则该层指示灯亮,当电梯离开该层,该层的指示灯熄灭。

召唤按钮:建筑物每层都有一个带召唤按钮的面板。除底层和顶层,每层有两个按钮:一个代表向上标记,另一个代表向下标记。需要乘电梯的乘客按下这些按钮以召唤一部电梯。

召唤按钮指示灯:当程序的召唤按钮中断服务例程收到一个向上或向下按钮的中断向量时,该例程就向相应的面板发送一信号,让对应的按钮亮起来。

电梯马达控制(上、下、停):对于每部电梯马达都有一个存储转换的控制器。它的第一个二进制位命令电梯上升,第二个二进制位命令电梯下降,第三个二进制位命令电梯停在传感器开关闭合的楼层上。

目标机：可以用现有的具有处理这一应用能力的任一种微机实现电梯的调度和控制。

3.6.2 发现对象

通过考查该系统的问题域及系统责任，可以发现如下对象。

到达事件（ARRIVAL EVENT）：它的用途是识别电梯是否到达了某一楼层。这个对象类封装了到达事件所需的相应的各项服务，以及向其他对象类报告这些事件的服务。

到达面板（ARRIVAL PANEL）：它的用途是在电梯到达某一楼层时更新到达面板。此对象类封装了响应从 ARRIVAL EVENT 发送来的消息所需的各项服务。

目的地事件（DESTINATION EVENT）：它的用途是识别“目的地请求”事件，并负责将该事件向其他的对象报告。

目的地面板（DESTINATION PANEL）：在收到目的地请求后，它更新目的地面板，并报告所要去的目的地。

电梯（ELEVATOR）：对象 ELEVATOR 执行电梯的控制和报告功能。

电梯马达（ELEVATOR MOTOR）：它的用途是控制电梯马达。它所封装的服务用于响应由 ELEVATOR 发送来的消息。

楼层（FLOOR）：它的用途是管理电梯的分派和到达，并管理有关召唤请求的信息。

超载传感器（OVERWEIGHT SENSOR）：它负责识别电梯的超载状态，以恢复电梯的安全重量状态。

召唤事件（SUMMONS EVENT）：它负责识别“召唤请求”事件的发生。

召唤面板（SUMMONS PANEL）：当某一楼层产生一个召唤请求后，由它更新召唤面板，并报告这个召唤请求。

3.6.3 对象层表示

根据以上分析，得到该系统的 OOA 模型的对象层如图 3-6 所示。

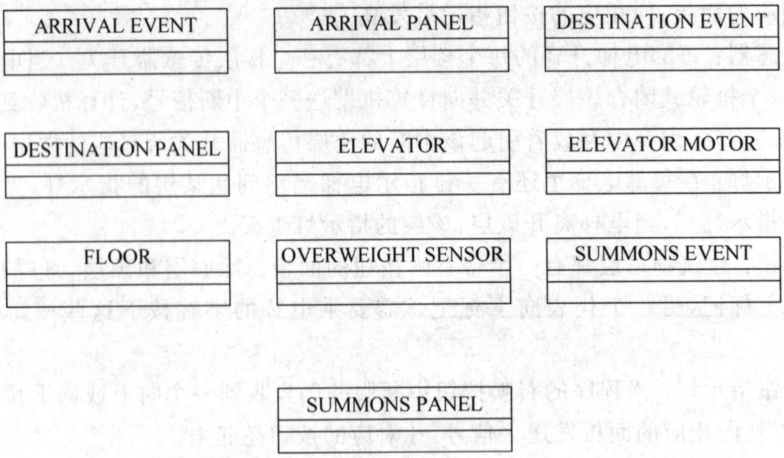

ARRIVAL EVENT
ARRIVAL PANEL
DESTINATION EVENT
DESTINATION PANEL
ELEVATOR
ELEVATOR MOTOR
FLOOR
OVERWEIGHT SENSOR
SUMMONS EVENT
SUMMONS PANEL

图 3-6 对象层

3.7 发现对象实验

3.7.1 实验问题域概述

用户需求见1.5节。

3.7.2 实验3

1. 实验目的

(1) 熟悉运用研究问题域、用户需求与系统责任。

(2) 掌握发现对象技术的三视图和语言信息分析方法。

(3) 学习正确地运用抽象原则建立类图的对象层。

2. 实验环境

(1) 计算机一台,互联网环境。

(2) 绘图工具、文字编辑等工具软件。

3. 实验内容

根据图书管理系统用户描述要求,用发现对象技术的三视图和语言信息分析方法认真进行需求分析,尽可能多地发现系统中的对象。

4. 实验步骤

(1) 准备好实验环境的机器(计算机)和互联网。

(2) 在机器上安装必要的软件平台(语言、绘图、文字编辑等)。

(3) 熟练掌握工具。

(4) 认真阅读题目,理解用户需求。使用三视图和语言信息分析方法找出系统中可能的对象。

(5) 对所得图书馆系统的对象进行分析,归纳出类。

(6) 描述系统的类、对象,认真分析其正确性。

(7) 结束。

5. 实验报告要求

(1) 整理实验结果。

(2) 分析实验结果。阐述如何用三视图和语言信息分析后获得对象的过程,以及如何用归纳建立的对象层。

(3) 小结实验心得体会。

小　　结

本章主要介绍了发现对象类的方法和原则。首先介绍了对象类与主动对象类等相关概念并给出相应的表示法，然后简单概括一下发现对象的策略与步骤，最后通过一个大家都熟悉的例子——电梯系统，帮助读者通过实例理解如何发现对象类。

综合练习

一、填空题

1. 对象的概念是________，类的概念是________。
2. 类与对象的关系是________。
3. 主动对象的定义是________。
4. 分析员研究用户需求包括以下活动：________，________，________，________，________。

二、选择题

1. 系统外部的活动者，不包括(　　)。

   A. 人

   B. 设备

   C. 外部系统

   D. 由系统的信息或模拟其行为的人和物

2. 在问题域方面，可以启发分析员发现对象的因素不包括(　　)。

   A. 人员　　　　B. 组织

   C. 外部交互系统　　　　D. 物品

三、简答题

1. 用图示表示对象类及主动对象类的表示法。
2. 列举研究问题域应包括哪些工作要点。
3. 发现对象有哪些原则？

第4章 定义属性与服务

第3章介绍了在一个将要开发的系统中如何发现对象，本章将继续介绍如何通过分析和识别事物的内部特征来定义对象的属性和服务，并建立类图的特征层。

4.1 对象的属性和服务

早在面向对象方法刚刚起步时，N. Wirth 曾有一句名言“程序＝算法＋数据结构”。这句话说明了一切程序都是由数据和操作两种因素构成的。从低级语言的数据单元和指令，到高级语言的变量和执行语句，无非是由数据和操作这两种成分构成对问题域的映射。面向对象程序设计的不同之处只是在于：以对象为基本单位来组织系统中的数据和操作，形成对问题域中事物的直接映射。

问题域中事物的特征可分为静态的和动态的。静态特征可以通过一些数据来表达，例如办公室职员的姓名、职务、电话号码等信息；动态特征表明事物的行为，只能通过一系列操作来表达，例如职员所要完成的各项工作。面向对象方法用对象表示问题域中的事物，并分别用对象的一组属性和服务来表达事物的静态和动态特征。对象的属性的服务描述了对象的内部细节。在OOA过程中，只有给了对象的属性和服务，才算对这个对象有了确切的认识和定义。属性和服务也是对象分类的根本依据，一个类的所有对象，应该具有相同的属性和服务。

属性的定义是：属性是描述对象静态特征的一个数据项。

服务的定义是：服务是描述对象动态特征(行为)的一个操作序列。

按照面向对象方法的封装原则，一个对象的属性和服务应该紧密结合。某个对象的属性只能由其服务存取。对象的服务可分为外部服务和内部服务，外部服务对外提供一个消息接口，通过这个接口接收对象外部的消息并为之提供服务；内部服务只供对象内部的其他服务使用，不对外提供。但是在具体实现中，对封装原则的体现只有在属性与服务的结合这一点是共同的，信息隐蔽的程度则各有差异。面向对象分析应该适合不同的语言，所以在策略上不单纯以严格封装的OOPL为背景，例如在定义服务时暂不考虑那些仅仅为了适应严格的封装才要求设置的服务。

下面以C++为背景了解一下属性和服务的实现技术。如果在C++中想定义一个类，并用这个类创建若干对象，则应在类定义中给出其属性和服务的定义。编译系统按类中的属性定义为每个对象实例分配一份数据空间。因此，所谓“一个类的所有对象具有相同的属性”，是指属性的个数、名称、数据类型相同，各个对象的属性值则可以互不相同，并且随着程序的执行而变化。至于服务，则是所有的对象共同使用它们的类定义中给出的服务代码，在C++中，每个服务是一个“成员函数”。

OO方法中有“实例属性”和“类属性”之分。以上说的只是实例属性，下面介绍一下类属性。类属性的定义是：类属性是描述类的所有对象的共同特征的一个数据项，对于任何对象实例，它的属性值都是相同的。这样的属性对一个类的全部对象实例只是一份共同的数据空间，所以对任何对象而言，该属性的值总是相同的。在C++中前面有static标识符的成员变量就是类属性。

实例属性和类属性各有不同的用途。例如在汽车制造业中，把每种型号的汽车作为一个类，这种汽车的车长、车宽及规定的质量指标等，对其中每一部汽车都是共同的，应该作为类属性。但每部汽车的出厂编号及其他实际达到的性能参数则各不相同，应该作为实例属性。在软件开发中遇到的大部分情况是实例属性；个别情况下需要使用类属性，应该通过OOA文档告诉编程人员做特殊处理。

关于服务的概念，需要进一步区别的是主动服务和被动服务。主动服务是不需要接收消息就能主动执行的服务，它在程序实现中是一个主动的程序成分，例如用于定义进程或线程的程序单位。被动服务是只有接收到消息才执行的服务，它在编程实现中是一个被动的程序成分，例如函数、过程、例程等。被动对象的服务都是被动服务，主动对象应该有至少一个主动服务。在定义服务的过程中，对于主动对象应指出它的主动服务。

4.2 表示法

属性的表示法，是在类符号的中部填写每一个属性的名字。服务的表示法，是在类符号的下部填写每个服务的名字；对于主动服务，须在服务名之前加一个标记“@”。图4-1是属性和服务表示法示意图。

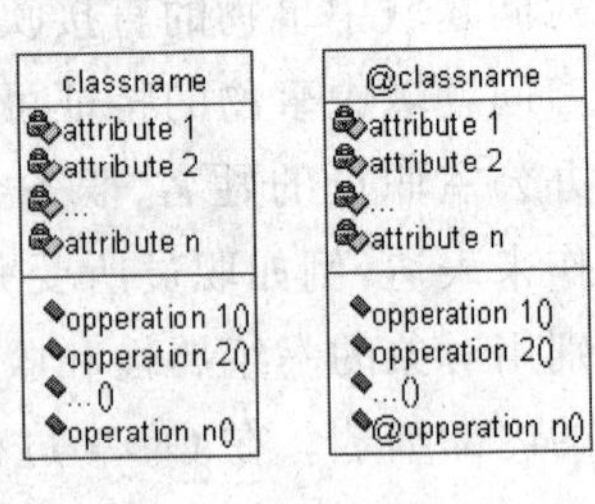

图 4-1 类与主动类符号

4.3 定义属性

为了发现对象的属性，首先考虑借鉴以往的OOA结果，看看已开发的OOA模型中是否存在相同或相似的问题域，尽可能复用其中同类对象的属性定义。然后，主要研究当前的问题域和系统责任，针对本系统应该设置的每一类对象，按照问题的实际情况，以系统责任为目标进行正确的抽象，从而找出每一类对象应有的属性。

4.3.1 策略与启发

对系统中的每个对象进行以下几个步骤，通过这些步骤从各种角度去发现对象的属性。

(1) 从常理判断这个对象应该具有哪些属性。

(2) 根据当前问题域分析这个对象应该有哪些属性。

(3) 从系统责任要求的角度分析这个对象应具有哪些属性。

(4) 建立这个对象涉及系统中所需的信息,包括要保存和管理的信息。

(5) 对象有哪些需要区别的状态,是否需增加一个属性来区别这些状态。

(6) 对象为了在服务中实现其功能,需要增设哪些属性。

(7) 表示整体一部分结构和实例连接需要用什么属性。

上面列出的问题是为了从各种不同的角度启发分析员发现对象的属性。有些属性在不同步骤中都能得到。这种导致相同结果的重复思考并不是坏事,因为目标是尽可能全面地发现属性,而且通过各个步骤得出相同的属性能更加肯定次属性的必要性。

4.3.2 审查与筛选

对于在上一阶段初步发现的属性,要进行审查和筛选。为此对每个属性提出以下问题。

1. 这个属性是否体现了以系统责任为目标的抽象

OOA 应该只注意与系统责任有关的特征,对现实世界中的事物如果脱离一定的目标去找它的特征可以找出很多。

2. 这个属性是不是描述这个对象本身的特征

一个对象的属性,应该描述这个对象本身的特征,否则即使它在系统中提供了有用的信息,也不应该放置在这个对象中。

3. 该属性是否破坏了对象特征的"原子性"

认识事物的特征,应该按日常的思维习惯采用原子的概念。例如人的姓名,包括姓氏和名字等内容,但这两个内容在概念上是不可分的。在定义"人员"对象的属性时,应该使用一个"姓名"属性,而不应把有关姓名的两项内容拆散开用两个属性来描述。这样,在对象所定义的属性中,每一个属性都对应事物的一个原子特征。如果发现属性的设置破坏了原子性,则应该加以修改。

4. 这个属性是否可以通过继承得到

如果当前对象的类处于一般—特殊结构的特殊类位置,则检查它的属性是否可以通过继承得到。凡是在一般类中定义了的属性都不要在特殊类中重复出现。

5. 该属性是否可以从其他属性直接导出

如果一个属性的值明显地可从另一个属性值直接导出,则应该去掉。不太明显的信息冗余,即一个属性的值可以从其他许多属性的值经过比较复杂的计算才能导出,则 OOA 阶段暂不考虑其简化问题,以保持 OOA 模型的直观性。

6. 属性类型

1) 单值

例 4-1 单值属性类型表如表 4-1 所示。

表 4-1 单值属性类型表

姓　名	学　号	身高/m
张三	3275432456	1.75

2）互斥

例 4-2 互斥属性类型表如表 4-2 所示。

表 4-2 互斥属性类型表

姓　名	职　位	月工资/元	计件工资/元
张三	科长	1050	//
李四	工人	//	790

3）多值

例 4-3 多值属性类型表如表 4-3 所示。

表 4-3 多值属性类型表

项目负责人	项　目　名	来　源	经费/万元
a1	b1	c1	3.5
a1	b2	c2	4.3
a2	c	D4	7.5
a3	d1	f1	4.5
a3	d2	f2	7.7
a3	d3	f3	8.5

7. 不同属性类型的解决方法

（1）互斥属性，解决方法如图 4-2 所示。

（2）多值，解决方法如图 4-3 所示。

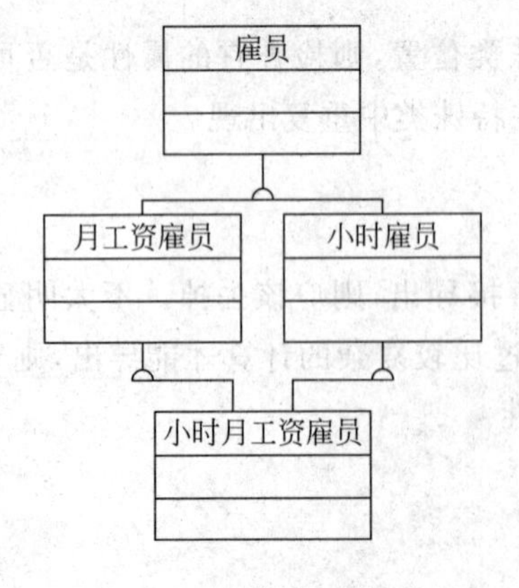

图 4-2 互斥属性的解决方法

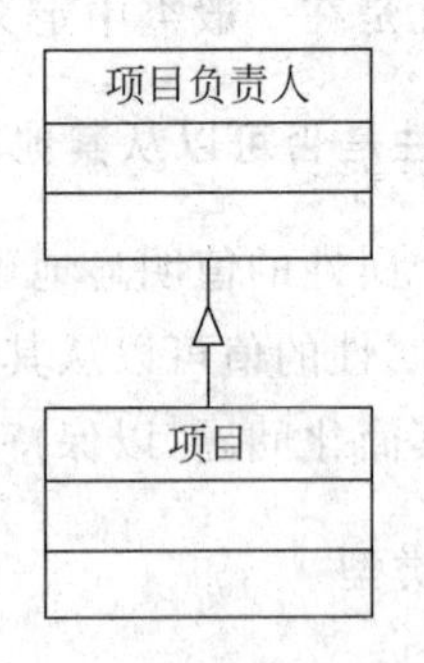

图 4-3 多值的解决方法

4.3.3 推迟到OOD考虑的问题

OOA旨在建立一个反映问题域并独立于实现的系统逻辑模型，所有与实现条件有关的问题均推迟到OOD中解决。

(1) 对象标识问题。用什么作为对象在系统中的唯一标识，依赖于实现支持系统级提供何种对象标识机制，因此这个问题也推迟到OOD解决。

对象标识(Object Identifier，OID)的定义如下。

对象标识是分配给每个对象的永久性标识(又称作"柄")，它符合下述条件。

① 在一定的范围或领域(例如一个应用系统)中是唯一的。

② 与对象实例的特征、状态及分类(可能是动态的)无关。

③ 在对象存在期间保持一致。

在编程时，一个程序中使用互不重复的对象名只能在一个应用程序的范围内保证唯一，并且只在该程序运行时有效。对象以数据库为存储系统时，可使用由某些属性组成的关键字来标识对象，但这只能保证在一个应用系统中的唯一性。如果有一个面向多个应用系统并支持对象共享的对象管理系统(OMS)，则OMS应该具有一种对象标识机制，它对系统开发者是透明的，故又称"内部标识"。然而对象还应该有一个能被人引用和理解的命名，称作"外部标识"。外部标识不一定符合OID的严格定义。对象标识机制应该维持"外部标识"和"内部标识"之间的对应关系，并自动实现二者之间的转换。

因此，对象标识问题与实现时采用何种支持系统有关。在OOA中暂不考虑此问题，不必指定或增设某些属性作为关键字，这一问题推迟到OOD数据管理部分的设计中考虑，而具体地标识每个对象则到编程时才进行。

(2) 规范化问题。当找出了对象的属性之后，其中可能存在信息冗余。明显的信息冗余，可以在OOA阶段消除。不太明显的信息冗余——表现为不满足第二范式或更高的范式条件——则暂时不予考虑。在OOD的数据管理部分设计时之所以不进行这种规范化，一是为了使对象属性与实际事物特征的对应更为直接，二是为了使OOA不受实现条件的限制。

(3) 性能问题。为了提高对象服务的执行速度，可以增加一些属性来保持服务的阶段性执行结果。但是执行速度是与机器有关的，所以这个问题也推迟到OOD时考虑。

4.3.4 属性的命名和定位

属性的命名原则基本上和类的命名原则相同：使用名词或带定语的名词；使用规范的、问题域通用的词汇；避免使用无意义的字符或数字；语言文字的选择与类的命名要一致。

属性的定位首先要注意把属性放置到由它直接描述的那个对象的类符号中。此外，在一般—特殊结构中通用的属性应放在上层类，专用的属性应放在下层类。总的原则是：一个类的属性必须适合这个类和它的全部特殊类的所有对象，并在此前提下充分地运用继承。

4.3.5 属性的详细说明

在类描述模板中，应该给出每个属性的详细说明，主要包括下述信息。

1. 属性的说明

如果属性的命名不足以清晰地表明该属性的意义及作用，则应该给出一段简练的文字解释，例如"课程"对象的"学分"属性，其解释可为"通过该课程后增加学分"。

2. 属性的数据类型

每个属性的详细说明应尽可能指出该属性的数据类型。常用的数据类型有整数、实数、字符串、数组、结构、指针等。有些属性的类型在OOA阶段不一定能最终确定，例如只知道它应为整数，但不能确定是单字长整数还是双字长整数。这些细节可留给设计人员或编程人员解决。

3. 属性所体现的关系

用于表示整体—部分关系或实例连接关系的属性，应该特别指明并加以解释。

4. 实现要求及其他

如属性的精度要求、初始值、取值范围、度量单位、数据完整性、存取限制条件等，凡是分析阶段应该提出的要求或应该给出的信息，都在此明确地指出。

如果一个属性实现时应作类属性处理，也应该在这里明确指出。

4.4 定义服务

分析员通过分析对象的行为来发现和定义对象的每个服务。但对象的行为规则往往和对象所处的状态有关。

4.4.1 对象的状态与状态转换图

1. 对象状态

目前在关于OO技术的各种文献中，对"对象状态"这个术语的理解和用法很不一致，其中与讨论有关，并代表了不同含义的有以下两种。

(1) 对象或者类的所有属性的当前值。

(2) 对象或者类的整体行为(例如响应消息)的某些规则所能适应的(对象或类的)状况、情况、条件、形式或生存周期阶段。

按上述第一种定义，对象的每一个属性的不同取值所构成的组合都可看作对象的一种新的状态。这样，对象的状态数量是巨大的，甚至是无穷的。这对系统开发人员是一个巨大的考验。所以这里按上述第二种定义解释和使用"对象状态"的概念。

按第二种定义，虽然在大部分情况下对象的不同状态也是通过不同的属性值来体现的，但是认识和区别对象的状态只着眼于它对对象行为规则的不同影响，即：仅当对象的行为规则有所不同时，才称对象处于不同状态。所以按这种定义，需要认识和辨别的状态数目并不是很多，可以勾画出一个状态转换图，以帮助分析对象的行为。以下通过几个例子说明应如何认识对象的状态。

例 4-4　通信控制系统中的传真机对象。

为了分析“接收”和“发送”等服务的行为规则，应该注意的对象状态是传真机设备的关闭、就绪（开启并空闲）、忙、故障等状态，为此可在其他属性之外专门定义一个“状态”属性。该属性有以上几种属性值，每一个属性值就是一种状态。

例 4-5　“栈”对象。

假如它的属性是 100 个存储单元和一个栈顶指针；服务是“压入”和“弹出”。它有多少状态呢？经分析，只需认识三种状态，即空（指针值＝0）、满（指针值＝100）、半满（0＜指针值＜100）。由这三种状态决定的对象的行为规则如表 4-4 所示。

表 4-4　对象的行为规则

状态 服务	空	半满	满
压入	可执行	可执行	不可执行
弹出	不可执行	可执行	可执行

在例 4-5 中，对象的状态是对象现有属性的某些特殊值，没有专门定义一些描述对象状态的属性。

根据以上的讨论，可以这样理解“对象状态”的概念：在由对象所有属性的属性值集合所构成的笛卡儿积中，尽管每一个元素均可广义地称为对象的一个状态，但软件开发者需要认识的是这个笛卡儿积上的每一个等价集合，这里把每个等价集称作一种对象状态，使对象的服务呈现相同行为规则的属性值的集合。对象的每一种状态，可以通过对象的一个属性或几个属性的值来表达。这些属性可以是专门为描述对象的状态而设置的，也可以是在考虑状态之前为描述对象的其他特征而设置的。

2. 状态转换图

由于对象在不同状态下呈现不同的行为，所以要正确地认识对象的行为并据此定义它的服务，必须要分析对象的状态。

对行为规则比较复杂的对象都需要做以下工作。

(1) 找出对象的各种状态。

(2) 分析在不同的状态下，对象的行为规则有何不同。在发现它们没有区别时，可以将一些状态合并。

(3) 分析从一种状态可以转换到哪几种其他状态以及该对象的什么行为会引起这种转换。

通过上述分析工作，可以得到一个对象的状态转换图。它是一个以对象状态为结点，以状态之间的直接转换关系为有向边的有向图。

图 4-4 是“栈”对象的状态转换图。

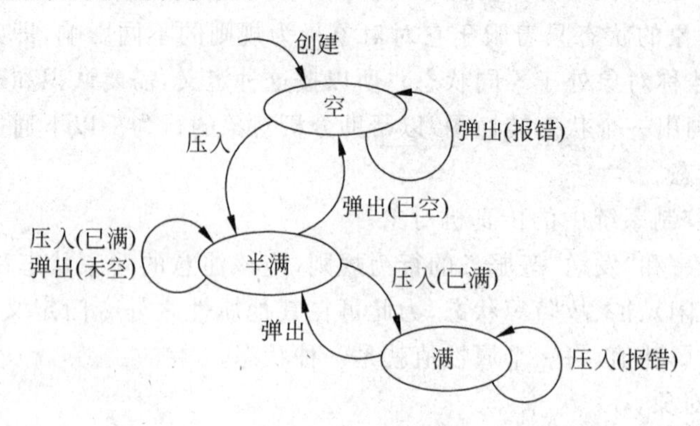

图 4-4　状态转换图

状态转换图是对整个对象的状态/行为关系的图示，它附属于该对象的类描述模板。由于它只是描述了单个对象的状态转换及其与服务的关系，并未提供超越对象范围的系统级信息，所以只把它作为类描述模板中的一项内容，不强调对每一个类都要画出一个状态转换图，有些情况很简单的对象类，其状态转换图可以省略。

分析对象的状态并画出状态转换图，目的是更准确地认识对象的行为，从而定义对象的服务。若在定义对象的每个服务之前画出一个完整的状态转换图，固然可对服务的定义大有好处，但在 OOA 实践中这两项工作往往难以截然分开，需要结合起来进行。通过认识对象的状态以及状态之间如何转换，启发自己去发现服务；反过来又通过发现对象的服务，逐步完善状态转换图。

4.4.2 行为分类

为了明确 OOA 应该定义对象的哪些服务，首先区分一下对象行为的不同类别。

1. 系统行为

某些行为是系统把对象看作一个整体来处理时施加于对象的，这些行为实际上不是对象自身的行为。属于这类行为的有对象的创建、复制、存储到外存、从外存恢复、删除等。对于这类行为除 OOA 一般不必为之定义相应的服务，这样做有两个理由，一是从概念上讲，此类行为是它所在的系统施加于它的行为，而不是对象本身具有的；二是因为实现支持系统往往为此类系统行为提供了统一的支持，因此不需要分析员在每个对象专门去定义相应的服务。

2. 对象自身的行为——算法简单的服务

按照严格的封装原则，任何读、写对象属性的操作都不能从对象外部直接进行，而应由对象中相应的服务完成。这样，在实现每个对象时就需要在每个对象中设立许多这样的服务。

其算法十分简单，只是读取或设置一个属性的值。对于这样的服务，OOA 也不必予以定义，这样做的理由有三点：第一个原因是系统的实现未必采用严格封装的原则，当采用一种混合型 OOPL 编程时，这样简单的读和写未必都用一个服务来实现；第二个原因是此类服务本质上并不是客观事物固有行为的映射，而是由于严格封装原则引起的，它们对刻画事物的固有行为并无太大作用；第三个原因是，把如此简单而大量的服务放在对象中，将使系统模型变得既臃肿又琐碎，进而掩盖和淡化了 OOA 模型最应该表达的对象行为。

3. 对象自身的行为——算法复杂的服务

此类服务描述了对象所映射事物的固有行为，其算法是一些比较复杂的服务，而要进行某些计算或监控操作。例如，对数据进行加工处理，对某些属性的值进行计算得到某种结果，以设备或外系统进行监控并处理输入、输出信息等。此类服务是应该在 OOA 中努力发现并加以定义的。

4.4.3 发现服务的策略与启发

发现和定义对象的服务和 OOA 的其他活动一样，应研究问题域和系统责任以明确各个对象应该设立哪些服务以及如何定义这些服务；并借鉴以往同类系统的 OOA 结果尽可能加以复用。特别要考虑以下几个问题。

1. 考虑问题域

考虑问题域要求考虑对象在问题域中具有哪些行为；在这些行为中哪些是与系统责任有关的；以及应该设立何种服务来模拟这些行为。

2. 考虑系统责任

在 OOA 模型中，对象的服务是最直接地体现系统责任并实现用户需求的成分，因此定义服务的活动比其他 OOA 活动更强调对系统责任的考察。要逐项审查用户需求中提出的每一项功能要求，看它应该由哪些对象来提供，从而在该对象中设立相应的服务。

3. 分析对象的状态

状态转换图是启发分析员认识对象服务的重要工具。找出对象生命历程中所经历的(或者说是可能呈现的)每一种状态，画出状态转换图。与此同时提出下述问题。

(1) 对象从一种状态转换赋予另一种状态是由什么操作引起的？是否已经设立了相应的服务？

(2) 在每一种状态下对象可以发生什么行为？应该由什么服务来描述？

4. 追踪服务的执行路线

在上述问题思考完毕后能够发现的服务都已发现，模拟每个服务的执行并追踪其执行路线，可以帮助分析员发现遗漏的服务。所谓模拟是指分析员把自己设想为处于当前对象服务执行者的位置，做这个服务所做的事，想："我现正在做某事，为了完成此事，其他对象(或者本对象)还应该为我提供什么服务？"发现了某种需要就追踪到下一个对象中，看看是否定义了所需要的服务。如果没有，则加以补充，并做与上一个对象中相同的模拟。以穷举式的搜索一直进行到全部服务都被模拟过，这叫作"执行路线追踪"，在对已发现的服务进行具体的定义和详细说明时进行较为合适。

实际上，无论当前的主要目标是什么，对执行路线的跟踪可以同时起到两种作用：既可发现一些服务，又可发现一些消息连接，可以说是一举两得，所以是非常重要的一步。

4.4.4 审查与调整

对每个对象已发现的服务逐个进行审查，重点检查以下两点。

(1) 首先检查每个服务在系统中是否真正需要。

任何一个有用的服务，或者直接提供某种系统责任所要求的功能，或者响应其他对象服务的请求而间接地完成这种功能的某些局部操作。如果系统边界以外的活动者和系统的其他部分都不会请求这种服务，则这个服务是无用的，应丢弃。

(2) 其次是检查每个服务是不是高内聚的。

所谓高内聚是指一个服务只完成一项明确定义的、完整而单一的功能，没有出现在一线服务内完成多个功能的现象。如果在一个服务中包括多项可独立定义的功能，则它是低内聚的，应尝试把它分解为多个服务。另一种低内聚的情况是把一个独立的功能分割到多个对象服务中去完成，对这种情况应加以合并，使一个服务对它的请求者体现一个完整的行为。

4.4.5 认识对象的主动行为

在确认了对象应具有哪些服务之后，如果能进一步确定哪些服务是主动的，则应把它们标注出来，从而确定哪些对象是主动对象。可以从以下几个方面来进行这种判断。

(1) 考虑问题域。这要求考虑问题域这个服务所描述的对象行为是不是主动行为，它是由该对象主动呈现的还是由外来的因素引发的行为。

(2) 考虑与系统边界以外的活动者直接进行交互的对象。这些对象极有可能成为主动对象，这是因为，活动者往往并发地与系统进行交互，因此要求系统中与处理这种交互直接相关的对象提供主动服务。

(3) 考虑系统功能的构成层次中完成最外层功能的对象服务是否应定义为主动服务。因为根据系统责任观察，按照过程抽象的原则，一般是系统功能的构成层次中由执行外层功能的系统成分把内层功能提交给其他成分去完成，外层与内层是请求与被请求的关系，所以完成最外层功能的服务最可能是主动服务。

(4) 最后一个策略是进行服务执行路线的逆向追踪。考虑每个服务是被其他哪些对象的哪些服务请求的，按消息传递的相反方向跟踪上去，直到发现某个服务不被其他成分所请求，则它应该是一个主动对象的主动服务。

按以上策略，通过找出主动服务就等于找到了主动对象。在主动服务的服务名和它所在类的类名前各加一个主动标记“@”。

OOA 标注的主动对象和主动服务不一定是最终的定局，因为在 OOD 阶段可能增加一些新的主动对象，还可能为提高或降低系统的并发度而人为地增加或减少主动对象。

4.4.6 服务的命名和定位

服务的名称应由动词和名词组成，它一般采用动宾结构。服务名应尽可能准确地反映该服务的职能。

服务放置在哪个对象，应和问题域中拥有这种行为的实际事物相一致。例如，在销售系统中，“销售”服务应该放在“销售员”对象而不应放在“货物”对象，按问题域的实际情况它是销售员的行为而不是货物的行为。

在一般—特殊结构中，和属性的定位原则一样，通用的服务放在一般类，专用的服务放在特殊类，一个类中的服务应适合这个类及其所有特殊类的每一个对象实例。

4.4.7　服务的详细说明

在每个类描述模板中应给出每个服务的详细说明。以下是关于服务的详细说明中应包括的主要内容。

(1) 服务解释：用一段简练的文字解释该服务的作用及功能。

(2) 消息协议：给出服务的入口消息格式，即请求该服务的消息格式，内容包括：服务名、输入输出参数、参数类型。在并发系统中，一个服务可能接收多种消息。

(3) 消息发送：指出在这个服务执行时，需要请求哪些别的对象服务。内容包括接收消息的对象类名以及执行这个消息的服务名。这里提供的详细说明信息能够具体地表明这种动态关系，但它是隐含的。

(4) 约束条件：如果该服务的执行有前置条件、后置条件以及执行时间的要求等其他需要说明的事项，则在这里加以说明。

(5) 服务流程图：对于功能比较复杂的服务，要给出一个服务流程图，表明该服务是怎样执行的。

服务流程图表示了服务将如何执行，分析员应在服务的详细说明中给出其流程图。但这里要说明以下两点。

(1) OO 方法是支持渐进式开发的，服务流程图的构造当前能做到什么程度就做到什么程度，无论在 OOA 的其他活动还是在 OOD 阶段，一旦有了更深入的认识都可随时回到这个对象，继续补充、修改或细化它的服务详细说明(包括它的服务流程图)。

(2) 不管是 OOA 文档还是 OOD 文档，都不强调十分细化的服务流程图。其详细程度能使编程人员明白该怎样编程就可以了。画一个很细节的流程图并不比写出这段程序省力，甚至要花更多的时间，编程时需要对语言的特点进行独立思考，才能写出一个好的程序。

总之，对流程图的详细程度要把握适当的分寸。所谓适当，是指一个合格的程序员看了之后能够正确地理解其要求。主要是能够表达清楚以下几点。

(1) 在每个陈述框中能够概括服务这一部分应做的主要工作；

(2) 给出主要的分支点、循环、判断条件及控制路线；

(3) 标明在哪些位置有对外消息，以及消息的名称。

4.5　建立类图的特征层

把每个对象的属性和服务都填写到相应的类符号中，就构成了类图的特征层。对特征层的详细说明，即对每个属性和每个服务的详细说明是在类描述模板中进行的。其中，服务的详细说明不仅有文字，而且有图形，即服务流程图。

类图、状态转换图和服务流程图都是 OOA 文档中的图形，但处于不同级别。类图是对整个系统的描述，称为 OOA 基本模型；状态转换图的描述范围是一个对象，所以它位于类描述模板的对象级；服务流程图仅描述一个服务，位于类描述模板的最低级别。

4.6 电梯例子

现在对电梯控制系统进行定义对象属性与服务的活动，以建立其 OOA 模型的特征层。为了简练，没有把实际系统中每个对象的全部属性与服务都罗列出来，只给出其中较重要的。

此外，有些对象的属性是反映对象之间实例连接关系或整体－部分关系的，这里的考虑未必完善。

4.6.1 电梯系统的属性描述

根据第 3 章的分析可得到电梯系统的对象层一共有 10 个类，现在就根据本章前面所讲的内容，对第 3 章找出的 10 个类分别找出它们的属性。

1. 类 ARRIVAL EVENT

1）arrival_floor

发生到达事件的楼层。

2）arrival_id

唯一标识类 ARRIVAL EVENT 的某一个实例的标识。

3）elevator_id

生成到达事件的电梯。

2. 类 ARRIVAL PANEL

1）arrival_panel_id

唯一标识类 ARRIVAL PANEL 的某一个实例的标识。

2）elevator_id

唯一标识 Elevator 的某一实例的标识，在 ARRIVAL PANEL 的某一实例发送出来的消息中用到。

3. 类 ELEVATOR

1）current_direction

表示当前电梯的运行方向。如果电梯正停靠在某一楼层上，那么该属性就表示电梯前一次运动的方向。

2）current_floor

电梯最近一次所到达的楼层。

3）current_state

表示当前电梯的状态，有效值为：busy（忙）、ready（就绪）、open（打开）等。

4）elevator_id

唯一标识类 ELEVATOR 的某一个实例的标识。

5）status_direction

该属性在与 Floor 的某一实例进行通信时用到。它表明电梯被分派后所应运行的方向。

4. 类 DESTINATION EVENT

1）destination_floor

乘客请求去的目的地楼层。

2）destination_id

唯一标识类 DESTINATION EVENT 的某一个实例的标识。

3）elevator_id

生成目的地事件的电梯。

5. 类 DESTINATION PANEL

1）destinations_panel_id

唯一标识类 DESTINATION PANEL 的某一个实例的标识。

2）destination_pending

这是一个多值属性，表示目的地楼层状态。若为真，则该属性取值为 1，否则取值为 0。

3）elevator_id

唯一标识 Elevator 的某一实例的标识，在 DESTINATION PANEL 的某一实例发送出来的消息中用到。

6. 类 SUMMONS_PANEL

1）elevator_id

唯一标识 Elevator 的某一实例的标识，在 SUMMONS_PANEL 的某一实例发送出来的消息中用到。

2）summons_panel_id

唯一标识类 SUMMONS PANEL 的某一个实例的标识。

3）summons_pending_down

表示是否有向下(DOWN)的召唤请求。如果有，则值为 1，没有为 0。

4）summons_pending_up

表示是否有向上(UP)的召唤请求。如果有，则值为 1，没有为 0。

7. 类 FLOOR

1）elevator_id

唯一标识 Elevator 的某一实例的标识，在 FLOOR 的某一实例发送出来的消息中用到。

2）floor_id

唯一标识类 FLOOR 的某一个实例的标识。

8. 类 ELEVATOR MOTOR

elevator_motor_id
唯一标识类 ELEVATOR MOTOR 的某一个实例的标识。

9. 类 OVERWEIGHT SENSOR

1）overweight_sensor_id
唯一标识类 OVERWEIGHT SENSOR 的某一个实例的标识。
2）overweight_status
最近一次报告的超载传感器的状态。

10. 类 SUMMONS EVENT

1）summons_floor
召唤事件发生的楼层。
2）summons_id
唯一标识类 SUMMONS EVENT 的某一个实例的标识。
3）summons_type
表示所请求的召唤方向：UP、DOWN、NONE。

4.6.2 电梯系统的服务定义

1. control_Elevator（封装在 ELEVATOR 类中）

这个服务控制一个给定电梯（由 elevator_id 指定）的运动。
（1）根据接收到的消息：
① 如果是[UP|DOWN)（[上升|下降]），那么：
- 将属性 ELEVATOR(elevator_id). current_direction 设置为[UP|DOWN]（[上升|下降]）。
- 将属性 ELEVATOR(elevator_id). current_status 设置为 BUSY（忙）。

② 如果是 STOP（停止），那么，将属性 ELEVATOR(elevator_id). current_status 设置为 STOPPED。

（2）向类 ELEVATOR MOTOR 的由 elevator_id 所标识的实例发送一个单向消息。该消息为：(elevator_id,[UP|DOWN|STOP])。

（3）挂起类 ELEVATOR 执行此服务的实例，直到接收到下一个消息。

2. Control_Elevator_Motor（封装在 ELEVATOR MOTOR 类中）

这个服务控制一个给定电梯马达（由 elevator_id 指定）的运动。
（1）根据接收到的消息，将请求命令发送到硬件接口，促使电梯马达（由 elevator_id 指定）根据给定命令[UP|DOWN|STOP]移动。
（2）挂起这个服务，直到接收到下一个消息。

3. Poll_Neighbor(封装在 FLOOR 类中)

这个服务所执行的功能是从由 current_floor 所标识的 Floor 的某一个实例发送消息给由 neighbor_floor 所标识的 Floor 的另一个实例。这个服务轮询相邻的楼层,看它们是否需要电梯。

4. Process_Elevator_Arrival(封装在 FLOOR 类中)

当到达楼层响应了一个召唤之后,这个服务中有一个算法可以确定电梯是否应该停下来。算法在响应到达楼层的消息的过程中所使用的参数来自于 Elevator,Summons Panel 以及 Destination Panel 的实例。这个算法返回 updated_current_direction,updated_summons_pending,以及 updated_status_direction 的值,并在电梯运行的方向上兑付用户的召唤请求以及目的地请求。当电梯到达第 1 层楼或第 40 层楼的时候,它就会相应地发出 STOP 命令。当电梯到达一个指定的楼层(由 arrival_floor 标识)时,这个服务要执行各种控制和协调工作。

(1) 发送一个双向的消息给由 elevator_id 所标识的 Elevator 实例。

(2) 发送一个双向的消息给由 elevator_id 所标识的 Destination Panel 实例。

(3) 发送一个双向的消息给由 arrival_floor 所标识的 Summons Panel 实例。

(4) 还可以发送一个单向的消息给由 elevator_id 所标识的 Elevator 实例。

5. Process_Elevator_Ready(封装在 FLOOR 类中)

这个服务负责接收电梯已就绪的消息。这个服务包含一个复杂的、精确的算法,用于进行电梯分派决策。一旦接收到消息后,该服务就反复地执行下列操作。

(1) 发送消息给由 elevator_id 所标识的 Destination Panel 实例。

(2) 接收来自于 Destination Panel 的响应,并决定是否需要给 Elevator 发送一个响应。

(3) 需要的话,向 Elevator 发送消息。如果事件中没有目的地请求,该服务就开始轮询相邻的楼层,以确定是否有召唤需要响应。

6. RECOGNIZE_DESTINATION_REQUEST(封装在 DESTINATION EVENT 类中)

这个 DESTINATON EVENT 类服务检测是否有目的地请求(目的地按钮被按下),属于主动服务。

(1) 生成一个 Destination Event 的实例。该实例的属性有:destination_id(一个任意的标识),elevator_id(发生目的地请求事件的电梯),destination_floor(所请求的目的地楼层)。

(2) Destination Event 这个实例发送一个单向的消息给由 elevator_id 所标识的 Destination Panel 实例。

(3) 结束 Destination Event 这个实例。

7. RECOGNIZE_ELEVATOR_ARRIVAL(封装在 ARRIVAL EVENT 类中)

ARRIVAL EVENT 类的这个服务检测是否有电梯到达,属于主动服务。

(1) 生成一个 Arrival Event 的实例。该实例的属性有:arrival_id(一个任意的标识),

elevator_id(生成到达事件的电梯),arrival_floor(生成该事件时所在的楼层)。

(2) 该服务给由 arrival_floor 所标识的 Floor 实例发送一个消息。

8. RECOGNIZE_SUMMONS_REQUEST(封装在 SUMMONS EVENT 类中)

SUMMONS EVENT 类的这个服务通过检测召唤请求(召唤按钮被按下)来确定是否有 Elevator Summons 事件发生,属于主动服务。

具体过程如下。

(1) 生成一个 Summons Event 实例。该实例的属性有:summons_id(一个任意的标识),summons_floor(召唤事件发生时所在的楼层),summons_type([UP|DOWN])。

(2) Summons Event 的这个实例发送一个单向的消息给由 summons_floor 所标识的 Summons Panel 实例。

(3) 结束这个 Summons Event 实例。

9. Recognize_Elevator_Ready(封装在 ELEVATOR 类中)

这个服务识别一个给定的 Elevator(由 elevator_id 标识)是否就绪。在 Elevator 指示就绪状态之前先检测 Elevator 的超重状态。具体的过程如下。

(1) 将属性 ELEVATOR(elevator_id). current_state 的值置为 NOT_READY。

(2) 反复执行以下操作直到应答为 OK:发送一个双向的消息给 OVERWEIGHT SENSOR。

(3) 将属性 ELEVATOR(elevator_id). current_state 的值置为 READY。

(4) 给由 Elevator. current_floor 所标识的 Floor 实例发送一个单向的消息。

10. Recognize_Not_Overweight(封装在 OVERWEIGHT SENSOR 类中)

Overweight Sensor 的这个实例服务识别一个给定 Elevator(由 elevator_id 标识)的超载状态的恢复。服务调用如下。

(1) 属性 OVERWEIGHTSENSOR. overweight_status 的值置为 OK。

(2) 该服务不再进一步做其他处理。

11. Recognize_Overweight(封装在 OVERWEIGHT SENSOR 类中)

Overweight Sensor 的这个实例服务识别一个给定电梯(由 elevator_id 标识)的超载状态。服务调用如下。

(1) 将属性 OVERWEIGHT SENSOR. overweight_status 的值置为 NOT_OK。

(2) 该服务不再进一步做任何其他处理。

12. Report_Arrival_Event(封装在 ARRIVAL EVENT 类中)

这个服务发送一个消息给由 arrival_floor 所标识的 Floor 实例。

13. Report_Current_Location(封装在 ELEVATOR 类中)

这个服务报告一个给定 Elevator(由 elevator_id 标识)的位置(楼层号)。如果这个电梯正运行于两个楼层之间，那么就报告电梯刚经过的那个楼层。

(1) 根据接收到的调用消息，将属性 ELEVATOR(elevator_id). current_floor 的值返回给消息的发送者。

(2) 挂起 Elevator 的这个实例，直到接收到下一个调用消息。

14. Report_Current_Status(封装在 ELEVATOR 类中)

这个服务报告一个给定的 Elevator(由 elevator_id 标识)的状态。

(1) 根据接收到的调用消息，将属性 ELEVATOR(elevator_id). current_status 的值返回给消息的发送者。

(2) 挂起 Elevator 的这个实例，直到接收到下一个调用消息。

15. Report_Destination_Event(封装在 DESTINATION EVENT 类中)

这个 Destination Event 实例服务发送一个消息给目的地面板，以更新面板显示设备。

16. Report_Destination_Pending(封装在 DESTINATION PANEL 类中)

这个 Destination Panel 实例服务向停在一给定 Floor(由 arrival_floor 标识)上的一给定 Elevator(由 elevator_id 标识)报告目的地请求的状态。

(1) 根据接收到的调用消息，将属性 DESTINATION PANEL (elevator_id). destinations_pending(arrival_floor)的值返回给消息的发送者。这个服务确定 destination_pending_up([TRUE | FALSE])和 destination_pending_down([TRUE | FALSE])的有效性。

(2) 挂起 Destination Panel 的这个实例，直到接收到下一个调用消息。

17. Report_Direction(封装在 ELEVATOR 类中)

这个服务报告一个给定 Elevator(由 elevator_id 标识)的当前运行方向。如果这个电梯正停靠在某一楼层上，该服务就报告其前一次的运行方向。将 current_direction 的值返回给消息的发送者。该服务还报告这个给定电梯应运行的方向，并将 Elevator 实例(由 elevator_id 标识)的属性 status_direction 值返回给消息的发送者。

18. Report_Overweight_Status(封装在 OVERWEIGHT SENSOR 类中)

这个服务报告一个给定 Elevator(由 elevator_id 标识)的超载状况。

(1) 根据接收到的调用消息，将属性 OVERWEIGHT SENSOR (elevator_id)、overweight_status 的值返回给消息的发送者。

(2) 挂起这个服务直到接收到下一个调用消息。

19. Report_Summons_Event(封装在 SUMMONS EVENT 类中)

这个服务更新消息中具有属性 summons_pending_up 和 summons_pending_down 值的参数，以响应消息。

20. Report_Summons_Pending(封装在 SUMMONS PANEL 类中)

这个服务报告给定 Floor(由 arrival_floor 标识)的召唤请求的状态。Summons Panel.

Report Summons_Pending 确定 Summons Panel 的与此 Floor 相关联的 status_direction，destination_pending_up、destination_pending_down 各属性的值是否需要修改。具体过程如下。

如果 status_direction 的值与 destination_pending_up 或 destination_pending_down 中的某一个属性的值相同，并且与 summons_pending_up 或 summons_pending_down 中某一个的方向一致，那么 Summons Panel 中的属性 summons_pending 就需要更新，而且对 summons_pending 的响应[UP|DOWN]将依赖于该属性。如果 summons_pending_up 或 summons_pending_down 都不与该值相符，那么就不需要对 Summons Panel 进行更新，消息中的 summons_pending 值就为 NO。

如果 status_direction 的值与 destination_pending_up 或 destination_pending_down 都不一致，而且与 Summons Panel 中的 summons_pending_up 和 summons_pending_down 也都不同，那么就需要对 Summons Panel 中的属性 summons_pending 进行更新，对 summons_pending 的响应[UP|DOWN]就依赖于这个属性的值。否则消息中属性 summons_pending 的值为 NO。

21. Update_Arrival_Panel(封装在 ARRIVAL PANEL 类中)

当给定的 Elevator 到达一个给定的 Floor 时，该服务将执行为更新这个 Elevator 的 Arrival Panel 所必需的某些操作。

(1) 根据接收到的调用消息，向接口硬件发出更新 Arrival Panel 所需的命令。由参数 elevator_id 标识某一特定的面板。这个面板将被更新，以指明由参数 arrival__floor 所指定的 Floor。指定的这个 Arrival Floor 将保持不变，直到接口硬件接收到另一个命令。注意在每个 Arrival Panel 中，总有至少一个 Floor 被指明。

(2) 挂起 Arrival Panel 的这个实例，直到接收到下一个调用消息。

22. Update_Destination_Panel(封装在 DESTINATION PANEL 类中)

当一个给定的 Elevator 到达一个给定的 Floor 时，DESTINATION PANEL 的这个实例服务将执行为更新这个 Elevator 的 Destination Panel 所必需的某些操作。

(1) 根据接收到的调用消息，将所请求的命令发送给接口硬件，从而对 Destination Panel 进行更新。由参数 elevator_id 标识某一特定的面板。这个面板将被更新，以指明由参数 destination_floor 指定的 Floor。

(2) 如果是 CREATE，那么：

① 这个特定 Floor 的指示器将显示该楼层号。

② 将属性 DESTINATION PANEL(elevator_id). destinations_pending(destination_floor)的值置为 TRUE。

(3) 如果是 ARRIVED，那么：

① 这个特定 Floor 的指示器将不显示该楼层号。

② 将属性 DESTINATION PANEL. (elevator_id). destinations_pending(destination_floor)的值置为 FALSE。

(4) 挂起这个 Destination Panel 实例，直到接收到下一个调用消息。

23. Update_Direction(封装在 ELEVATOR 类中)

这个服务更新由 elevator_id 所指定的属性 current_direction 和 status_direction 的值。

24. Update_Floor_Arrival(封装在 ELEVATOR 类中)

这个服务将一个给定 Elevator(由 elevator_id 标识)的位置(楼层号)更新为由 arrival_floor 所指定的楼层号。

(1) 根据接收到的调用消息,将属性 ELEVATOR(elevator_id). current_floor 的值置为 arrival_floor。

(2) 挂起 Elevator 的这个实例,直到接收到下一个调用消息。

25. Update_Floor_Ready(封装在 ELEVATOR 类中)

在响应"电梯就绪"事件时,这个服务更新一个给定 Elevator(由 elevator_id 标识)的位置。

26. Update_Summons_Panel(封装在 SUMMONS PANEL 类中)

这个服务执行为更新与一给定 Floor(由 summons_floor 标识)相关联的 Summons Panel 所必需的某些操作。

(1) 根据接收到的调用消息,将相应的命令发送给接口硬件,从而对 Summons Panel 进行更新。由参数 summons_floor 标识某一特定的面板。该面板将根据参数[CREATE|ARRIVED]显示一个召唤或不显示一个召唤。

(2) 如果是 CREATE,那么:

① 这个特定面板的指示器将显示召唤。

② 根据参数 summons_type,将相应的属性 SUMMONS PANEL(summons_ floor). Summons_pending_up 或 SUMMONS PANEL. (summons_floor). summons_ pending_down 的值置为 TRUE。

(3) 如果是 ARRIVED,那么:

① 这个特定 Floor 的指示器将不显示召唤。

② 根据参数 summons_type,将相应的属性 SUMMONS PANEL(summons_floor). summons_pending_up 或 SUMMONS PANEL(summons_floor). summons_pending_down 的值置为 FALSE。

(4) 挂起 Summons Panel 的这个实例,直到接收到下一个调用消息。

4.6.3 电梯系统的特征层

通过前面的分析,基本明确了每个对象所需的属性与服务,现在应该在每个对象类的表示符号中填写它们。至此可以画出该系统 OOA 模型的特征层(这里直接用系统在定义时的符号名称,而没有使用中文名称),如图 4-5 所示。

@ARRIVAL EVENT
arrival_floor
arrival_id
elevator_id
@RECOGNIZE_ELEVATOR_ARRIVAL()
Report_Arrival_Event()

@DESTINATION EVENT
destination_floor
destiontion_id
elevator_id
@RECOGNIZE_DESTINATION_REQUEST()
Report_Destination_Event()
Update_Destination_Panel()

DESTINATION PANEL
destination_panel_id
destination_pending
elevator_id
Report_Destination_Pending()
opname2()

FLOOR
elevator_id
floor_id
Poll_Neightor()
Process_Elevator_Arrival()
Process_Elevator_Ready()

OVERWEIGHT_SENSOR
overweight_sensor_id
overweight_status
Recognize_Not_Overweight()
Recognize_Overweight()
Report_Overweight_Status()

SUMMONS PANEL
elevator_id
summons_panel_id
summons_pending_down
summons_pending_up
Report_Summons_Pending()
Update_Summons_Panel()

ELEVATOR MOTOR
elevator_motor_id
Control_Elevator_Motor()

ARRIVAL PANEL
arrival_panel_id
elevator_id
Update_arrival_Panel()

ELEVATOR
current_direction
current_floor
current_state
elevator_id
status_direction
Control_Elevator()
Recognize_Elevator_Ready()
Report_Current_Location()
Report_Current_Status()
Report_Direction()
Update_Direction()
Update_Floor_Arrival()
Update_Floor_Ready()

@SUMMONS EVENT
summons_floor
summons_id
summons_type
@RECOGNIZE_SUMMONS_REQUEST()
Report_summons_Event()

图 4-5 电梯系统的特征层

4.7 对象的属性与服务实验

4.7.1 实验问题域概述

用户需求见 1.5 节。

4.7.2　实验4

1. 实验目的

(1) 熟悉运用发现属性的步骤与提问,对象的状态和行为分析。
(2) 掌握发现属性的步骤和状态和对象行为分析。
(3) 学习正确地运用发现属性的步骤和状态和对象行为分析。

2. 实验环境

(1) 计算机一台,互联网环境。
(2) 绘图工具、文字编辑等工具软件。

3. 实验内容

根据图书管理系统用户描述要求,用发现属性的步骤与提问,对象的状态和行为分析方法认真分析每个对象,描述每个对象的服务与属性。

4. 实验步骤

(1) 准备好实验环境的机器(计算机)和互联网。
(2) 在机器上安装必要的软件平台(语言、绘图、文字编辑等)。
(3) 熟练掌握工具。
(4) 认真阅读题目,理解用户需求。对系统中已知的对象用发现属性的步骤与提问方法,找出其所有属性。用状态和行为分析方法描述出对象的所有操作及算法。
(5) 对所得图书馆系统的对象属性和行为进行分析、归纳。
(6) 描述系统的对象属性和行为,认真分析其正确性。
(7) 结束。

5. 实验报告要求

(1) 整理实验结果。
(2) 分析实验结果。阐述分析对象属性和服务的分析过程。
(3) 小结实验心得体会。

小　　结

本章所介绍的是第3章的后继工作,主要讲述如何定义属性与服务。包括如何发现对象和服务及它们的表示法,如何建立类图的特征层,最后通过对一个例子——电梯系统建立类图的特征层,来引导读者在真正的应用中如何实现本章所介绍的内容。

综 合 练 习

一、填空题

1. 属性的定义是________,服务的定义是________。

2. 类属性的定义是________。

3. 在类描述模板中,应该给出每个属性的详细说明,主要包括下述信息________、________、________、________。

二、选择题

1. 对主动服务,采取在服务名前加一个(　　)。

A. @　　B. &　　C. ^　　D. *

2. 以下(　　)活动不能推迟到OOD阶段做。

A. 对象标识问题　　B. 规范化问题

C. 性能问题　　D. 定义属性

三、简答题

1. 试说明主动服务与被动服务的区别。

2. 对系统中的对象进行哪些步骤以发现对象的属性?

3. 画出"栈"对象的状态转换图。

第5章 定义结构与连接

前面讨论了如何找出对象类及其属性与服务，本章将把眼光从各个单独的对象转移到对象以外，分析和认识各个对象类之间的关系，以建立 OOA 基本模型的关系层。只有定义和描述了对象类之间的关系，它们才能构成一个整体的、有机的系统模型。

对结构与连接的分析还将启发分析员进一步完善对象层和特征层，包括：发现一些原先未曾认识的类；重新考虑某些对象的分类；对某些类进行调整；以及，对某些类的属性和服务进行增删或调整其位置。所以在前两章讨论发现对象及其属性与服务时都曾谈到结构与连接的影响，对象类与外部的关系有以下几种。

(1) 继承关系(即对象类之间的一般—特殊关系)，用一般—特殊结构表示。

(2) 整体—部分关系(即对象之间的组成关系)，用整体—部分结构表示。

(3) 对象之间的静态联系(即通对象属性反映的联系)，用实例连接表示。

(4) 对象之间的动态联系(即对象行为之间的依赖关系)，用消息连接表示。

表示上述关系的两种结构和两种连接将构成 OOA 基本模型(类图)的关系层。如何定义这些结构与连接是本章讨论的主要内容。下面将分别讨论一般—特殊结构、整体—部分结构、实例连接和消息连接 4 种关系的概念、表示法及分析活动。

5.1 整体—部分结构

5.1.1 整体—部分结构及其用途

整体—部分关系反映了对象之间的构成关系，也称为聚集关系，用于描述系统中各类对象之间的组成关系，通过它可以看出某个类的对象以另外一些类的对象作为其组成部分。

如果对象 a 是对象 b 的一个组成部分，则 b 为 a 的整体对象，a 为 b 的部分对象。并把 b 和 a 之间的关系称作整体—部分关系(又可称为“has-a”关系)。按照这个定义，整体—部分关系是对象实例之间的一种关系，其定义域是由系统中对象实例集合构成的笛卡儿积。但是 OOA 主要是针对类来讨论问题的，而不是把类的每个具体的对象实例之间的组成情况都一一地表示出来。这样看，给出一个类与类之间的整体—部分关系的定义，似乎更为有用。如果对象 a 是对象 b 的一个组成部分，那么 b 的类定义引用 a 的类定义，即 A 的类定义是 B 的类定义的一个(直接或间接的)组成部分。

做了上述解释之后，可以谈论类与类之间的整体—部分关系，它指一个类定义引用另一个类定义。也可理解为一个类的对象实例，以另一个类的对象实例作为其组成部分。给出整体—部分结构的定义如下：整体—部分结构是把一组具有整体—部分关系的类组织在一起的结构。它是一个以类为结点，以整体—部分关系为边的连通有向图。

整体—部分结构体现了OO方法的聚合原则，它和体现分类及继承原则的一般—特殊结构同样重要，是OOA表示复杂事物的另一个重要手段。

首先，整体—部分结构可以清晰地表达事物之间的组成情况。客观世界中，事物之间的组成关系（即整体—部分关系）是大量的，表现为多种形式的，例如，物理上的整体事物和它的一个部分；组织机构与它的下级组织或部门；空间上的包容关系，如教室和桌椅；抽象团体与成员，如班级与学生；事物的整体部分；具体事物和它的某个抽象方面等。

在客观世界中，事物之间的整体—部分关系处处可见。平常认识这些事物时并不是孤立地看待它们。比如认识一张桌子，并不是将其看作“一个桌面和四个桌脚”，也不是把整体和部分放在同一级别来看待，说“这是一张桌子、一个桌面和四个桌脚”。按日常的思维方式，一般是这样来看：“这是一张桌子，它是由一个桌面和四个桌脚构成的”。整体—部分结构正是按这样的认识方法，确切地反映了事物之间的组成情况，包括一些较复杂的情况，因此，整体—部分结构可使OOA模型清晰地表达问题域中事物的复杂构成关系。对软件开发者而言，整体—部分结构是一种用途更为广泛的系统构造技巧。运用它可以在许多情况下简化系统的描述，并解决一些其他表达方式不容易解决的问题。

在OOA中表示整体—部分结构的方法是在整体对象的类和部分对象的类之间画出整体—部分结构连接符号，同时在整体对象的类中增设一个表示部分对象的属性。这个属性既然设在整体对象之中，它所表示的对象当然就是整体对象的一个组成部分了。在用OOPL编程时，有两种实现整体—部分结构的方式，一种方式是把整体对象中的这个属性变量定义成指向部分对象的指针，或定义成部分对象的对象标识，运行时动态创建部分对象，并使整体对象中的指针或对象标识指向它，如图5-1(a)所示。另一种方式是用部分对象的类作为数据类型，静态地声明整体对象中这个代表部分对象的属性变量。这样，部分对象就被嵌入到整体对象的属性空间中，形成嵌套对，如图5-1(b)所示。

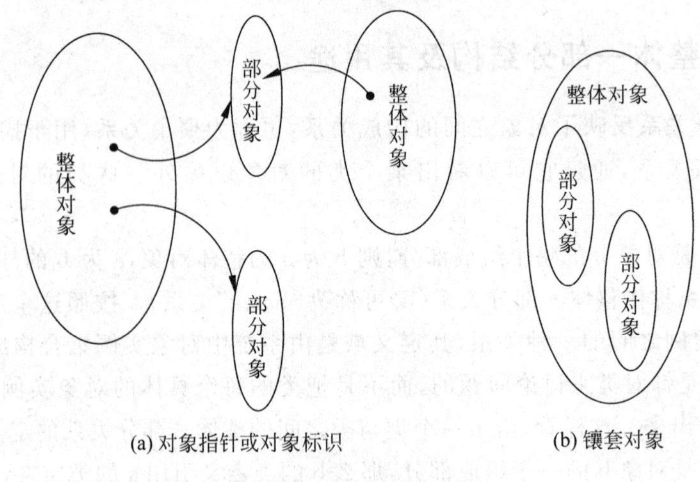

图5-1　整体—部分结构

这两种实现方式都能表达对象之间的整体—部分关系，但效果有所不同。采用对象指针或对象标识方式时，整体对象和部分对象是各自独立创建的。刚刚创建一个整体对象时，其指向部分对象的属性值为空。只有创建了部分对象，并为该属性赋值，整体对象才开始拥有这个部分。而且，在运行中可以动态地切断或恢复这种关系。部分对象的数据空间与整体对象相分离，只需在整体对象中留一个指针或对象标识的位置。这种方式适合于表达松散的、动态变化的整体—部分关系，并可表达一个部分对象能够同时属于多个整体的情况。采用嵌套对象方式时，一个部分对象成为整体对象不可分割的一部分，其数据空间包含在整体对象之中，从生存时间看，它与整体对象同生同灭。这种方式适合于表达紧密的、固定不变的整体—部分关系，如汽车和发动机。

在 OOA 的详细说明中可以指明这是哪种方式的整体—部分结构，在对整体对象中代表部分对象的属性进行详细说明时，指出它的数据类型。如果是用指针或对象标识，则是前一种方式；如果是用部分对象的类直接作为其数据类型，则是后一种方式。

5.1.2　表示法

如图 5-2 所示是表示组合关系的图形符号。图中上部是一个整体对象，下部是组成该组合关系的方向：从三角形顶角引出的线指向整体对角，从三角形标记连接。三角形标记表明组合关系的方向：从三角形顶角引出的线指向整体对象，从三角形底边中点画出的线连到部分对象。通常，把整体对象画在图的上部而把部分对象放在下部，这样安排有助于模型的理解。

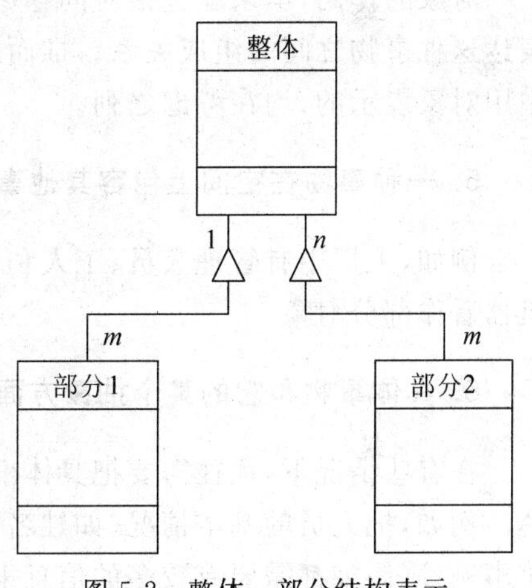

图 5-2　整体—部分结构表示

组合关系具有的最重要的性质是传递性，也就是说，如果 A 是 B 的一部分，B 是 C 的一部分，则 A 也是 C 的一部分。当组合关系有多个层次时，可以用一棵简单的聚集树来表示它。聚集树是多级组合关系的一种简化表示形式。整体—部分结构连接符两端所标的数字或字母用于表明该结构中对象实例的"多重性"。这里，所谓多重性是指，位于连接符一端的一个对象实例要求另一端多少个对象实例与自己进行整体—部分组合。

5.1.3　如何发现整体—部分结构

整体—部分结构可以清晰地表达问题域中事物之间的组成关系，同时它又是一种用途更为广泛的系统构造手段。这里讨论如何从问题域发现整体—部分结构。

问题域中事物之间的组成关系表现为多种方式。从多种方式考虑事物之间的组成情况是发现整体—部分结构的基本策略。考虑以下几个方面。

1. 组织机构和它的下级组织及部分

在当今社会的政治、经济、科技、文化、工业、商业等各个领域都有各种形式的组织机构，并且常常需要在系统中进行管理。整体—部分结构可以很好地表达它们之间的组成关系。例如,一个公司有若干子公司和市场部、产品部、公关部等部门,而它的某些子公司也需要设立这些部门,可由如图 5-2 所示的整体—部分结构表达。

2. 物理上的整体事物和它的组织部分

这种整体—部分关系是大量存在的,也是最容易发现的。大到星系、星球,小到基本粒子,宇宙万物处处存在这种整体—部分关系。如果一组存在这种关系的整体对象和部分对象都需要在系统中表示,并且需要表明它们之间的组成关系,则应建立整体—部分结构。

3. 组织与成员

组织与它的成员也是一种整体—部分关系。例如,班级与学生、办公室与办事员等。这种整体—部分关系也可推广到人员以外的其他事物,故又称之为"集合与成员"的关系。

4. 抽象事物的整体与部分

对象的作用,本来就包括对问题域中某些抽象事物的再抽象,所以整体—部分结构也应表达这种事物之间的组成关系。推而广之,人类的脑力劳动所产生的事物中,凡是要在系统中用对象表示的,均在考虑之列。

5. 一种事物在空间上包容其他事物

例如,工厂中有管理人员、工人和机器,可把工厂看作整体对象,而把管理人员、工人和机器看作部分对象。

6. 具体事物和它的某个抽象方面

在有些情况下,往往需要把具体事物的某个抽象方面独立出来作为一个部分对象来表达。例如,把人员的基本情况(如姓名)用"人员"对象描述,而把他的工作职责、身份、立功受奖事迹等(假如都需要有较多的信息来表示)独立出来,用一些部分对象来表示并与"人员"对象构成整体—部分结构。

5.1.4 审查与筛选

按 5.1.3 节所介绍的策略可以发现许多候选的整体—部分结构,但仍然需要进行审查与筛选,可以从以下几方面考虑其是否需要。

1. 是不是系统责任的需要

仅当结构中的整体对象和部分对象都是系统责任需要的,并且二者之间的整体—部分关系也是系统责任要求表达的,才有必要建立这个结构,否则就不应该保留。即使现实中的整体对象和部分对象都是系统责任要求描述的,也仍要考虑,经过抽象之后体现这两类对象之间整体—部分关系的信息是否真正需要在系统中保持。从实现考虑,如果准备建立一个紧密的整体—部分结构(用嵌套对象),则意味着,整体对象中将包括部分对象的全部信息;如果准备建立一个松散的整体—部分结构(用对象指针或对象标识),则意味着整体对象将保持部分对象的踪迹。如果系统责任没有这种要求，就不要建立这种结构，否则只能增加复杂性并造成浪费。

2. 是否属于问题域

整体—部分结构中的整体对象和部分对象都应该属于当前的问题域，否则就不需要这个结构。例如，在一个学校的教务管理系统中，尽管教师和他们的家庭可组成整体—部分结构，但家庭不属于问题域，所以不应该保留这个结构和这个无用的对象。

3. 是否有明显的整体—部分关系

如果两个对象之间不能明显地分出谁是部分、谁是整体，则不应该用整体—部分结构表示。例如，系统中要表示教师与学科之间的关系，但是教师和学科不能分出哪个是整体，哪个是部分。对这种情况不应采用整体—部分结构，而应该用实例连接，实例连接将在后面介绍。

4. 部分对象是否有一个以上的属性

如果部分对象只有一个属性，应考虑把它取消，合并到整体对象中去，变为整体对象的一个属性即可。例如，"发动机"作为"汽车"的部分对象，如果只有一个属性"马力"，则可合并到"汽车"对象中，在"汽车"对象中增设一个"马力"属性。这样做是为了使系统简化。

5.1.5 简化对象的定义

任何一种好的软件开发方法或软件评估标准都不希望系统的组成单位过于庞大，因为这样的系统单位将难以理解并增加隐藏错误的机会。

实际系统中，某些对象的内部构成可能是相当复杂的，其表现为：对象含大量的属性和服务，某些属性是较为复杂的数据结构，或服务中包含较为复杂的功能。这种对象的类定义将会很庞大。

在OOA模型中，如果某些对象的定义过于复杂，应想办法把它简化，通常的方法是：在一个复杂对象的内部进行"再分析"，看它的某些属性与服务是不是描述了该对象的某个独立部分。如果是，则用它们组成一个部分对象，从整体对象的类定义中分离出来，建立整体—部分结构。

5.1.6 支持软件复用

在整体—部分结构中通过组装而支持软件复用是OO方法颇受重视的优点之一。在以下两种情况下都可以运用整体—部分结构而实现或支持复用。

一种情况是在两个或更多的对象类中都有一组属性和服务描述这些对象的一个相同的组成部分。把它们分离出来作为部分对象，建立整体—部分结构，这些属性和服务就被多个类复用，从而简化了它们的描述。例如，在一个机械加工厂的生产管理系统中，各种机床、起重机和电动送料车等对象类中都有一组属性和服务，描述这些对象中所装配的电动机。有些OO方法的入门者可能首先想到运用继承来解决上述问题：把电动机作为一般类，使机床、起重机和送料车通过继承而拥有它的属性和服务。这固然也可以解决问题，但对问题域的映射却远不如使用整体—部分结构。因为把机床、起重机和送料车等对象看作一种特殊的电动机，道理上很难说得通，而说它们都装有一台电动机则非常合理。为了复用，可把这组属性和服务分离出来，建立如图5-3所示的结构。

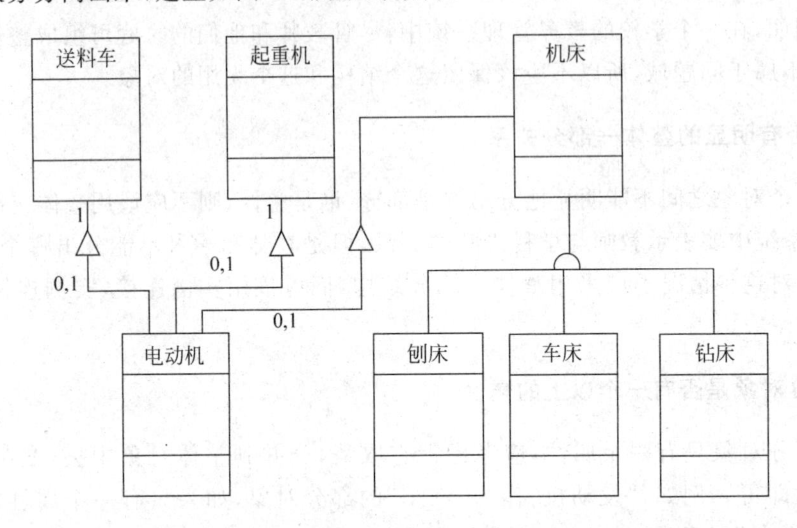

图 5-3 整体—部分结构描述复用

另一种情况是系统中已经定义了某类对象，在定义其他对象时，发现其中一组属性和服务与这个已定义的对象是相同的。那就不必再重复地定义这些属性与服务，只需建立它与前一类对象之间的整体—部分结构。

还可以考虑通过整体—部分结构提取可复用构件，以支持领域范围的复用问题。如果一个对象类中有一组属性和服务描述了该对象的一个独立部分，即使从本系统看并不需要这样一个部分对象，只要它是一种在本领域经常使用的对象，就可把它从整体中分离出来作为部分对象，使它的类定义成为一个应用范围较广的可复用构件。

5.1.7 整体—部分结构的进一步运用

整体—部分结构是一种表达能力很强的系统构造手段，还可以把它作为一种改进系统构造和解决某些棘手问题的有效手段。

1. 表示动态变化的对象特征

OO方法作为一种新技术，在实际应用中常常会遇到一些新问题，所谓“新问题”可能只是方法的应用者在自己以往的实践中未经历的，或者在他们读过的文献中未曾提及的，而不一定是这种方法现有的概念与技术不能解决的。对象的某些属性与服务在系统的运行和演化过程中发生动态的变化便是此类问题之一。最近几年曾多次遇到国内一些研究者以解决这一问题为动机试图创造一些新的OO概念，并开发相应的机制来支持这些新概念。对此，专家曾给予的建议是：为解决这种问题而创造新概念的理由是不充分的。运用OO方法的整体—部分结构可以简单而自然地解决这一问题。

可说明这个问题的一个典型例子是某些系统中的“人员”对象。在系统运行中随着时间的推移人员身份在发生变化，于是在人员对象中，除一些描述人员基本情况的属性（如姓名、出生年月）和服务（如上下班打卡）保持不变之外，描述其身份的属性和服务则需随着这个人的身份变化而变化。这种变化，不是通过属性值的变化或服务在执行时的某些微小差别所能表达的；它可能需要一组从语法到语义根本不同的新的属性和服务。例如，作为营业员时需要“班组”“班次”“柜台号”属性；当上会计师之后就不需要这些了，需要的是“注册会计师号”等属性和“收入”“支出”等服务。这就是所谓的“动态变化的对象特征”。

用一个类定义的对象，其属性与服务，从数量到名称、语义都将保持不变，永远与创建这个对象的类相符。多态性也不能解决这个问题，它只能使不同类的对象中相同命名的属性与服务有不同的语义，而不能使同一个类的对象随着时间的变化而改变自己的属性的服务。

一种大体上可行的解决办法是针对各种可能的特征变化，预先定义多个类，当对象的特征需要变化时，则删除旧的对象而用另一个类创建一个新对象。这种解决办法有三种缺陷：一是让对象反复地从一个类中删除而加入另一个类，将为数据管理带来困难；二是对象有相当一些不需要变化的属性，随着旧对象的删除和新对象的建立，需要把旧对象中的有用信息复制到新对象中；三是概念上不太自然，一个对象仅仅因为一些特征发生了变化，就要让它经历一番死而复生的阴阳轮回，显得太有点儿小题大做了。

其实，一种比较简单的解决办法是用整体—部分结构来解决这一问题。首先分析一个对象哪方面的特征变化需要由一些动态变化的属性与服务来描述。把这些属性与服务分离出来组成一个部分对象，并与整体对象组成松散的整体—部分结构。系统在运行中动态地产生新的部分对象，以代替旧的部分对象。例如，在上述例子中“人员”对象中动态变化的属性与服务是为了描述人员身份的变化，把它们独立出来，组成一个“身份”对象，作为一种松散的结构，实现时可在“人员”对象中用指针指向表示自己当前身份的部分对象。当身份发生变化时，创建一个新的“身份”对象实例并使“人员”对象的指针指向新的身份。

这种解决办法没有引进任何新的概念，而且前面提到的解决办法的缺点它都避免了。首先，那些不需要动态变化的属性与服务都在整体中稳定地保持着，不必受部分特征变化的牵连而频繁地删除和重建，这为实现时的数据管理避免了很多麻烦。需要动态变化的属性与服务被组成部分对象，在系统中进行独立的处理，并可方便灵活地与整体对象拼接。此外，它在概念上显得很自然、很容易理解——对象不需要改换自己所属的类，只需要更换自己的一个发生了变化的组成部分。最重要的一点是，这种解决方法在实现上没有任何困难，它不需要任何特殊的支持机制。

2. 表示数量不定的组成部分

一个对象中若含有某种数量不定而内容相同的组成部分，则会给实现带来困难。例如“书”这种对象，含有描述其每一章的属性，假如每一章都用三个属性来描述，一本书可能只有几章，也可能多达几十章；那么，“书”的对象类应怎样定义？定义几组描述其各章的属性？太少了对于某些对象可能不够用，按多的数量定义又使大部分对象造成空间浪费。在这种情况下可用整体—部分结构解决，如图 5-4 所示。

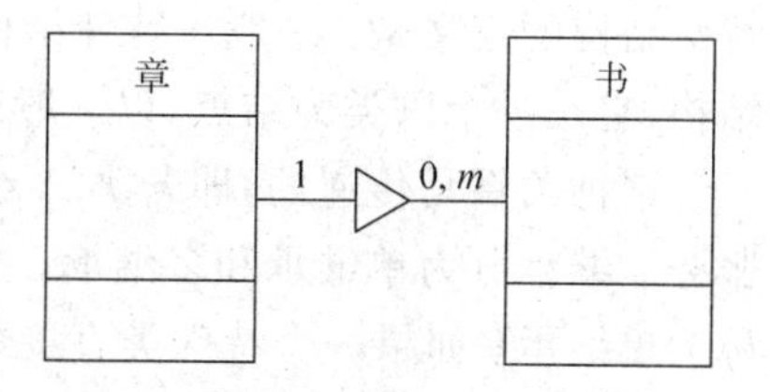

图 5-4　表示数量不定的部分

5.1.8 调整对象层和属性层

对于每个整体—部分关系，整体对象中要增加一个属性来表明它的部分对象。在该属性的详细说明中要给出这个属性的数据类型。如果是紧密的结构，用部分对象的类作为其数据类型；如果是松散的结构，用对象指针或对象标识作为其数据类型。

定义整体—部分结构的活动可能发现一些新的对象类，或者从整体对象的类定义中分割出一些部分对象的类定义，应把它们加入到对象层中，并给出它们的详细说明。引起整体对象的属性与服务应该被划分出去作为部分对象。对此，类符号及其详细说明都要做相应的修改。

5.2 一般—特殊结构

5.2.1 一般—特殊结构及其用途

一般—特殊结构是由一组具有一般—特殊关系(继承关系)的类所组成的结构。以两种方式给出了一般类和特殊类的定义，从类的特征来看：如果类 A 具有类 B 的全部属性和全部服务，而且具有自己特有的某些属性或服务，则 A 叫作 B 的特殊类，B 叫作 A 的一般类。从类集合的元素来看：如果类 A 的全部对象都是类 B 的对象，而且类 B 中存在不属于类 A 的对象，则 A 是 B 的特殊类，B 是 A 的一般类。这两种定义本质上说是等价的。

特殊类之所以称为“特殊”，是因为它具有独特的属性与服务，一般类的某些对象不符合这些条件，使特殊类成为一个较为特殊的概念；而一般类之所以“一般”，是因为它的属性与服务具有一般性，这个类以及它的所有特殊类的对象都应该具有这些属性与服务，所有这些对象都属于一般类，使一般类成为一个较为广泛的概念。一般类的特征集合则是特殊类集合的真子集；而特殊类的对象实例集合是一般类对象实例集合的真子集，如图 5-5 所示。

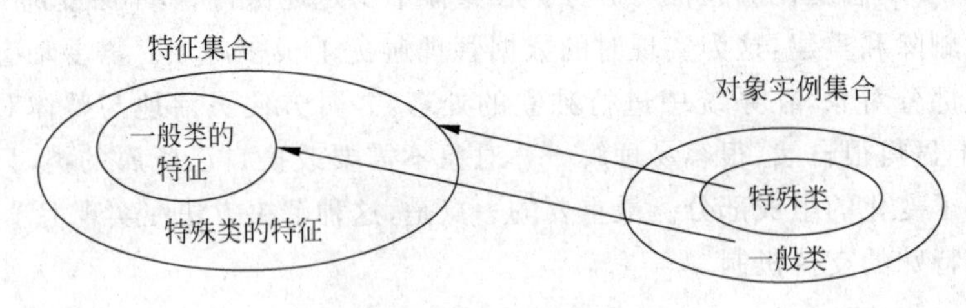

图 5-5 对象与特征关系

一般类与特殊类之间的关系叫作一般—特殊关系，又称为“is-a-kind-of”关系。一般—特殊结构的定义是：一般—特殊结构是把一组有一般—特殊关系的类组织在一起而得到的结构，它是一个以类为结点，以一般—特殊关系为边的连通有向图。

这种关系是传递的，即若类 A 继承类 B，类 B 继承类 C，则 A 也继承了 C 的全部属性与服务。继承分为单继承和多继承。如果每个特殊类只直接地继承一个一般类，则这种继承称为单继承；如果一个特殊类直接地继承两个以上的一般类，则称为多继承。

如果在一般—特殊结构中仅存在单继承，则它是一个以最上层一般类为根的树，称作层次结构；如果结构中存在多继承，则它是一个半序的连通有向图，称作网格结构。

一般—特殊结构是问题域的事物之间客观存在的一种关系。在OOA模型中建立一般—特殊结构，是为了使系统模型更清晰地映射问题域中事物的分类关系。它把具有一般—特殊关系的类组织在一起，可以简化对复杂系统的认识。它清楚地表达了一般类和特殊类之间的关系，使人们对系统的认识和描述更接近日常思维中对一般概念和特殊概念的处理方式。

OOA中通过一种继承机制实现这一功能，只需指明一个类是另一个类的特殊类，继承机制将保证特殊类自动地拥有一般类的全部属性与服务。一般—特殊结构可简化类的定义——对象的共同特征仅在一般类中给出，特殊类通过继承而拥有这些特征，从而不必再重复地加以定义。

OOA模型中的一般—特殊结构将为编程阶段用一种OOPL实现类之间的继承提供依据，它不但简化了OOA文档，最终还将导致一个结构清晰的、较简练的程序。而且，当软件维护人员从程序追溯到OOA文档时，他们将看到一个如实地映射问题域中对象分类关系的结构。

整体—部分结构和一般—特殊结构是两种迥然不同的结构，一个用于描述对象之间的组成关系，一个用于描述对象类之间的继承关系。OOA同时需要这两种结构以解决不同的问题。

两种结构在概念上的差别是很明显的，一个体现了“is-a-kind-of”关系，一个体现了“has-a”关系。概念上如此不同的两种结构，在有些情况下，二者之间却是可以互相变通的，或者说，它们可以达到殊途同归的效果。这是由于，一般—特殊结构是使特殊类通过继承而拥有一般类的特征，整体—部分结构是使整体对象通过组装而拥有部分对象的特征。尽管途径不同，着眼点不同，结果却是一样的：一些对象拥有另一些对象的特征。说法不同，实质内容是一样的。在OOA中选用哪种结构，要看其实际问题用哪种结构表达最为自然。

从实现的角度看，整体—部分结构对编程语言的要求远不像一般—特殊结构那样严格。有些OO语言不支持多继承，非OO的语言连单继承也不支持，但几乎任何一种当前流行的编程语言都可以实现整体—部分结构。可以运用整体—部分结构将多继承转化为单继承或无继承，从而使模型与编程结果能够更好地对应。这也是对两种结构的变通使用。

5.2.2 表示法

一般—特殊结构的表示法，是用一般—特殊结构连接符来连接该结构中的每个类，如图5-6所示。其中，图5-6(a)是一般—特殊结构连接符，从圆弧引出的连线连接到一般类，从直线分出的连线连接到每个特殊类。图5-6(b)是一个完整的一般—特殊结构，它包括结构中的每个类。

5.2.3 如何发现一般—特殊结构

本节主要介绍如何从不同的角度努力发现可能有用的一般—特殊结构。后面将对发现的结构进行审查、调整和简化，处理异常情况，最后建立合适的结构。为了发现一般—特殊结构，有以下可供采用的策略。

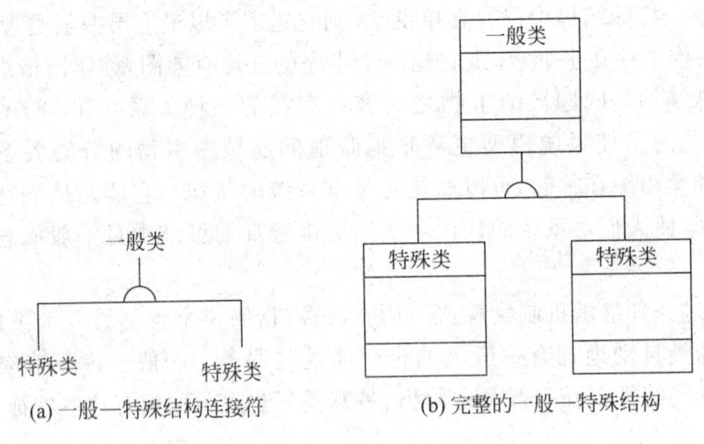

(a) 一般—特殊结构连接符　　(b) 完整的一般—特殊结构

图 5-6　一般—特殊结构

1. 按常识考虑事物的分类

按自己的常识，从各种不同的角度考虑问题域中事物的分类，可以形成一些建立一般—特殊结构的初步设想，从而启发自己发现一些确实需要的一般—特殊结构。

2. 学习问题域的分类学知识

分析员应该花一番功夫学习一点儿与当前问题域有关的分类学知识。分类是一门学问，在许多行业和领域已经形成了一套科学的分类方法。例如，动物分类学、植物分类学、图书分类法等都已经成为一门学科。问题域现行的分类方法往往比较正确地反映了事物的特征、类别以及各种概念的一般性与特殊性，学习这些知识，将对认识对象及其特征、定义对象类、建立一般—特殊结构有很大的帮助。

3. 按照一般—特殊结构的定义分析

按照一般—特殊结构的两种定义，可引导从两种不同的思路去发现一般—特殊结构。一种思路是把每个类看作一个对象集合，分析这些集合之间的包含关系。如果一个类是另一个类的子集，则它们应组织到同一个一般—特殊结构中。另一种思路是看一个类是不是具有另一个类的全部特征，当发现一个类中定义的属性与服务全部在另一个类中重新出现时，应考虑建立一般—特殊结构，把后者作为前者的特殊类，以简化其定义。两种思路的最终结果是相同的，但可以作为两种不同的手段互为补充。

4. 考察类的属性与服务

对系统中的每个类，从以下两方面考察它们的属性与服务：一方面看一个类的属性或服务是否适合这个类的全部对象。如果某些属性或服务只能适合该类的一部分对象，说明应该从这个类中划分出一些特殊类，建立一般—特殊结构。这是一个“自顶而下”地从一般类发现特殊类并形成结构的策略；另一方面检查是否有两个(或以上的)类含有一些共同的属性和服务。考虑若将这些共同的属性与服务提取出来，能否构成一个在概念上包含原先那些类的一般类，组成一个一般—特殊结构。

5. 考虑领域范围内的复用

为了加强 OOA 结果对本领域多个系统的可复用性，应考虑在更高的水平上运用一般—特殊结构，使本系统的开发能贡献一些可复用性更强的类构件。假如从本系统看，在你的 OOA 模型中这个类的定义已经很合理了，可是考虑到它在同一个领域的可复用性，则存在不足。

5.2.4 审查与调整

找到了许多候选的一般—特殊结构之后，要对它们逐个加以审查，从而取消那些不合适的结构或对它进行调整与修改。通过以下几个问题进行审查。

1. 是否符合分类学的常识

一般—特殊结构中各个类之间的关系应该符合分类学的常识和人类的日常思维方式，如果违背了这些，就会产生一种怪异的、有悖常理的“结构”。造成这种问题的原因是在建立结构时只注意到属性与服务的继承，而没有注意与问题域的实际事物之间分类关系的对应。检查这种错误的方法是用“is-a-kind-of”关系来衡量每一对一般类与特殊类。

2. 系统责任是否需要这样的分类

在一个候选的一般—特殊结构中，特殊类与特殊类以及一般类与特殊类之间，虽然从概念上讲是有所区别的，但是系统责任却未必要求做出这样的区别。例如，一般类“开发人员”和特殊类“设计人员”及“编码人员”之间，在概念上是有所不同的。但在一个具体系统中，若系统责任没有对设计人员和编码人员的特殊要求，则不要建立这个结构，只要“开发人员”这个类就行了。

3. 问题域是否需要这样的分类

无论是按分类学的知识还是按常识找到的结构，都不一定是问题域真正需要的，考虑分类时必须从问题域出发。

4. 是否构成了继承关系

有时，会出现这样一种情况：虽然按常识某些类之间应该是一种一般—特殊关系，但在系统中经过抽象之后所得到的类却没有什么可以继承的属性与服务。正确的做法是，保持这两个类之间的互不相干，不要为之建立一般—特殊结构。因为在系统中类之间没有继承，就失去了一般—特殊结构的意义。

通过以上的审查，删除或修改了不合适的一般—特殊结构，使准备在系统中建立的结构都是合理正确的。

5.2.5 多继承及多态性问题

按照问题域和系统实际要求，如果类之间的关系是多继承的，则应该建立多继承的一般—特殊结构。OOA 模型应该如实地映射问题域，所以在 OOA 中暂不考虑实现条件，按问题域和系统责任的原貌建立结构，到OOD时再根据具体的实现条件做必要的调整。

可以从两个思路来发现多继承的结构。一是看特殊类是不是被包含于两个(或以上)一般类的交集；二是看一个特殊类是否同时需要两个(或以上)一般类的属性与服务。两种思路出发的角度不同，结果却是一致的。图5-7是一个多继承结构的例子。

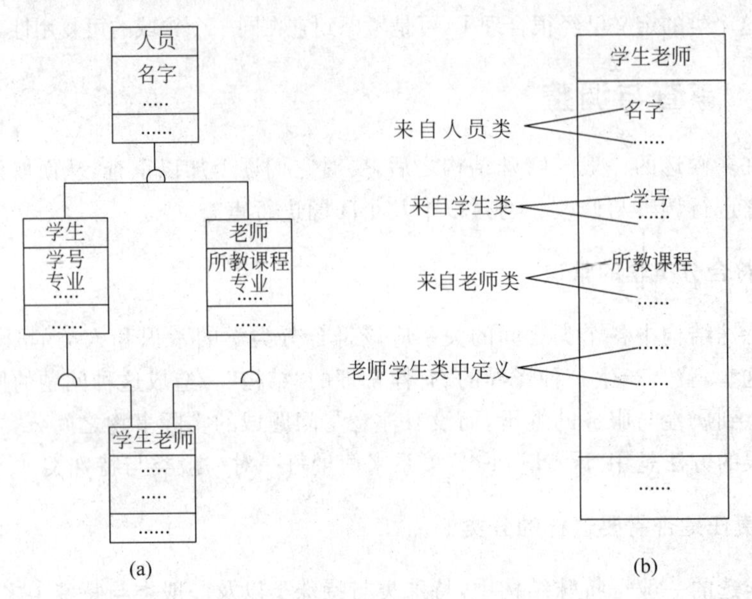

图5-7 多继承

在这个例子中，“学生老师”类同时继承了“学生”和“老师”两个类的属性与服务。它实际拥有的属性和服务如图5-7(a)所示；通过两个直接的一般类从更上层的一般类“人员”继承的姓名等属性，应该只有一份，不应该出现两次；从“学生”类和“老师”类继承的属性，各自占有一部分空间，互不重叠；其余是在本类定义的特殊属性。服务的继承情况与此类似。

注意：“学生老师”类从“学生”类和“老师”类都继承了一个名为“专业”的属性，但二者有不同的含义。

“学生老师”的对象类中，从“老师”类继承的是该生作为一名老师在工作中从事的专业，从“学生”类继承的“专业”则是该生作为一名学生攻读学位的专业。在这种情况下，就会出现命名冲突的现象，这将使系统无所适从。

分析员最好能在OOA阶段避免命名冲突问题，解决的办法是：从多继承的特殊类开始，向上检查它的每一条继承路径，不同继承路径上的属性与服务的命名不要重复，如有重复则加以修改。

例如，把图5-7(a)中的“学生”类和“老师”类的“专业”属性分别改为“攻读专业”和“从事专业”。

有时，还需要在一般—特殊结构中表达对象的多态性。这里多态性是指在一般—特殊结构的各个类中名字相同的属性及服务具有不同的语义。例如，一般类“多边形”定义的“边数”“边长”“顶点数据”属性和“绘图”服务，将被它的两个特殊类继承。但希望有如下的多态性。

(1)“多边形”类。

边数：指出该多边形的边数。

边长：指出该图形 4 个边的长度。

顶点数据：由每个顶点的坐标构成的数组。

绘图：用直线连接每两个相邻的顶点。

(2)“正方形”类。

边数：取消该属性。

边长：指出该正方形边的长度。

顶点数据：由每个顶点的坐标构成的数组。

绘图：用直线连接每两个相邻的顶点。

(3)“长方形”类。

边数：取消该属性。

边长：指出长方形的长和宽。

顶点数据：由每个顶点的坐标构成的数组。

绘图：用直线连接每两个相邻的顶点。

这样的多态性应该在 OOA 模型中表示出来，并在详细说明中分别给出不同的定义，以便为多态性的实现提供依据。首先，在特殊类中把语义与一般类不同或者拒绝继承的属性和服务重新写出来。如果是语义不同，则在属性名或服务名之前加“*”符号；如果是拒绝继承，则在它前边加“×”符号；其他与一般类的原样继承相同。符合上述例子要求的多态性表达如图 5-8 所示。

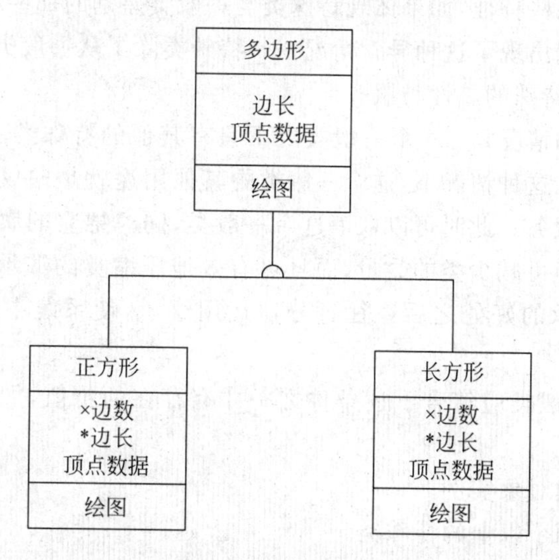

图 5-8 多态性表达

如果在特殊类中出现了与一般类中名字相同的属性或服务，而又未做任何多态性标记，这将被认为是一个错误。模型一致性检查应能发现这种错误，此时分析员应该检查自己的本意到底是什么。如果是忘记了加“*”和“×”符号，就加上；如果是照一般类的原样继承，则在特殊类中去掉它，如果是两个不相干的属性或服务，只是名字重复了，则为其中一个更换名字。

最后，提醒初学 OO 方法的读者注意以下两个容易混淆的概念。

(1) 重命名(Rename)和重载(Overload)是两个不同的概念。重载是实现多态性的方法之一，它修改继承来的属性或服务的内容而不更改其名字。重命名是解决多继承带来的命名冲突问题的方法之一，它更改属性或服务的名字而不修改其内容。

(2) 多继承(Multiple Inheritance)和多态性(Polymorphism)也是截然不同的两个概念，它们之间没有任何必然的联系。

5.2.6 一般—特殊结构的简化

一般—特殊结构把问题域中具有一般—特殊关系的事物组织在一起，在一般类中集中地定义对象的共同特征，通过继承简化特殊类的定义。然而，如果不加节制地建立一般—特殊结构，也会带来一些不利的影响，表现为两种现象：一是建立过深的继承层次，增加了系统的理解难度和处理开销；二是从一般类划分出太多的特殊类，使系统中类的设置太多，增加了系统的复杂性。所以对一般—特殊结构的运用要适度。重点检查以下几种情况。

一种情况是某些特殊类之间的差别可以由一般类的某个属性值来体现，而且除此之外没有更多的不同。例如，在某一系统中需要区别人员的性别和国籍，但是这些人员对象除了性别和国籍不同之外在其他方面都没有什么不同。此时，如果按分类学的知识建立一个一般—特殊结构，系统中就要增设大量的特殊类，这没有太大必要。简化的办法是取消这些特殊类。

第二种可以简化的情况是：特殊类没有自己的特殊的属性与服务。但是在一个软件系统中，每个类都是对现实事物的一种抽象描述。

抽象意味着忽略某些特征，如果体现特殊类与一般类差别的那些特征都被忽略了，系统中的一般—特殊结构就出现了这种异常情况——特殊类除了从一般类继承下来的属性与服务之外，自己没有任何特殊的属性与服务。

第三种可以简化的情况是：一个一般类之下只有其他的特殊类，并且这个一般类没有可创建的对象实例。在这种情况下，这个一般类的其他用途就是向仅有的一个特殊类提供一些被继承的属性与服务。此时可以取消这个一般类，同时把它的属性与服务放到特殊类中。这种简化策略不但可减少类的数量，而且可有效地压缩类的继承层次。有些经验不足的开发者在认识到继承的好处之后往往过分地运用继承，使系统中的类形成很深的继承层次。

通常，系统中的一般类应符合下述条件之一才有存在的价值，如果不符合下述任何条件，则应考虑简化。

(1) 需要用它创建对象实例。

(2) 它有两个或两个以上的特殊类。

(3) 它的存在有助于软件复用。

5.2.7 调整对象层和特征层

定义一般—特殊结构的活动将使分析员对系统中的对象类及其特征有更深入的认识。在很多情况下，随着结构的建立需要对类图的对象层和特征层做某些修改，包括增加、删除、合并或分开某些类，以及对某些属性与服务增、删或把它们移入其他类。对此，分析员应随时返回到对象层和特征层，做出必要的修改。为了用一般—特殊结构连接符连接结构中的每个类，并达到整齐且美观的效果，对类的位置也要做必要的调整。在OOA工具的支持下，上述修改与调整都是很容易的。

5.3 实例连接

本节讨论对象之间的另一种关系——实例连接。首先介绍实例连接的基本概念、用途及表示法，然后讨论几种复杂的情况。

5.3.1 简单的实例连接

实例连接又称为链，它表达了对象之间的静态关系。静态联系是指最终可通过对象属性来表示的一个对象对另一个对象的依赖关系。这种关系在现实中是大量存在的，并与系统责任有关。如果这些关系是系统责任要求表达的，或者为实现系统责任目标提供了某些必要的信息，则 OOA 应该把它们表示出来，即在以上每两类对象之间建立实例连接。

实例连接是对象实例之间的一种二元关系，在实现之后的关系中它将落实到每一对具有这种关系的对象实例之间，但是在 OOA 中没有必要做如此具体的表示，只需在具有这种实例连接关系的对象类之间统一地给出这种关系的定义。

1. 表示法

本节中将讨论实例连接中的一种最简单的情况，即两类对象之间不带属性的实例连接，其表示法如图 5-9(a)所示：在具有实例连接关系的类之间画一条连接线把它们连接起来；连接线的旁边给出表明其意义的连接名；在连接线的两端用数字标明其多重性。图 5-9(b)概括了因两端的多重性不同而形成的三种情况：一对一的连接，一对多的连接和多对多的连接。实例连接线每一端所标的数可以是一个固定的数、一个不定的数、一对固定的或不固定的数，线的一端所标的数表明本端的一个对象将和另一端几个对象建立连接，即它是本端对另一端的要求。

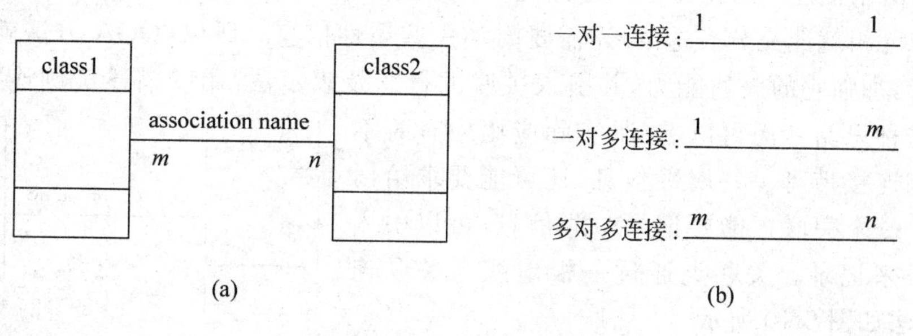

图 5-9　对象之间实例连接

2. 实现方式

分析员在工程实践中应该独立于具体的实现条件去建立 OOA 模型，但也应该适当地了解这种方法提供的 OOA 概念可以用什么技术来实现。这种知识背景将有助于分析员更恰当地运用各种 OOA 概念。

实例连接一般可用对象指针来实现。即在被连接的两个类中选择其中一个,在它的对象中设立一个指针类型的属性,用于指向另一个类中与它有连接关系的对象实例。这种属性一般只要在一个类的对象中设立就够了。若连接的某一端标注的多重性是固定的,且数量较少,则在这一端的对象中设立指针对实现较为有利。

3. 实例连接与整体—部分结构的异同

实例连接与整体—部分结构有某些相似之处,又有一些差别。在概念上,它们都是对象实例间的一种静态关系,并且都是通过对象的属性来体现的。但它们的差别是,实例连接中的对象之间没有这种语义,即分不出谁是整体、谁是部分;整体—部分结构中的对象在实现世界中含有明显的"has-a"语义。在实现上,实例连接绝不能用紧密的整体—部分结构所用的嵌套对象来实现,但它和松散的整体—部分结构实现方法是有一定相似之处的。

5.3.2 复杂的实例连接及其表示

对象之间的静态联系不能那么简单。在某些情况下,仅指出两类对象的实例之间有或者没有某种联系是不够的,应用系统可能要求给出更多的信息。例如,在要求指出某个教师为某个学生指导毕业论文的同时,还要求给出论文题目、答辩时间、成绩等信息。又如,在要求指出两个城市之间有无航线的同时,对于有航线的情况要求表明航线距离和每周班次。对于这样的系统要求,OOA 有两种解决问题的方法:一种方法是采用复杂的实例连接(或链)的概念,扩充实例连接的表达能力,使它可以带有属性,甚至可带有操作(服务);另一种方法是采用较纯的、形式单一的 OO 概念,用普通的对象来描述这种复杂性。以下分别讨论这两种方法并做出本书的选择。

1. 采用复杂的实例连接概念

参照 OMT 的概念与表示法,可以允许实例连接带有一组属性,这些属性通过一个关联(Association)来描述。这种方法的思路是,对象之间的关系,有时并不是通过一个由对象实例构成的二元组就能充分表达的,还需要附加一些属性信息。所以,OOA 方法就扩充实例连接的概念,加强它的表达能力,并引入关联的概念及表示法,用以描述实例连接的属性。进一步按这种思路考虑可以看到,实际应用中有时不仅要求实例连接带有一些属性信息,还可能要求给出一些操作。一个关联可能要记录一些信息,可以引入一个关联类来记录。关联类通过一根虚线与关联连接,其表示法如图 5-10 所示。

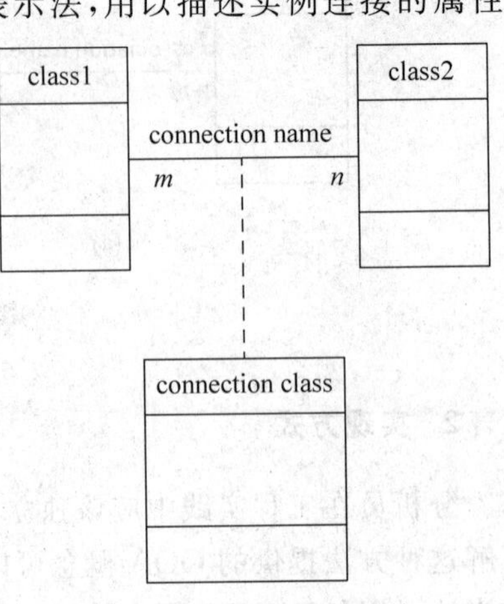

图 5-10 复杂的实例连接

图 5-10 中的关联,既含有属性,又含有操作,和普通的对象类构成颇为接近,所以在 OMT 中把它作为一种对象类来看待,称为"作为类的关系",并把实例连接看作它的对象实例。

对于只带有属性,而不带操作的实例连接可供考虑的实现方式有以下几种。

(1) 在实例连接一端的对象中设立一组属性,其中一个属性是指向实例连接另一端对象的指针；其余的属性是在关联中列出的连接属性。这种方法的问题是：连接属性在建模时放置在关联符号中，而实现中被搬到连接一端的类中，使模型与程序不能很好地对应。此外，对于多对多的实例连接，容易造成空间浪费。

(2) 根据关联定义一个结构数据类型，其中两个域变量是分别指向两端对象的指针，其余域变量是连接属性。用这个数据类型定义的结构变量作为一个具体的实例连接。这种方法可解决多对多的连接问题，但关联所对应的是一种非OO的成分。

(3) 根据关联定义一个结构数据类型，其中一个域变量是指向一端对象的指针，其余域变量是连接属性。用这个数据类型定义是另一端对象的一个表示连接的属性，于是，该属性中就包括一个对象指针和所有的连接属性。这种实现方法在一定程度上改善了程序与模型的对应。但多对多的连接问题仍未解决，而且关联所对应的也是一种非OO的成分。

(4) 把关联用一个类来实现，用这个类的对象代表两端对象之间一个具体的实例连接。它的属性包括所有的连接属性和指向两端对象的指针。这种方法使程序具有更强的OO风格，也解决了多对多的连接问题。

对于既带有属性，又带有操作的实例连接，由于它带有操作，所以最合理的实现方式就是用一个类来实现一个关联，用这个类的对象代表两端对象之间的一个具体的实例连接。它的属性与服务分别是实例连接要求描述的属性与操作，并可在属性部分安排指向两端对象的指针。

无论是仅带有属性的实例连接，还是既带有属性又带有服务的实例连接，在编程时用一个类来实现它时，模型中两个类之间复杂的实例连接关系在程序中变为以一个中间类为过渡的简单的而又规则的关系，它在语法上就和程序中其他的没有什么区别，完全被作为一个普普通通的类来处理。可见，解决这一问题不需要增添新的概念或者把原有的概念复杂化；可以运用原有的面向对象概念，以纯OO的风格来实现这种连接。相形之下，OOA模型中的这种表示却与纯OO的风格有相当的差距。尽管可以把关联称作一个类，但它与普通的类有许多不同：它只能依附于其他类之间的实例连接而存在，并且难以用一种整齐划一的方式表示它与外部的关系。

2. 用对象表示实例连接的复杂性

若两类对象之间的联系带有某些复杂的信息，这说明它们之间存在着某种事物(可能是抽象事物)。这种方法所依据的原理是，对象不仅可用于表示有形的事物也可用于表示无形的事物。当两类对象之间的实例连接比较复杂时(带有一些属性或操作)，说明在它们之间存在某种尚未用对象加以描述的事物。按前面的方法，把它的描述信息附加到实例连接之后表示出来就造成了实例连接的复杂性。而当更充分地运用对象的观点，用对象来表示这种事物之后，所有的复杂信息都被包含在这种新增的对象之内，所有实例连接就变得简单了。原先一个复杂的实例连接变为两端的对象与新增的对象之间的简单实例连接；原先的两类对象之间的直接联系变为通过新增的对象的间接联系。

这种方法使OOA模型中的每个对象类在形式上都是一致的。类之间所有的实例连接形式也都是一致的，并且是简单的。这种方法也很好地解决了实现多对多实例连接的困难：由于新增的对象类可以根据两端对象类的要求创建数量足够的对象实例，所以从它引出的实例连接线的多重性总是“1”。因此，即使一个多对多的实例连接不带有属性和操作，也可以用这种增加中间对象的方法来化解它的多重性。另外，对象类以及它们的对外关系都不需要做任何特殊处理。这使得 OOA 模型具有一种更规范的 OO 风格，并且向后续阶段的开发人员提供了更确定的语义信息。

前面给出的方法也有它的可取之处，它比较符合人们考虑问题由浅入深的思维过程。分析员首先考虑到类图中两个对象类之间存在某种联系，于是画出它们之间的连接线；进而看到，这种连接带有一些属性和操作，于是在连接线之上增加一个关联符号来描述这些属性与操作。这种思维过程是比较自然的。把它作为 OOA 过程的一种中间表示方法，利用它引导分析员认识和表示连接的属性与操作，但最终把它转化为纯 OO 的表示形式，如图 5-11 所示。

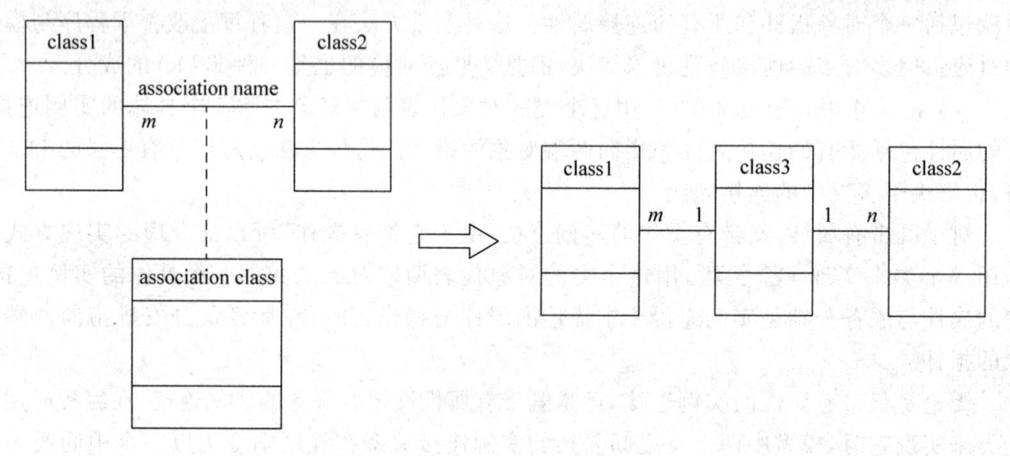

图 5-11　关系转换

5.3.3　三元关联问题

J. Rumbaugh 等在 OMT 中注意到三类对象之间的联系问题，并称之为三元关联（Ternary Association）。例如，在“人员”“项目”和“语言”三类对象之间可能需要表达这样的关系：“某人员使用某种语言从事某个项目”。于是他们使用了一种三元关系的表示符号，如图 5-12 所示。

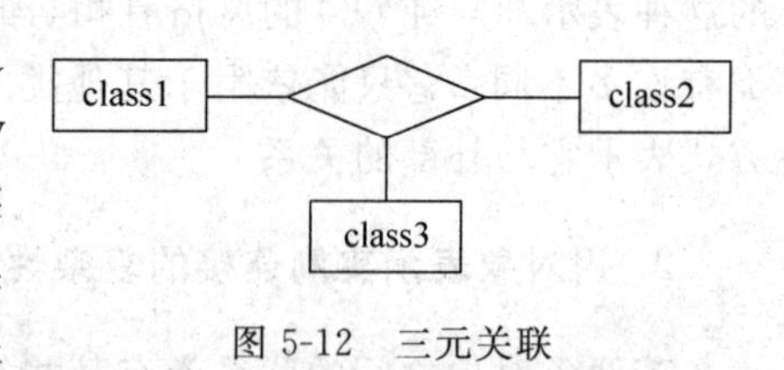

图 5-12　三元关联

其实，事物之间的关系三元也不是最多的，还可以举出四元、五元甚至更多元关联的例子，如果 OOA 方法要创造这么多表示符号来表示这些关系，就显得太杂乱了。最好的办法还是通过充分运用对象的概念来解决多元关联的表示问题。这样的表示法也解决关联带有属性或操作的问题，并同时化解了多对多的连接。

5.3.4　如何建立实例连接

在 OOA 模型中建立实例连接包括下述分析活动。

1. 认识对象之间的静态联系

首先从问题域和系统责任考虑，各类对象之间是否存在着某种静态联系。然后，重点从系统责任考虑，这种联系是否需要在系统中加以表示，即这种联系是否提供了某些与系统责任有关的信息。有时虽然从问题域的现实情况来看，对象之间也发生联系，但若系统责任不要求表示这些信息，则不必建立其实例连接。

2. 认识实例连接的属性与操作

对于考虑中的每一种实例连接，进一步分析它是否应该带有某些属性和操作。就是说，是否含有一些仅凭一个简单的实例连接不能充分表达的信息。例如，在用户工作站的例子中，是否需要给出优先级、使用权限等属性信息和开始对话的操作？如果需要，则可以先在实例连接线上附加一个关联符号来表示这些属性与操作，然后把它们转换为纯OO的表示，方法是：分析这些属性与操作可以用一种什么对象来表示，增设这个对象类，并分别建立它与原有的两个类之间的简单实例连接。

3. 分析实例连接的多重性

对于每个实例连接，从连接线的每一端看本端的一个对象可能与另一端的几个对象发生连接，把结果标注到连接线的本端。

4. 异常情况处理

1）多对多实例连接的处理

用增加对象类的办法解决带有属性或操作的实例连接问题或解决多元关联问题时，其中多对多的实例连接问题也同时得到了解决。现在剩下的问题是，一些二元的、不带属性与操作的实例连接是多对多的。多对多的实例连接对实现所带来的麻烦是，无论在连接线哪一端的对象设立指向另一端对象的指针，数量都是不固定的，对此，实现时只有两种选择，一是采用较复杂的数据结构（例如把对象指针组织成链表），二是预留充分多的空间。虽然不带属性的实例连接在对象属性中只占若干指针的位置，空间浪费问题不太严重，但若OOA模型能够避免这种情况，无疑将为实现带来很大的方便。解决此问题的方法是，在多对多实例连接两端的对象类之间，插进一个对象类，并在它和两端的对象类之间分别建立一对多的实例连接。

2）多元关联的处理

如果系统中存在着多元关联，可在多元关联的汇集点增设一个对象类，使之转化为二元的实例连接。策略是反复地陈述这种多元关系，分析这种陈述是在描述一种什么事物。通过这样的处理，可把多元关联用简单的二元实例连接清晰地表示出来。

5. 命名与定位

经过以上的处理，使OOA模型中最终使用的表示符号只是简单的实例连接符号，没有关联联系和多元连接符号。这样的实例连接语义大部分是能一目了然的。当一条实例连接线的语义不那么清楚时，可以给它取一个。命名一般可用动词和动宾结构。这样的命名暗示实例连接实际上是有向的，但是为了表示法的简单和处理的灵活性，没有采用有向的连接线作为表示符号，也不强调命名暗示了什么方向。

实例连接的定位问题是指：当连接线的某一端是一个一般—特殊结构时，要考虑连接线画到结构中的哪个类符号上。原则是，如果这个实例连接适应结构中的每一个类的对象，则画到一般类上,如果只适应其中某些特殊类,则画到相应的特殊类上。

5.3.5 对象层、特征层的增补及实例连接说明

在建立实例连接的过程中可能增加一些新的对象类。特别是在分析复杂的实例连接、多元关联及解决多对多的问题时,都要求增加一些新的类,要把这些新增的类补充到类图的对象层中,并建立它们的类描述模板。

对于每一个实例连接,应该在它某一端所连接的对象类中增加相应的属性,它的类型应该被说明为指向另一端对象的指针。在这个类的描述模板中,要给出这个属性的详细说明,特别是要说明它所代表的实例连接有什么实际意义,把 OOA 模型中仅靠一条连接线和实例连接命名不能详尽表达的内容都确切地表达出来,但详细说明要求准确无误地加以说明。

5.4 消息连接

本节介绍如何分析和认识对象之间在行为上的依赖关系,并通过消息连接来表示这种关系,从而使 OOA 模型最终成为一个有机的整体。

5.4.1 消息的定义

在现实生活中,消息(Message)这个词指的是人或其他事物之间传递的一种信息,在一般的软件系统中,消息这个术语较多地应用于进程之间的通信。广义地理解,一个软件成分向其他软件成分发出的控制信息或数据信息,都可称为消息。一个消息应具有发送者和接收者共同约定的语法和语义,接收者在收到消息之后,将按照其要求做出某种反应。

在 OO 方法中,按封装的要求消息是对象之间在行为上的其他联系方式,即:对象以外的成分不能直接地存取该对象的属性,只能向这个对象发送消息,由该对象的一个服务对收到的消息做出响应,完成发送者要求做的事。消息的定义是:消息是面向对象发出的服务请求。消息连接描述对象之间的动态联系,即:若一个对象在执行自己的服务时,需要请求另一个对象为它完成某个服务。消息连接是有向的,从消息发送者指向消息接收者。

在这里,对顺序系统(没有并发执行的多个任务)和并发系统要分开进行讨论,以下对这两种情况分别加以讨论。

5.4.2 顺序系统中的消息

顺序系统中的一切操作都是顺序执行的。它的 OOA 模型只有一个主动对象(并且这个主动对象中只有一个主动服务),其余的对象都是被动对象。实现之后的系统在运行时,将只对应一个处理机调度单位(进程或线程)。如图 5-13 所示,系统从其他的主动对象 A 的主动服务 a 开始运行,当它需要其他对象(被动对象)的某个服务为它完成某项工作时,就向

它发一个消息，控制点转移到接收消息的对象服务，使这个服务开始执行。接收消息的服务根据消息所表达的要求完成相应的工作后，控制点返回到发送消息的对象服务，并（在必要时）带回消息的处理结果。图5-13中向被动对象B发消息，使B的服务b执行；b在执行时先后向C、D两个被动对象发消息，其中D的服务d1，在执行时又向D的另一个服务d2发消息。

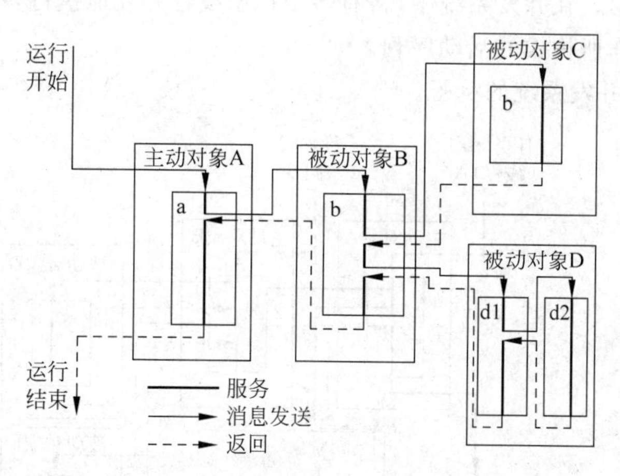

图5-13　顺序系统中的消息

每个接收消息的服务执行完之后都返回到发送点，最后返回到a，当a执行完时系统运行结束。此时，发送者将继续执行在这个消息之后的其他操作。所以被动对象的服务都是在消息的驱动下才能执行的。当它们执行时如果需要其他的对象服务为它们完成某项工作，也同样向它们发出消息，一切过程都和以上的叙述相同。

在顺序系统中，对象之间的消息具有下述特点。

（1）每个消息都是向对象发出的一个服务请求，它必定引起接收者一个服务的执行。

（2）每个消息的发送与接收都是同时进行的，即消息都是同步的。

（3）除了主动对象其他的主动服务之外，其他对象服务只有在接收到消息时才开始执行。

（4）消息是从正在执行的服务中发出的。消息发出之后，发送者暂停执行位于消息发送点之后的其他操作，将控制点转移到接收者，直到接收者执行完相应的服务之后才返回到发送消息的服务，继续执行这个消息之后的其他操作。也就是说，所有的操作都是串行的。

因此，在顺序系统中，消息是面向对象发出的服务请求是合适的。在语法上，一个消息的描述应包括以下内容。

（1）消息名，即接收消息的服务名。

（2）接收消息的服务要求的输入参数，即入口参数。

（3）接收消息的服务提供的输出参数，即返回参数。

在语义上，一个消息应包括下述信息。

（1）发送者，这是通过消息发送点的位置隐含表明的。

（2）接收者，是由消息名表达的。

（3）其他需传送的信息，通过入口参数和返回参数表示。

5.4.3 并发系统中的消息

并发系统是有多个任务并发执行的系统。它的OOA模型含有多个主动对象和若干被动对象。系统实现之后,这些主动服务将对应一些并发执行的处理机高度单位,这里采用“控制线程”这个术语。在并发系统中,将有多个控制线程并发地执行,每个控制线程是由一系列顺序执行的操作所构成的活动序列。

图 5-14 是一个并发系统的例子。

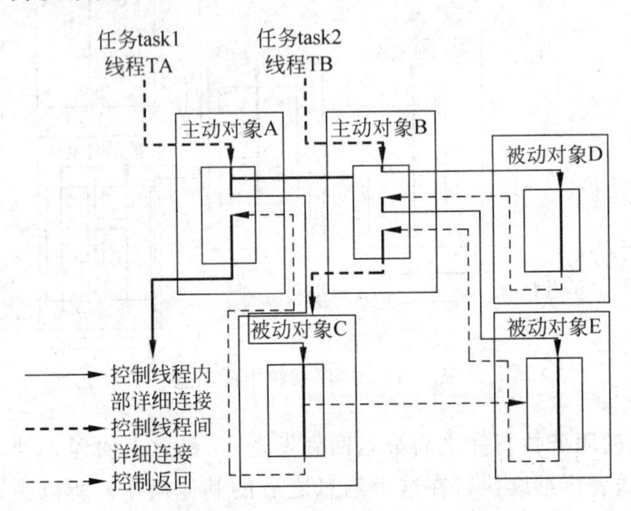

图 5-14 并发系统中的消息

假设系统中有两个需要并发执行的任务 Task1 和 Task2,分别用主动对象 A 和 B 描述这两个任务。其中,A 在执行时将顺序地使用被动对象 C 提供的服务;B 在执行时顺序地使用被动对象 D 和 E 提供的服务。系统运行时,将有两个控制线程 Ta 和 Tb 并发地执行。但在 Ta 中,对象 A 和 C 的服务是顺序执行的,在 Tb 中对象 B、D 和 E 的服务也是顺序执行的。可以看出,并发系统中的消息分为两种情况:一种是发生在一个控制线程内部的消息,这种消息和顺序系统中的消息是完全相同的;另一种情况是两个或多个控制线程之间的消息,例如,在控制线程 Ta 执行到主动对象 A 的服务时,向执行控制线程 Tb 的主动对象 B 发出的消息,或者 Ta 执行到被动对象 C 的服务时向 Tb 中的被动对象 E 发出的消息。

两个或多个控制线程之间的消息与顺序系统中的消息有许多不同,具体表现在以下几个方面。

1. 消息的多种用途

在并发执行的控制线程之间传送的消息,有以下几种不同的用途。

(1) 向接收者发出一个服务请求。

(2) 向接收者提交一些数据。

(3) 向接收者发布一个通知或事件信息。

(4) 向接收者传递一个同步控制信号。

从以上的各种用途来看，考虑到并发系统中的情况，消息在完全用对象表示的系统中可定义为：消息是对象之间在一次交互中所传送的通信信息。

这些信息可能是一些提交给接收者阅读和理解的数据信息，例如向接收者提交一些数据或者向接收者发布一个通知或事件信息；也可能是某种直接起到控制作用的控制信息，例如向接收者传递一个同步控制信号；或者两者兼而有之，比如说向接收者发出一个服务请求。这里强调"一次交互"，是为了表明消息是一个原子的信息通信单位。在多次交互中传送的一批信息，不能看作一条消息，而应看作多条消息。构成通信信息的一个元素也不能称为一条消息，因为它不能形成完整的语义。

2. 消息的同步与异步

不同控制线程之间的消息可分为同步(Synchronous)消息和异步(Asynchronous)消息，二者的区别在于发送消息与接收消息的动作是否同时发生。

同步消息的定义是：仅当发送者要发送一个消息而且接收者已做好接收这个消息的准备时才能传送的消息称为同步消息。无论发送者还是接收者，如发现对方未做好准备都必须等待。

异步消息的定义是：发送者不管接收者是否做好接收准备都可以发送的消息称为异步消息。

还有人提出了另外两种消息：一种是阻断(Balking)消息，另一种是限时(Timeout)消息。

阻断消息的定义是：与同步消息相同，只是当接收者未做好接收准备时发送者放弃发送消息的操作。

限时消息的定义是：与同步消息相同，只是当接收者未做好接收准备时发送者将只等待一个限定的时间。

阻断消息和限时消息都属于同步消息，它们都必须在接收者做好接收准备时才能发送。如果接收者未做好接收准备，无论是立即放弃本次发送操作还是等待一定的时间再放弃，都意味着发送者将恢复执行发送点之后的操作。如果它一定要把这个消息发出去，则在设计策略上可反复地做发送尝试，直到接收者能够接收时才真正发送，所以说它们都属于同步消息。

3. 发送者对消息处理结果的不同期待方式

(1) 发送者在发出消息之后等待，直到得到处理结果才继续原先的工作。

(2) 发送者不等待处理结果，发出消息之后立刻继续执行，只是在以后的某个执行点或某种时机查看消息的处理结果。

(3) 发送消息后，发送者既不等待，也不再关心其处理结果。

4. 接收者对消息的不同响应方式

(1) 在消息产生之前，处理这个消息的进程或线程并不存在；仅当发送者发这个消息时才立刻创建一个进程或线程来响应这个消息，完成它所要求的服务。

(2) 处理消息的进程或线程已经存在，并且与发送者同步地接收消息。接到消息时立即处理。

(3) 某些消息所指出的接收者可能并不关心这种消息,它可能不做任何响应。

(4) 接收者异地接收和处理消息,即在消息发出之后的某个时刻才接收和处理该消息。

5. 消息的接收者是否其他

根据消息的接收者是否其他,可以区分为两种情况：一种情况是消息定向地发送给其他的接收者,称作定向消息；另一种情况是把消息发送给某个范围内所有可能的接收者,称作广播消息。

并发系统中消息的多样性一方面起因于需求的多样性,另一方面起因于丰富多彩的设计技巧和日益增多的实现支持技术。OOA 应该只注重于考虑需求问题,而不必过多地关心设计与实现细节。所以,并发系统中的消息尽管有这么多情况,但并不是所有的细节差异都需要在 OOA 中认识和表达,OOA 应该认识和表达有关消息的那些问题,以及辨别那些不同情况。

5.4.4 消息对 OOA 的意义

在用面向对象方法构造的系统中,消息体现了对象行为之间的依赖关系。它是实现对象之间的动态联系,使系统成为一个能活动的整体,并使各个部分能够协调工作的关键因素。如同人体的神经,有了它,整个机体才能活动。

对顺序系统而言,OOA 通过对消息的分析而建立对象之间的动态联系。消息体现了过程抽象的原则：在一个对象的服务中通过消息而引用其他对象的服务。OOA 通过定义消息而把所有的对象服务贯穿在一起,在系统实现之后,它们将在一个控制线程中顺序地执行。

在并发系统中有多个任务并发地执行。开发这种系统的难点在于：这些任务所包含的操作在执行时没有固定的时序关系,容易发生与时间有关的错误,而且这些错误在调试时往往是难以再现的。因此,OOA 对并发系统的行为分析中最关键的问题是把所有的对象服务组织到一些彼此并发执行,但内部不再存在并发问题的控制线程中。在每个控制线程内部,按与顺序系统相同的方式定义对象之间的消息,同时把解决并发问题的注意力集中于分析各个控制线程之间的消息通信。

5.4.5 OOA 对消息的表示——消息连接

通过前面的讨论可以看到,顺序系统中的消息是比较简单的,并发系统中的消息则有许多不同的情况。OOA 对消息的考虑,重点是系统责任对消息的不同要求。作为一种既适应顺序系统,又适应并发系统的 OOA 方法,应该识别和表示的主要问题如下。

(1) 对象之间是否存在某种消息。

(2) 这种消息是同一个控制线程内部的还是不同控制线程之间的。

(3) 每一种消息的发出者和接收者。

(4) 消息是同步的还是异步的。

(5) 发送者是否等待消息的处理结果。

这些问题是按其重要性排列的。尽管已经忽略了消息的许多细节,但要把它们都在

OOA 模型中表示出来仍然太烦琐。因为这需要引进许多不同的消息表示符号,并在类图上对存在多种消息的类符号之间画多连接线或者附带多种标记。这将增加模型的复杂性,并影响其清晰度。

增强 OOA 模型的表达能力和保持模型的简明性是矛盾的两个方面,并不是使用的表示符号越多,对问题辨别得越细微,方法就越好。必须承认以下两个事实:第一,分析只是软件工程中的一个环节,分析员只能认识和描述系统开发过程中的一部分问题,其余问题还将由设计人员和编程人员继续进行认识和描述;第二,分析文档中的图形化表示,只是对分析员所得到的认识给出一种简明、直观的表示。因此,讨论一种方法的表达能力,以及它的语义确定性等问题,只能着眼于分析员应该认识而且能够认识的问题范围,不能期望它对系统开发中的一切问题都能进行详细的、确切的表示。它的作用是让模型的阅读者能快速地捕捉系统构造中的主要问题,引导和帮助人们的形象思维,而不是把分析员所能认识的问题毫无遗漏地都在模型图中表示出来。

目前,国际上几种影响较大的 OOA 方法,大部分只是在模型中用一条带箭头的线表示两类对象之间有消息传送,没有更详细地表示是否有多种消息,每一种消息由哪个服务发出,哪个服务接收,以及消息的同步与异步等问题。这些问题都只在详细说明中表明。只有 G. Booch 方法在模型图中采用了较详细的表示法:标明每种消息将由接收者的哪个服务来处理,并引入了 5 种表示符号以区别消息是简单的、同步的、阻断的、限时的还是异步的。

在本节开头列出的 5 个问题中前两个问题是最需要在模型中表达的。其中,确定对象之间是否存在某种消息是最重要的,因为模型应该表示出哪些类的对象之间存在行为上的依赖关系。确定该消息是同一个控制线程内部的还是不同控制线程之间的也很重要,因为把同一个控制线程内部的消息和不同控制线程之间的消息用不同的连接线加以区别,可以使源于不同主动对象的每一条执行路线都能清晰地呈现给阅读者,避免互相交叉和混淆。区别这一点实际上比区别消息的同步与异步问题更为重要。后面三个问题也是 OOA 应该认识和表示的。其中,说明消息由发送者的哪个服务发出以及由接收者的哪个服务处理,对于设计、实现和测试都是有用的信息;消息的同步与异步,以及发送者是否等待处理结果对设计和编程也很有用。但这三个问题对于从总体上理解系统的行为依赖关系不像前两点那么重要,所以不需要在 OOA 模型中表示,只需要在详细说明中给出确切的说明。

所以,这里使用了两种消息连接符号来表示对象之间的消息传送关系,如图 5-15 所示。其中,图 5-15(a)表示同一个控制线程内部的消息连接;图 5-15(b)表示不同控制线程之间的消息连接。

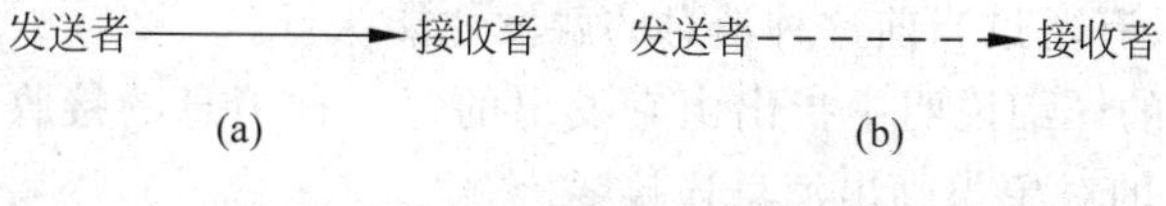

发送者————▶接收者　　发送者- - - - - -▶接收者

(a)　　(b)

图 5-15　控制线程内部的消息连接

消息连接的定义是:消息连接是 OOA 模型中对对象之间行为依赖关系的表示,即若类 A 的对象在它的服务执行时需要向类 B 的对象发送消息,则称存在着从 A 到 B 的消息连接。

"消息连接"在概念上和"消息"有所不同。一个类的对象可能向另一个类的对象发送多种消息,但在 OOA/OOD 模型中至多使用两条消息连接线(带箭头的实线或虚线),它们表示了从第一个类向第二个类发送的全部消息。

两个类的对象之间可能互相发消息,例如在类 A 和类 B 之间,既有从 A 发送给 B 的消息,也有从 B 发送给 A 的消息。此时,可以使用两个方向相反的消息连接符号,但是更简单的方法是使用一个双向的消息连接符号,如图 5-16 所示。

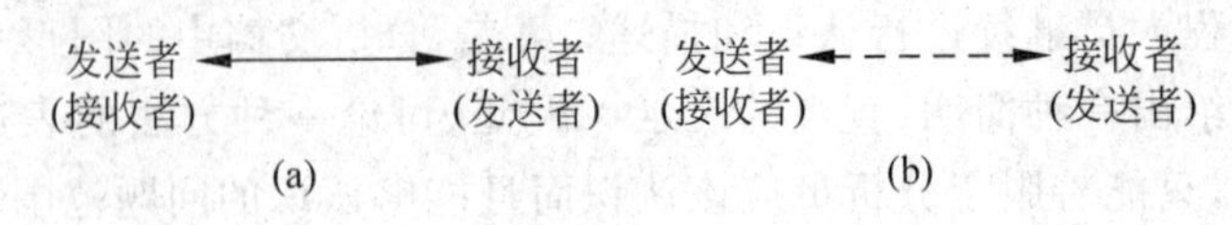

图 5-16 两个方向相反的消息连接

在同个对象内部的不同服务之间也可能需要传送消息。这种情况是很常见的,如果在每个存在这种情况的类符号上都画一条从它发出又指向它自己的连接线,就显得太杂乱。OOA 模型的主要作用是表示不同类之间的关系,内部的消息连接关系一般不需要在模型图上表示。不过,如果这种消息是发生在不同控制线程之间的,则在模型图中显式地表示出来是有好处的。

5.5 如何建立消息连接

本节介绍如何在 OOA 模型中建立消息连接,首先讨论如何建立每个控制线程内部的消息连接;其次介绍如何建立各个控制线程之间的消息连接;最后讨论对象分布对消息的影响。

5.5.1 建立控制线程内部的消息连接

此活动的基本策略是"服务模拟"和"执行路线追踪",其具体做法是从类图中每个主动对象的主动服务开始,做下述工作。

(1) 模拟当前对象的执行,考虑:为了完成当前的工作,需要请求其他对象提供什么服务。每当发现了一种新的请求,就是发现了一种新的消息。

(2) 分析该消息的发送者与接收者在执行时是否属于同一个控制线程。可从以下几个不同的角度去判断。

① 按问题域的情况和系统责任的要求应该顺序地执行还是并发地执行。

② 从发送者的执行到接收者的执行是否引起了控制线程的切换。

③ 接收者是否只有通过当前这种消息的触发才能执行。

(3) 在当前服务的详细说明中指出由它发出的每一种消息的接收者,从当前服务所在的类向所有接收消息的对象类画出消息连接线。

(4) 沿着控制线程内部的每一条消息追踪到接收该消息的对象服务,重复进行以上的工作。

当从每个主动对象服务开始的这种服务模拟和执行路线追踪都进行完毕时,对全系统中的对象类做一次检查,看是不是每个类的每个服务都曾经到达并模拟执行过。如果某个服务从未到达，则有两种可能：一种可能是遗漏了向这个服务发出的消息，另一种可能是这个服务是多余的。找出在何处发生了遗漏，加以补充；确实无用的服务应该删除。

5.5.2　建立控制线程之间的消息连接

此项工作仅仅在并发系统的分析中需要。5.5.1 节介绍的策略在找出各个控制线程内部消息的同时，可能也发出了一些控制线程之间的消息，但可能很不完全。所以，需要进行更全面的分析。

由于已经找出了各个控制线程内部的消息，因而可使分析员以这些源于主动对象的控制线程作为并发执行单位，对整个系统的动态执行情况进行全局的观察，从而发现这些控制线程之间需要哪些消息。

对每个控制线程主要考虑以下几个问题。

(1) 该控制线程在执行时，是否需要请求其他控制线程中的对象为它提供某种服务？这种请求由哪个对象发出？由哪个对象中的服务进行处理？

(2) 该控制线程在执行时，是否要向其他控制线程中的对象提供或索取某些数据？

(3) 各个控制线程的并发执行，是否需要传递一些同步控制信号？

(4) 它在执行时是否将产生某些对其他控制线程的执行有影响的事件？

(5) 一个控制线程将在何种条件下中止执行？在它中止之后将在何种条件下由其他控制线程唤醒？用什么办法唤醒？

(6) 这个消息由一个控制线程中的哪个对象服务发出？由另一个控制线程中的哪一个对象服务来处理？

根据对上述问题的思考与回答，在相应的类符号之间画出用虚线箭头表示的消息连接符。进一步分析，消息应该是同步的还是异步的，以及发送者是否等待消息的处理结果，分别在发送者和接收者的类描述模板中针对有关的服务做该消息的详细说明。

5.5.3　对象分布问题及其消息的影响

在面向对象的软件开发中，系统功能分布与数据分布将通过对象的分布而体现。在 OOA 阶段不能最终确定如何把系统中的对象分布到联网的各台处理机上。因为这涉及选用什么机器及软硬件配置的问题，而这些问题需要在设计时根据具体的实现条件最终确定。但是分布问题又不纯粹是设计时的问题，它在很大程度上也属于系统需求。实际上，很多系统在项目可行性论证或需求报告中就已经提出了一些对系统功能及数据的分布要求。这些来自用户或经过专家论证的系统分布要求未必涉及很多具体实现条件，无论用什么方案来实现，都应该予以满足。所以对分布问题应该从两个方面来看，一方面是设计决策问题，另一方面是系统需求提出的分布要求。OOA 应该只考虑后一方面的问题，前一方面的问题则应推迟到 OOD 中考虑。

分布问题对 OOA 的影响如下。

(1) 同一台处理机上的对象之间的消息通信既可能是一个控制线程内部的,也可能是不同控制线程之间的。分布在不同处理机上的对象之间的消息通信只能是不同控制线程之间的。它们在实现时所依赖的消息通信机制也有所不同。

(2) 在每个子处理机上分布的一组对象中,至少应有一个对象是主动对象;所有的被动对象都是在位于本机的主动对象驱动下运行的。如果这一条不满足,应考虑增加主动对象,或把其中的某些被动对象改为主动对象。

根据系统需要中已经明确的分布要求,分析员可把 OOA 模型中的对象进行初步的分组。设想每一组对象是分布在一台处理机上的,从而确定,哪些消息属于本机的通信,哪些消息属于不同处理机之间的通信。在未考虑对象分布问题之前,可能把某两个对象之间的消息看作一个控制线程内部的消息,对接收者的服务请求如同一个顺序执行的函数调用。

但是,如果这两个对象分布到不同的处理机上,接收者就不能以这种方式提供服务,它必须与发送者属于不同的控制线程。那么,需要考虑接收者是在哪个主动对象的驱动下对外响应请求并提供服务的。如果缺少这样的主动对象,则考虑是把某个被动对象改为主动对象还是增加一个主动对象,然后分为以下三种情况定义对象之间的消息。

(1) 本地机上同一个控制线程内部的消息。

(2) 本地机上不同控制线程之间的消息。

(3) 异地机上不同控制线程之间的消息。

对象分布问题一般不能在 OOA 阶段完全确定,要在 OOD 中按实现时的软硬件配置进一步考虑分布问题。

5.6 消息的详细说明

消息的详细说明包括对接收者和发送者两方面的说明。

在接收者的类描述模板中对每个服务做如下说明。

(1) 说明由这个服务接收和处理的每一种消息,规定消息的格式及内容。

(2) 说明本服务是顺序执行的还是并发执行的。

(3) 有时还要说明消息是同步的还是异步的。

在发送者的类描述模板中对每个发送消息的服务做如下说明。

(1) 指出这个服务在执行时可能发出的每一种消息,给出接收者的类名和处理该消息的服务名。

(2) 说明接收者是与本服务顺序执行的还是并发执行的。

(3) 有时还要说明该消息是同步的还是异步的,以及发送者是否等待该消息的处理结果。

(4) 如果服务流程图是比较详细的,则应画出在什么位置上发送什么消息。

5.7 电梯控制系统部分关系结构

现在对前两章使用的电梯控制系统进行定义结构与连接活动，建立其 OOA 模型的关系层。

5.7.1 一般—特殊关系

可以发现电梯控制系统中的到达事件(ARRIVAL EVENT)、目的地事件(DESTINATION EVENT)和召唤事件(SUMMONS EVENT)都可以归类为事件类，故创造出一个电梯事件(ELEVATOR EVENT)作为这三个类的一般类。按照本章前面的方法，可得到以下的一般—特殊关系。

(1) 到达事件是电梯事件的特殊类。

(2) 目的地事件是电梯事件的特殊类。

(3) 召唤事件是电梯事件的特殊类。

5.7.2 整体—部分关系

在电梯控制系统中可以发现以下整体—部分关系。

(1) 电梯马达(ELEVATOR MOTOR)是电梯(ELEVATOR)的部分类，它们之间是一对一关系。

(2) 超载传感器(OVERWEIGHT SENSOR)是电梯(ELEVATOR)的部分类，它们之间是一对一关系。

(3) 到达面板(ARRIVAL PANEL)是电梯(ELEVATOR)的部分类，它们之间是一对一关系。

(4) 目的地面板(DESTINATION PANEL)是电梯(ELEVATOR)的部分类，它们之间是一对一关系。

(5) 楼层(FLOOR)是到达面板(ARRIVAL PANEL)的部分类，它们之间是一对一关系。

(6) 召唤面板(SUMMONS PANEL)是楼层(FLOOR)的部分类，它们之间是一对一关系。

5.7.3 连接

在电梯控制系统中可以发现以下实例连接。

(1) 电梯(ELEVATOR)与楼层(FLOOR)之间的实例连接。

(2) 目的地面板(DESTINATION PANEL)与目的地事件(DESTINATION EVENT)之间的实例连接。

5.7.4 电梯控制系统的关系层

根据以上的分析，将得到的结构与连接在 OOA 模型中画出来，就是模型的关系层，最终形成了如图 5-17 所示的整个类图。

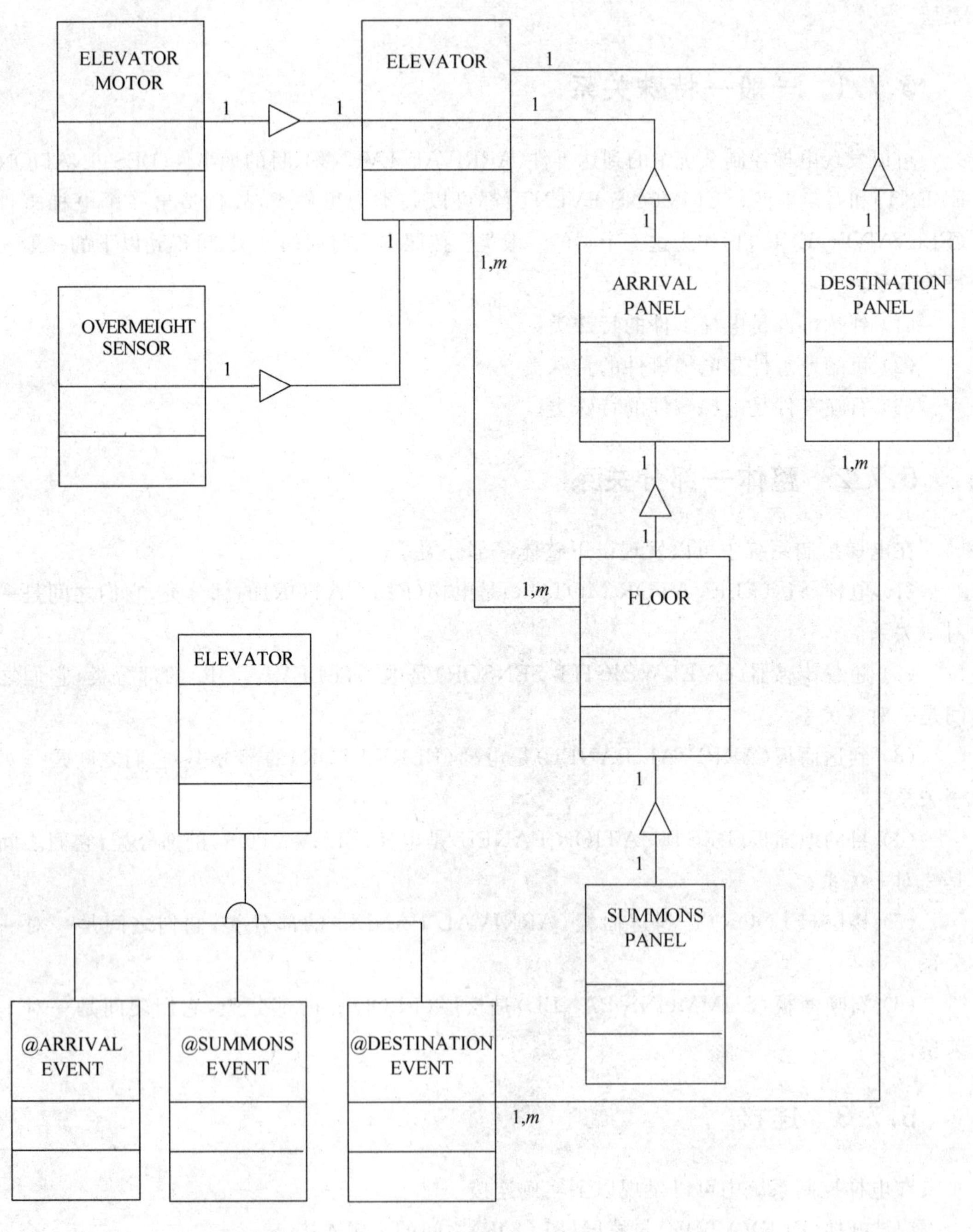

图 5-17 电梯控制系统的关系层

5.8 结构与连接实验

5.8.1 实验问题域概述

用户需求见1.5节。

5.8.2 实验5

1. 实验目的

(1) 熟悉运用对象、类的结构及其分析方法。
(2) 掌握发现对象、类结构的方法。
(3) 学习正确地运用发现对象、类结构。

2. 实验环境

(1) 计算机一台,互联网环境。
(2) 绘图工具、文字编辑等工具软件。

3. 实验内容

根据图书管理系统用户描述,用发现分析对象、类结构的分析方法,认真分析每个对象的服务与属性,结合用户需求,分析得出对象、类间的结构关系。将图书管理系统中的一般—特殊结构、整体—部分结构、实例连接、消息连接至少各完成一个描述。

4. 实验步骤

(1) 准备好实验环境的机器(计算机)和互联网。
(2) 在机器上安装必要的软件平台(语言、绘图、文字编辑等)。
(3) 熟练掌握工具。
(4) 认真阅读题目,理解用户需求。用发现分析对象、类结构的分析方法,认真分析每个对象的服务与属性,结合用户需求,分析得出对象、类间的结构关系。
(5) 对所得图书馆系统的对象属性和行为进行分析、归纳,调整关系结构。
(6) 结束。

5. 实验报告要求

(1) 整理实验结果。
(2) 分析实验结果。阐述图书管理系统中的一般—特殊结构、整体—部分结构、实例连接、消息连接的分析过程。
(3) 小结实验心得体会。

小　　结

本章主要介绍了面向对象中的4种结构与连接，包括一般—特殊结构、整体—部分结构、实例连接以及消息连接。

综合练习

一、填空题

1. 对象类与外部的关系包括________、________、________、________。
2. 一般类的定义：________。

二、选择题

1. 对象之间的静态联系用(　　)表示。
   A. 一般—特殊结构　　B. 整体—部分结构
   C. 实例连接　　D. 消息连接
2. 对象之间的动态联系用(　　)表示。
   A. 一般—特殊结构　　B. 整体—部分结构
   C. 实例连接　　D. 消息连接

三、简答题

1. 什么叫整体—部分关系？
2. 用图示表示整体—部分结构。
3. 列举出几种情况下运用整体—部分结构而实现或支持复用。
4. 画出一般类和特殊类的关系图。
5. 画图说明一般—特殊结构的表示法。

第6章 控制驱动部分的设计

控制驱动部分是OOD模型的一个外围组成部分。该部分由系统中的全部主动类构成。这些主动类描述了整个系统中的所有主动对象，每个主动对象是系统中的一个控制流动驱动者。

首先是设计原则。

6.1 类型一致性原则

类型一致性设计原则来源于抽象数据类型原理，该原理是面向对象的基础。类型一致性原则对于创建类库的类层次结构至关重要。

类型一致性设计原则可表述为：如果S为T的真子类型，则S必须与T一致，即类型S的对象可以出现在类型T的对象所需要的任何环境中，并且当该对象的任何获取操作执行时，仍能保持其正确性。例如，Circle是Ellipse的子类型。尽管这个椭圆形操作扩展成圆形是不行的，但任何为圆形的对象也必然是椭圆形的。

在完善的面向对象设计中，每个类的类型必须与其超类相一致，即类或子类的继承层次结构必须遵循类型一致性原则。其原因是，为了毫不费力地利用多态性，必须能够传递子类对象以代替超类对象，为了做到每个子类的类型能够真正可信地与其超类的类型一致，引入类型一致性的两个重要子原则：抗变性与协变性。

为了保证子类的类型一致性，首先要保证子类的不变式至少和超类的不变式一样强(strong)。如Rectangle的不变式为w1＝w2和h1＝h2，Square的不变式为w1＝w2、h1＝h2及w1＝h1，这样就行，因为满足Square不变式的对象一定满足Rectangle的不变式，但满足Rectangle的不变式的对象却不一定满足Square的不变式。

其次，还必须保证满足下列三个操作限制条件。

(1) 每个超类的操作必须与其子类中的一个操作相对应，它们具有相同的名字和函数原则。

(2) 每个子类操作的前置条件不应强于(Stronger)其超类操作的前置条件，这就是抗变性原则。

(3) 每个子类操作的后置条件至少要和其相应超类操作的后置条件一样强，这就是协变性原则。

如果子类仅是简单地从其超类继承操作，上述条件很容易就能满足，因为这时超类和子类操作的名字、函数原型以及前置和后置条件均完全一样，但如果子类型要用它自己的操作覆盖超类操作，则会暴露出许多问题来。

类型一致性原则要求子类S必须为类T的真子类型，并且满足下列6个限制条件。

(1) S的状态空间必须与T的状态空间一致(但S可以拥有额外空间以延伸T的状态空间)。

(2) 在S和T的共享空间中，S的状态空间必须等同于或位于T的状态空间之内。另一种描述方法：S的类不变式必须等同于或强于T的不变式。对于T的每一操作(如T.op)，S覆盖或重定义为S.op，则S.op必须与T.op名称相同。

(3) S.op必须与T.op名称相同。

(4) S.op的形式函数原型的参数必须与T.op的形式函数原型的参数表一一对应。

(5) S.op的前置条件必须等同于或弱于T.op的前置条件。具体来说，就是S.op的每一形式输入参数必须是其相应T.op的形式输入参数的子类型或同一类型(即抗变性原则)。

(6) S.op的后置条件必须等同于或强于T.op的后置条件。具体地说，就是S.op的每一形式输出参数必须是其相应T.op的形式输出参数的子类型或同一类型(即协变性原则)。

6.2 闭合行为原则

前面讨论了类型一致性原则，遵循类型一致性原则能够设计出完善的类层次结构，但仅有类型一致性还不够。粗略地讲，仅有类型一致，仅在只读情况下(即仅执行获取操作时)才能得到完善的设计。

如果处理的情况中执行了修改操作，还需要遵守闭合行为(Closed Behavior)原则，该原则要求，子类从超类继承的行为必须符合子类的不变式。离开这个原则设计出来的子类，其修改操作极有可能包含易出错误的行为。

闭合行为原则是指：在基于类型/子类型层次结构的继承层次结构中，类C的任何对象操作的执行——包括从C的超类继承的所有操作——应满足C的类不变式。

类的设计者有义务保证类行为的闭合性，这样其他类的设计者则不必考虑要维护类的不变式。检查一下总是没有坏处的。如果你正在设计一个类，在该类中给某个对象发送消息来调用其修改操作，就应该检查目标类的闭合性。如果你发送消息并做一般(超类)条件假设，则必须做好准备，目标对象可能拒绝该消息或不做任何操作便返回。如果出现该问题，则在发送消息前，可以采取下列步骤。

(1) 检查运行时的目标类。

(2) 限制与目标有关的变量的多态性。

(3) 设计消息时假设目标是有关层次结构中最特殊、最底层的类——即对其行为具有最高限制条件的类。

6.3　什么是控制驱动部分

控制流(Control Flow)是一个在处理机上顺序执行的动作序列。在目前的实现技术中,一个控制流就是一个进程或者一个线程,在UML的文献中称之为控制流。

在顺序程序中只有一个控制流,并发程序则含有多个控制流,每个控制开始执行的源头是一个主动对象的主动服务。在运行时,当一个主动对象被创建时,它的主动服务将被创建为一个进程或者线程,并开始作为一个处理机资源分配单位而开始活动。从它开始,按照程序定义的操作逻辑层层调用其他对象的服务,就形成了一个控制流。

在OOD中,把系统中所有的主动对象表示清楚,就抓住了系统中每个控制流的源头,就可以把并发执行的所有的控制流梳理出清晰的脉络,所有的主动对象都用主动类描述,所有的主动类构成OOD模型的控制驱动部分。

要在并发系统中找出和设计控制流,一方面要根据问题域和系统责任,另一方面要根据所选择的实现条件。这些实现条件包括：计算机硬件、操作系统和其他系统软件、网络拓扑结构、网络硬件与软件、软件体系结构风格、系统分布方案等。

6.4　相关技术问题

控制驱动部分的设计关系到许多技术问题。本节将从系统总体方案、软件体系结构、分布式系统的体系结构风格以及系统的并发性这几方面探讨这些问题,把其中与OOD密切相关的软件技术问题作为讨论的重点。

6.4.1　系统总体方案

要开发一个较大的计算机应用系统,首先要制定一个系统总体方案。系统总体方案的内容包括：

(1) 项目的背景、目标与意义。

(2) 系统的应用范围。

(3) 对需求的简要描述,采用的主要技术。

(4) 使用的硬件设备、网络设施和商品软件。

(5) 选择的软件体结构风格。

(6) 规划中的网络拓扑结构。

(7) 子系统划分。

(8) 系统分布方案。

(9) 经费预算、工期估计、风险分析。

(10) 售后服务措施,对用户的培训计划。

要形成一个系统总体方案,除了软件专家需要发挥核心作用外,还需要硬件专家、网络专家、领域专家、管理者、市场人员等多方面人员的通力合作。所以,系统总体方案的制定,不纯粹是软件问题；但是直接反映最终用户需求的还是软件,而硬件、网络等方面的决策主要是根据软件的要求做出的。

系统总体方案的制定，存在着一些理论和实践上的矛盾。一方面，要提出一个好的总体方案，往往需要投入一定的人力，做一些本应在项目获准之后的开发阶段才正式进行的工作，包括对需求的了解和分析以及对一些全局性设计问题的决策。如果最终没有得到这个项目的订单，那么一切投入都是白费；但是，若不做必要的投入，则获得项目的希望就更为渺茫。另一方面，这项工作应该在所有的开发活动之前进行，在软件生命周期中处于需求分析阶段之前的计划阶段。系统的开发工作必须在项目签约或立项之后才能进行，然而项目的承担单位要在竞标中获胜，或者通过有关部门的审批和论证，则必须提出一个有竞争优势、有说服力的总体方案。

从技术的角度看，系统总体方案中如果不包括对需求和设计的适当描述，则该方案将是缺乏说服力的。但是，如果包括这样的描述，则又出现了新的问题：描述和软件生命周期中的需求分析和系统设计等正规的开发活动之间是一种什么关系？二者是否应该基于相同的概念和图形表示？二者是处于不同的抽象层次，还是仅仅在详细程序上有所不同？对于这些问题，人们在实践中采取了一种很现实的态度：不管在软件工程理论中将如何解决这些问题，在标书或立项申请中总要给出一个尽可能把问题说清楚的总体方案。这项工作通常是由高层技术人员和(或)管理人员、市场人员承担的，他们凭借自己对同类系统的知识和经验来完成这样的方案。

对于 OOD 模型中控制驱动部分的设计而言，总体方案中所决定的下述问题是它的基本实现条件。

(1) 计算机硬件。

(2) 操作系统。

(3) 软件体系结构。

(4) 网络方案。

(5) 编程语言。

(6) 其他商品软件。

6.4.2 软件体系结构

20 世纪 90 年代以来，关于软件体系结构(Software Architecture)的研究在计算机领域受到高度重视。软件体系结构是对系统的组成与组织结构较为宏观的描述，它按照功能部件和部件之间的联系与约束来定义系统，着重于软件系统自身的整体结构和部件间的交互。本质上，软件体系结构提供了一种自顶向下实现基于部件的软件开发途径，其中主要包括：体系结构风格及其分类、体系结构描述语言、体系结构的形式化基础、特定领域的体系结构等。软件体系结构设计包括系统结构的总体设计、各计算单元功能分配、各单元间的高层交互等。

部件和连接器被公认为体系结构的两大类构成部分。部件是软件系统的组成单元，在系统框架中起结构块的作用，是软件功能设计和实现的承载体。连接器是建立部件和部件之间连接的部件。为了建立部件之间的连接关系，还需要得到连接协议的支持。连接器是专门承担连接作用的特殊部件。

用什么成分构成软件系统，以及这些成分之间如何相互连接、相互作用，在这些问题上的不同选择决定了不同的软件体系结构风格。以下是几种典型的软件体系结构风格。

(1) 管道与过滤器风格(Pipe and Filter Style)。

(2) 客户-服务器风格(Client-Server Style)。

(3) 面向对象风格(Object-Oriented Style)。

(4) 隐式调用风格(Implicit Invocation Style)。

(5) 仓库风格(Repository Style)。

(6) 进程控制风格(Process Control Style)。

(7) 解释器模型(Interpreter Model)。

(8) 黑板风格(Blackboard Style)。

(9) 层次风格(Layered Style)。

(10) 数据抽象风格(Data Abstraction Style)。

上述体系结构风格是从不同的视角总结提炼的,因此各种体系结构风格之间有一定的正交性。其中的面向对象风格和大多数其他风格都是不冲突的。例如,一个系统体系结构既可以是面向对象风格,又可以是客户-服务器风格。

6.4.3 分布式系统的体系结构风格

随着网络技术的快速发展,越来越多的系统采用分布式处理技术——将系统的功能和数据分布到通过网络相连的多台计算机上,利用网络上的多台计算机资源,通过它们之间的相互通信,协作完成系统的各项功能。分布式系统至少在以下两个方面可以解决集中式系统难以解决的问题:一是使用户可以跨越地理位置的障碍,在不同的地点使用系统完成其业务处理,包括多地区协作的业务处理;二是使一个系统能够利用多台计算机的资源,包括CPU、内存、外存等硬件资源和各种软件资源。在计算机网络广为普及的今天,大量的应用系统都需要在网络环境下运行,都存在着如何把系统的功能和数据分布到网络的各个结点上的问题。这就引出了一种更广泛意义上的"分布式系统",它指的是:基于网络环境,其功能和数据分布在通过网络相连的多台计算机上的系统。

分布式系统对软件开发提出了许多新的技术问题,并促使了适应此类系统的软件体系结构的产生。在历史上,分布式系统的体系结构出现过几种不同的风格,下面一一给予介绍。

1. 主机+仿真终端体系结构

以一台计算机为主机,其他计算机只作为它的远程仿真终端。这种系统和集中式系统在体系结构方面没有太大的区别,所有的业务功能都集中在一台配置较强的主机上,只是要从较远的距离访问主机,就需要在本地运行通信软件和人机界面软件,所以要使用一台计算机。

这种体系结构是在大型计算机占主流,个人计算机功能和性能较弱的时代产生的。从应用系统的角度看,其软件体系结构和集中式的系统没有本质性差别,因为其功能和数据都集中在主机上,其他计算机只相当于一些终端设备而已。

2. 文件共享体系结构

在这种体系结构中，系统功能分布到网络的各个结点上，数据存放在一个被称作文件服务器的主机上。在某些系统中也可以把数据分布到各个结点上。无论何种情况，都是把可被多个结点使用的数据处理为共享文件。在一个结点上运行的功能如果需要使用其他结点上存放的数据，就以远程访问共享文件的方式把这些数据调到本地，在本地进行业务所需要的处理，然后把修改后的数据回送到原先的结点。与主机＋仿真终端体系结构相比，它是真正意义上的分布式系统的体系结构。它的出现，是由于个人计算机的计算能力和存储容量已经相对提高，网络的每个结点都有条件分布一些在本地使用最频繁的功能和数据。这种体系结构的缺点是，一般需在网上传输大量的数据。这是因为共享文件所在的结点只能向其他结点提供它所保存的数据，而不是围绕自己的数据来组织一些服务，通过这些服务就地完成对数据的操作、处理或计算，并把执行结果提供给请求服务的结点。有时为了查阅或修改少量的数据往往需要在网上传送一大批数据，因此这种体系结构往往使网上的数据传输成为系统的瓶颈。

3. 客户—服务器体系结构

这种体系结构把分布在不同结点上的系统组成部分之间的关系处理为请求服务和提供服务的关系，提供服务的计算机称作服务器，请求服务的计算机称作客户机。在这种体系结构中，客户端向服务器发出服务请求，由服务器提供的服务就地完成所要求的处理，然后只把处理结果通知请求者。客户—服务器体系结构的出现是由于计算机硬件与软件技术的进一步发展。它所依赖的主要技术有：远程过程调用(RPC)、分布式数据库管理系统和通信协议。这种体系结构具有运行效率高、开放性强、可扩充等优点，所以目前它已成为网络环境下各类系统广泛采用的体系结构。

与文件共享体系结构相比，客户—服务器体系结构显著地减少了网络上的数据传输量。二者在软件体系结构风格上的本质区别在于：一种是在不同结点之间共享数据，要在网上传输大量的数据；另一种是在不同结点之间共享服务，主要是传送对服务的请求信息和返回信息。随着应用领域的扩大和相关技术的进步，客户—服务器体系结构衍生出了一些特点各异的变种，以下略作介绍。

1）两层客户—服务器体系结构

这是早期最典型的客户—服务器体系结构。其特点是明显地区分客户机和服务器，把提供给多个结点共享的公共服务集中在一台服务器上，客户机则只配备与本地业务处理有关的功能和数据。客户机和服务器构成两个界限分明的层次，这就是两层客户—服务器结构。

2）对等式客户—服务器体系结构

这种体系结构观点把客户机和服务器看成是相对的。根据实际需要，系统中的每一台计算机既可以作为客户机，又可以作为服务器，即每一台计算机既可以请求其他结点提供服务，又可以向其他结点提供服务。实际上，这是一种更具一般性的客户—服务器体系结构形式，其他形式都可以看作这种形式的受限的特例。

3）三层客户—服务器体系结构

这种体系结构是在两层客户—服务器体系结构基础上改进和发展的结果，其中包括数据服务器、应用服务器和客户机三个层次。数据服务器存储和管理被整个系统共享的数据,提供对这些数据进行查询、更新、一致性维护等操作的服务。应用服务器提供按照应用系统需求和业务逻辑进行业务处理服务。一方面,它有服务在进行业务处理时又要请求数据服务器提供服务,是相对于数据服务器的客户机;另一方面,对于客户机层而言,它是服务器。客户机层处理与用户的交互,并请求应用服务器提供服务,完成用户所要求的业务处理。由于应用系统主要的业务逻辑都由应用服务器上的服务来实现,所以位于客户机层的每一台客户机上的软件都相当简单,它们的安装和维护都比较容易。从硬件的拓扑结构看,三层客户—服务器体系结构呈现了多级辐射的特点:从一级的服务器辐射出若干二级的服务器,每个二级的服务器又辐射出若干客户机。这种结构使系统的可伸缩性大为加强。根据系统规模、用户需求和硬件性能与容量的制约,这种结构也可以推广到更多的层次。三层(或更多层)客户—服务器体系结构并不局限于这一种方式,在各个服务器层上设计其他用途的服务器也未尝不可。

从理论上看,三层客户—服务器体系结构只是在具体的技术上有所改进,并没有太大的创新,但是在实践中却是很有效的。目前这种由数据服务器、应用服务器和客户机三个层次构成的体系结构已被越来越多地被采用。

4)瘦客户—服务器体系结构

这种体系结构的思想是把分布到客户机上的功能尽可能减少,其目的是使客户机上软件的安装、维护和升级变得很容易。在一个分布区域较广的大型系统中,末端的客户机数量最多,分布范围也最广,往往延伸到维护力量薄弱的边远地区。当用户的业务处理功能都分布到本地的客户机时,各地的需求差别将要求在每台客户机上分布的系统成分各不相同,而且在需求变化时各个结点的维护和升级也各不相同。这通常要付出较高的代价。而在瘦客户—服务器体系结构中,应用领域的业务处理功能被转移到服务器上,客户机上只剩下了处理人机交互和访问服务器的系统成分。这就使得需求的多样化和动态变化都体现在服务器上,瘦客户机上的软件可以是统一的和相对称的。功能的差异与变化在瘦客户机上的体现,通常只是做不同的参数设置或权限设置,甚至只是体现在用户进行不同的人机交互操作。当瘦客户机上的软件需要升级时,可以只在服务器上发布一个新版本,供各地的用户下载。在概念上,瘦客户—服务器体系结构和三层客户服务器体系结构有不同的含义,但是在目前流行的产品中这两种技术是密切结合的——三层结构中的客户机层通常都是瘦的。

5)浏览—服务器体系结构

瘦客户—服务器的思想发展到极端,应用系统分布到客户机上的软件成分就只剩下了一个浏览器。用户在浏览器上进行人机交互操作,浏览器把用户命令转换为对服务器的请求,并把得到的处理结果向用户显示。在概念上,它和瘦客户—服务器体系结构不能视为完全等价的,因为瘦客户的"瘦"可以是相对的,而浏览器则是瘦到了极端。但是在实践中往往对二者不做严格区分。

目前,在基于 Web 的浏览—服务器体系结构中,客户机和服务器之间采用 HTTP 相互通信。应用系统在客户机上的软件只是一个基于 Web 的浏览器,通过它可以浏览服务器上提供的网页,并在网页上进行应用系统的各种操作。在浏览器和服务器之间传输的网页是用超文本标记语言(HTML)描述的。由于采用了标准的通信协议和描述语言,因此应用系统客户端的业务处理是与平台无关的。在浏览器上实现的 HTML 文件的解释并向用户显示,服务器执行用户请求的服务。浏览器还可以从服务器下载与平台无关的程序代码到本地编译、执行或者解释执行。浏览—服务器体系结构和瘦客户—服务器体系结构并没有本质性的区别;它和三层客户—服务器体系结构也紧密相关——浏览器通常是和基于 Web 的应用服务器、数据服务器配合在一起,形成三层客户—服务器体系结构。

总体来看,三层客户—服务器、瘦客户—服务器和浏览—服务器尽管在概念上不尽相同,但是它们在工程技术中是融合在一起的,并未形成各自独立的体系结构风格。所有这些技术都是在基本的客户—服务器技术基础上发展起来的。

6.4.4 系统的并发性

在日常生活中,如果一个人在一段时间内只做一件事,那么他可以按预订的计划把这件事一步一步地做完,不管事件的过程、步骤是多么复杂。然而,如果一个人要在一段时间内同时做一件以上的事,情况就不一样了。人们很难设计出一个能够处理同时进行的多个任务,而且条理清晰、不出差错的运行序列。因为多个任务之间在时间上没有确定的逻辑关系。

1. 相关术语

在本节关于并发系统的讨论中将使用“任务”“进程”“线程”“控制流”“主动对象”等一系列含义相近的术语。首先,对这些术语的用法做一些说明。

“任务”不是一个很专业化的术语,这里在讨论并发系统和阐述“进程”“线程”等概念时,把“任务”作为帮助读者理解的解释性词汇。在介绍设计策略时,也把它作为启发设计者思考问题的概念。它更便于从用户需求的角度观察和认识系统的并发性。在本书中这个概念只起到以上的作用,不作为 OOD 的模型元素,也不是现实中的一个准确的技术概念。

“进程”和“线程”是具有确切含义的专业术语,它们主要是软件实现技术中的概念,但是由于在设计中要针对具体的实现,所以在细化的 OOD 模型中需要指出主动对象的一个主动服务是要求用进程实现还是要求用线程实现。

“控制流”是忽略进程和线程在实现和运行中的差别时对二者的总称。和“任务”类似,它是讨论问题时用到的一个术语,而不是作为一种 OOD 模型元素或者实现中的技术术语。

“主动对象”是 OOA 和 OOD 中的建模元素,在模型被实现以后,对象仍然是程序中相应成分的称呼。模型中主动对象的一个主动服务可以用程序中的一个进程描述或者用一个线程描述来实现,另一方面,也可以用模型中的一个“主动对象类”来描述,后者又可以简单地称作“主动类”。

按以下的约定来使用这些术语。

(1) 在 OOA 和 OOD 中用主动对象的一个主动服务来描述一个任务,用主动类来描述一类主动对象。

(2) 在从用户需求的角度或者在较高的抽象层次上讨论和认识系统的并发性时,使用任务的概念,以明确系统中客观上要求有哪些任务并发执行。

(3) 从逻辑上看问题,忽略实现细节,可以说 OOD 模型中的一个主动对象的主动服务描述了一个控制流。

(4) 在实现阶段,主动对象、主动类的概念仍然存在,但是已被实现为程序代码中的对象和类,它们的每个主动服务将被具体地实现为进程或者线程。

(5) 把"任务"和"控制流"作为讨论问题、解释概念或陈述设计策略时使用的词汇,而把"主动对象""主动类""进程"作为模型或程序中的元素或技术术语。

2. 顺序程序和并发程序

在计算机软件中,处理单一的任务和处理多任务之间的差别和日常生活中的这种例子很类似。人们对软件的认识是从早期的顺序程序开始的。顺序程序中只有一件事在进行处理,即使程序中包括多项工作,也不会在一个时间段同时做两项(或以上)工作。程序中可以有分支、循环、子程序调用等各种复杂情况,但是一切都按确定的逻辑进行。就是说,如果给程序相同的输入,那么无论把这个程序执行多少次,其控制线路和执行结果都是相同的。

如果说系统要在同一段时间内执行多个任务,而这些任务之间又没有确定的时间关系,这种系统就是并发系统。描述并发系统的程序叫作并发程序。并发程序要执行的多个任务在时间上没有确定的逻辑关系,但是又相互影响。这些任务的执行是相互交叉的,并且竞争地抢占处理机资源和其他资源。各个任务的交互和切换情况是随机的,甚至在一段时间内将有多少个任务并发执行也不能事先料定。因此,当人们的程序设计思想还局限在顺序程序的范围内时,并发程序的设计陷入重重困难。系统中的多个任务绞在一起,很容易潜藏逻辑上的错误,而且这种错误又很难捕捉,程序每次运行,即使给予相同的输入,其执行路径和产生的结果也可能不相同,因为各个任务之间在时间上并无确定的关系。因此,程序的错误不能通过其反复执行而定位。这是并发程序设计、调试和测试所面临的最大困难之一。

并发程序最典型的例子是操作系统,在一个操作系统中要处理多道用户作业的运行、系统的高级调度、各种设备的驱动、各级中断处理等多种并发执行的任务。其复杂性远远超过了以往人们所熟悉的顺序程序。在20世纪60年代中期以前的软件项目中,操作系统的开发被看作是难度最大、风险最高的工作。有的操作系统在交付使用之后的数年内,还被发现数以百计的错误。究其原因主要是由于人们的程序设计思想还停留在顺序的水平。在进程的概念出现以前,并发程序的设计陷入了重重困难。

3. 进程和线程

进程的出现使并发程序的设计思想发生了革命性的变化。进程是W. Dijkstra、C. A. R. Hoare和P. B. Hansen等人在20世纪60年代中期以后的一系列文章中提出并逐渐完善的,它的全称是顺序进程。采用进程的基本思想是:把一个并发程序分解成若干能够顺序执行的程序单位。每一个这样的程序单位的一次执行就叫作一个顺序进程。每一个进程在逻辑上是顺序运行的,其内部不含有要求并发执行的多个任务;但是动态地看,一个并发程序的运行实际上是由若干顺序进程在相互并发地执行。从程序的静态描述来看,并发程序的描述被分解为对若干顺序进程的描述。由于每个进程都是顺序执行的,所以对它的描述就可以采用顺序程序的设计技术。剩下的事情是解决多个进程在执行中的资源共享、通信、同步与互斥、创建、撤销、挂起、唤醒、切换等一系列的问题。

人们对并发程序进行了很多研究,形成了比较完善的并发程序设计技术。其中,进程的观念始终是并发程序设计技术的关键。或许由于这一观念有效地解决了并发问题。进程与进程之间固然是并发执行的,但是就进程的概念本身而言,它强调的是它自己的顺序的运行。其原始的全称是“顺序进程”，而不是“并发进程”。

并发进程在运行时，多个进程按一定的调度策略轮流地占用一个或多个处理机资源。每个进程是一个处理机分配单位。当它获得处理机资源时，它就被执行；当它失去处理机资源时，其运行现场被保留下来，等待下一次获得处理机资源时恢复现场，从断点继续执行。从微观的角度看，每一台处理机允许任何进程在其上执行。所谓“多个进程并发执行”或“多个任务同时执行”是从宏观的时间尺度上说的。在共享处理机资源的几个进程中，如果某个进程获得了处理机，习惯上就说控制点转移到这个进程中。从这个意义上讲，由于进程是一个控制单位，又是一个由一系列动作构成的流，所以可以称作一个控制流。

进程既是处理机资源的分配单位，同时又是其他计算机资源的分配单位。一个进程被激活执行，除了必须获得处理机之外，还需要其他资源。这里的资源既包括内存空间、外部设备等硬件的、物理的资源，也可以是文件、数据、模块、显示窗口等软件的、逻辑的资源。有些资源则可能设计成为被多个进程共享的，这些进程可在某种策略的控制下无矛盾地访问这些共享资源；有些资源可能分配给一个进程作为其私有资源，即在这个进程的生命期内被它独占。总之，进程既是处理机资源的分配单位，又是其他资源的分配单位。

线程在进程之后出现，它可以看作是并发程序设计技术的进一步发展，然而更重要的原因是由于并行计算技术的需要。并行计算的目标是把一个本来可以顺序执行的任务人为地分解成多个可并行处理的子任务，把它分布到多个处理机上同时进行计算，以求加快计算速度。一个任务能否被分解以及如何分解，是并行计算理论所研究的问题。从程序执行的角度看，一个本来只要求顺序执行的任务，用一个顺序进程去完成，这是一种很自然的做法。但是为了提高计算速度，把这个任务分解成可以在多个处理机上同时计算的子任务，这就要求在一个进程内部定义一些能够分别占用处理机，而且能够同时进行计算的执行单位。每个这样的单位就是一个线程。线程概念的引入，使一个进程内部可以包含多个线程，它们共享这个进程所获得的资源，但是对处理机资源而言，每个线程是一个独立的处理机分配单位。这样处理更有利于计算机资源的合理利用，因为一个并行计算任务通常需要多个 CPU 和一组被多个线程共享的其他资源。线程的运行与调度需要操作系统支持，它的描述需要编程语言的支持。与线程相比，进程既是处理机资源的分配单位又是其他资源的分配单位；而线程只是处理机资源的分配单位。一个进程可以包含一个或者多个线程。

从应用的角度看，进程的概念适合于解决系统固有的并发性问题。如果一个系统中的若干任务在本质上是需要并发执行的，那么就把每个这样的任务定义成一个进程，由这样的多个顺序进程构成一个并发系统。进程也可以解决系统非固有的并发性问题。所谓“非固有的并发性”，是指从需求和逻辑上看，某些事并不要求并发处理，但是为了提高运算效率或者为了便于实现等目的而人为增加系统的并发度，设计更多的进程进行处理。进程的概念可以用来解决这种非固有并发性问题。但是在某些情况下，通过在进程内部产生多个线程可能比定义更多的进程更为合理。例如，在解决一个并行计算问题时，如果该问题的求解只需要利用多个 CPU 来提高计算速度，而对其他资源的需求则是共同的一组，那么合理的做法是把整个问题的求解作为一个进程，而进程中包含多个实现并行计算的线程。

从编程技术来看，线程概念的出现还有更重要的逻辑上的理由，那就是：一个进程的数据空间被该进程内的多个线程共享，使这些线程可以方便地交换信息。相比之下，在目前一些最流行的编程语言中，如果想定义一些被多个进程共享的数据却是很困难的。在这种情况下，用一个进程内部的多个线程实现并发，就可以很方便地把进程的私有数据作为被它的各个线程共享的数据。这需要在这些本来只适合顺序程序设计的语言中扩充对线程的支持，包括对线程的描述、创建和运行的支持。

由此可见，究竟用进程实现并发还是用线程实现并发，要看在编程时如何处理更为方便。从逻辑上看，进程和线程语言的支持有 OOA 模型和 OOD 模型，每个这样的控制流的源头都是一个主动对象的主动服务。它的执行总是从这个主动服务开始，通过调用其他对象的服务而形成整个控制流。

4. 当前应用系统的并发性

在 20 世纪 60 年代和 70 年代，一提到并发系统人们首先就会想到操作系统。后来，其他许多系统软件（如编译系统、数据库管理系统等）也越来越多地需要被设计成并发系统。随着计算机网络、多处理机系统、分布式处理、并行计算等计算机软硬件技术的发展以及计算机应用领域的扩大，大量的应用系统也都需要被设计成并发系统了。

有些程序员虽然已经成功地开发出许多并发的应用系统，但是他们并没有觉察到自己曾经面对并发程序设计的挑战性问题。他们觉得，自己编写的程序和一个顺序程序没有什么两样。原因在于当前的开发环境和运行环境无形中已经帮助，甚至代替这些程序员解决了系统的并发问题。

6.5　如何设计控制驱动部分

设计 OOD 模型中控制驱动部分的关键，是识别系统中所有并发执行的任务，然后用主动对象来表示这些任务。然而在网络环境下，系统中需要哪些并发执行的任务，其答案与软件体系结构风格的选择和系统分布方案的确定等问题有关。

6.5.1　选择软件体系结构风格

一个用面向对象方法开发的系统，其软件体系结构当然是采用了面向对象风格。但是面向对象体系结构风格只体现了系统的基本构成元素以及它们之间的关系。对于分布式系统而言，分布在不同处理机上的系统成分之间的通信方式则是由其他体系结构风格所决定的。

所以，在分布式系统的设计中，除了采用面向对象风格以外，还需要在其他几种体系结构中做出选择。主要的选择是客户—服务器体系结构的几个变种，选择这些体系结构风格所考虑的因素如下。

（1）被开发系统的特点。

（2）网络协议。

（3）可用的软件产品。

（4）成本及其他，包括购置相应硬件及软件的成本、新开发软件的成本、系统的安装与维护成本。

软件体系结构风格的选择要综合地考虑以上各种因素，做出合理的权衡。软件体系结构风格的确定对系统分布方案具有决定性的影响。

6.5.2 确定系统分布方案

随着软件体系结构风格的选择，系统中的每个结点采用何种计算机以及它们之间如何连接也都将逐一明确。被开发的软件将分布到这些结点上。

设计者通常要从两个方面考虑系统的分布方案，即数据分布和功能分布，分别决定如何将系统的数据和功能分布到各个结点上。在一个用面向对象方法开发的系统中，数据分布和功能分布都将通过对象分布而统一实现，因为所有的数据和功能都是以对象为单位结合在一起的。因此，设计者考虑的焦点问题是如何把对象分布到各个结点上。由于在OOD模型中对象是通过类表示的，所以对象分布情况需要在类图中给出恰当的表示。

对于分布式应用系统的建模，在考虑对象分布问题之前，不妨暂时把它当作一个集中式的系统，忽略它在网络与硬件平台上的分布情况，只注重问题域和系统责任，从而建立一个集中式的类图。假设有一台配置足够完备的计算机，并且假设用户能够集中在这一台计算机上工作，那么确实能够在这一台计算机上实现这个集中式的类图，从而得到一个满足用户要求的系统。

在进行控制驱动部分的设计中需要从那种假设的理想条件回到现实，面对一个分散的计算环境，考虑如何把对象分布到通过网络相连的各台计算机上。本节围绕这一目标，讨论对象的分布、类的分布以及如何在模型中表示这种分布方案。最终的结果是把原先的一个集中式的类图分散到各个结点上。每个结点上是整个类图的一个局部，用一个主题表示。

1. 对象的分布

一个用传统的软件工程方法开发的应用系统，其数据分布和功能分布是可以分别考虑的。在数据方面需要优先考虑的因素是数据库的位置，在功能方面需要优先考虑的因素是用户对功能提供地点的要求。除此之外，主要是把联系紧密的功能和数据分布到一起，尽可能减少网上的信息传输。

而用面向对象方法开发的应用系统，其功能与数据紧密地结合在一起，数据分布和功能分布都将通过对象的分布而体现。通过把对象分布到各个结点上，可以使数据分布和功能分布得到一致的解决。但是对于用关系数据库存储的对象，需要有一些特殊的处理策略。这里首先针对一般情况讨论对象分布策略。

1）由数据决定对象分布

系统中有许多数据是要求集中保存和管理的。这种要求一方面来自用户需求，例如，用户中不同的人员或单位对数据拥有的权限职责。另一方面来自宏观的设计决策，例如，建立哪些数据库或数据缓冲机制。

首先可以根据要求决定部分对象的分布，把通过自己的属性保存上述数据的对象分布到相应的结点上；其次，考虑把对这些数据操作频繁并且向其他对象提供公共服务的对象分布在同一个结点上。总的原则仍然是使整个系统在网络上通信频度降低，传输量减少。

对于如何填平面向对象的应用系统和非面向对象的数据管理系统之间的鸿沟，以及用什么观点看待应用系统中的对象和外存空间的数据之间的关系，有如下几个要点。

（1）当应用系统中一个类的对象实例需要在文件或关系数据库中存储时，则定义与这个类的数据结构一致的文件或数据库表。

(2) 该类的每个对象实例用文件的一个记录或者用数据库的一个元组保存。当一个类有大量的对象实例时，通常只把当前正在被处理的对象读到内存，所以一般只需要为该类定义少量的内存空间的对象。

(3) 需要设计一个名为"对象存取器"的对象类，其功能是负责把内存中的对象实例保存到文件或数据库表中以及把文件或数据库表中的对象数据恢复成内存中的一个对象。

对于这种对象存储策略，在考虑对象分布时，所有需要在文件或者数据库中长期保存的对象都被分布到其文件或数据库所在的结点上。"对象存取器"类的对象实例也分布在同一个结点上。除此之外，在每一台处理某一类对象的计算机上，都要按实现其处理所要求的数量创建相应的对象实例。

2) 由功能决定对象分布

在面向对象的系统中，系统的所有功能都是由对象通过其服务提供的。有些对象直接向系统边界以外的活动者提供了外部可见的功能，有些对象只是提供了可供系统内部的其他对象使用的内部功能。

在用户需求中，对系统的外部可见功能大多都要求在特定的使用地点或者特定的计算机上提供。设计者可以首先根据上述要求，把直接提供外部可见功能的对象分布到相应的计算机上。与这些对象通信频繁或静态联系密切的其他对象也将和上述对象分布位置的对象分布在同一个结点或者传输到相近的结点上，尽可能减少网络上的通信频繁和传输量。

3) 追踪消息

通过在一个集中式的类图中追踪控制流内部的消息，也可以帮助决定如何分布系统中的对象。从一个主动对象的一个主动服务开始或者从一个与系统外部的活动者直接交互的对象服务开始，追踪由它发送的每个消息，追踪到消息接收者；重复以上工作，直到全部可达的对象都被发现，凡是通过控制流内部的消息相联系的对象，原则上应分布到同一个结点上。因为若把某些对象分布到其他结点上，就意味着和它们之间的通信将由控制流内部变为控制流之间，由本机通信变为远程通信，这将增加网络上的传输，使系统性能受到影响。

4) Use Case

对OOA中定义的每个Use Case，系统中将有一组紧密合作的对象来完成它所描述的功能。原则上，这组对象应该分布到提供该项功能的那个结点上。这个结点也就是这个Use Case中参加交互的活动者直接使用的那台计算机。在一个交互图中，凡是通过控制流内部的消息相联系的对象都是紧密合作的。通过控制流之间的消息相联系的对象之间的合作可看作松散的。

2. 类的分布

由于一个系统中所有的对象实例都是用它们的类来描述的，所以当一些对象实例分布到某台计算机上时，它们的类通常也应该在这台计算机上出现，以便用这些类创建所需要的对象实例。如果一个类的不同对象实例分布在不同的计算机上，那么每一台计算机上都需要有这个类存在。

一个类的程序代码在不同的计算机上复制多个副本，所增加的空间开销对系统并不是很大的负担，因为它只是一段程序代码而已，尽管其对象实例可能有很多。关于类的分布，具体做法如下。

(1) 如果整个系统只需要在一个结点上创建某个类的对象实例,那么这个类就分布在这个结点上。

(2) 如果系统需要在多个结点上创建同一个类的对象实例,那么这个类主要分布在每个需要它的结点上。可以把其中一个结点上的这个类作为正本,而把其他结点上出现的这个类表示为副本。作为副本的类可以采用如图 6-1 所示的表示法——在类名之后注明《副本》字样,属性栏和服务栏不必填写任何内容。这种表示法所表达的意思是:在这个结点上需要用这个类创建对象实例,但是它的详细定义是由该类的正本给出的。

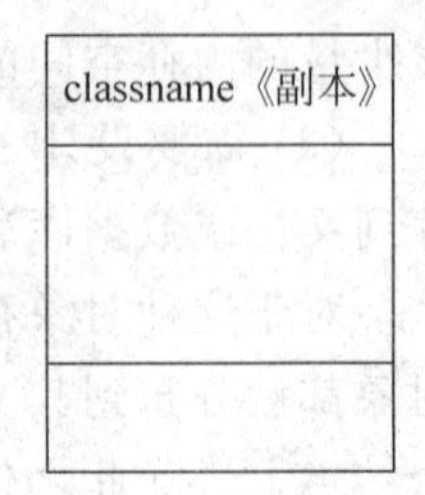

图 6-1 副本的类

3. 类图的划分

为了表明对象和类在各个结点上的分布情况,需要在类图上采取相应的组织措施。总的思想是把描述整个系统的集中式的类图分散到各个结点上,以分别描述分布在各个结点上的对象;最后要把每个结点上的类组织成一个主题。具体策略有以下两种。

第一种策略是把每个结点的主题看成是在整个系统的类图上划分出来的一个局部。它是整个类图的一个组成部分,而不是一个独立存在多个结点重复出现的类图。在一个主题中只需要把直接创建对象实例的类显式地表示出来,其中在多个结点重复出现的类采用如图 6-1 所示的副本类表示法,但是副本的祖先就不再以副本的形式出现。这是一种比较简练的模型表示。每个主题能够表明一个结点要创建哪些类的对象实例,但是要了解副本类的完整描述则要参阅其正本所在的主题。

第二种策略是把每个结点上的主题看成一个独立的子系统,用一个定义完整的类图表示。图中不但要包括所有在这个结点上直接创建该实例的类,也要把定义这些类所要引用的其他类表示出来。这种策略的缺点是,各个结点上有更多的类是相互重复的,优点是针对每个结点的类图都可以在这个结点上独立地编程实现。可以借用如图 6-1 所示的副本表示法来表示在不同结点上重复出现的类,包括直接创建对象实例的类,也包括它们的祖先。这种表示法提醒程序员:尽管这个结点上需要有这些类的代码,但是可以从其他结点复制,而不必重新编写。

上述第一种策略适合较大的系统。开发者可以把在每一种结点上实现的软件看成一个子系统。它有自己的系统边界,其他结点可看作边界以外的活动者。这样,一个结点上的主题也就是描述这个子系统的一个相对独立的类图。整个系统模型由多个描述子系统的类图构成,可以分别实现。

上述第二种策略适合较小的系统。整个系统可以只用一个类图表示。在这个完整的类图上,可以用一些主题边框圈出每个结点上的主题,并允许主题有交叉部分,也可以把主题分开画,并采用副本类的表示法避免主题边界线的交叉。

针对一个结点所定义的主题并不只是局限于为一个结点上的软件建模。实际上,它定义了一类结点的实现。典型的情况是,在客户/服务器体系结构中,往往有多个客户机上的系统成分是完全相同的。在这种情况下,所有系统成分相同的结点只需用一个主题来描述。

在 OOD 中以结点为单位划分的主题与 OOA 模型中的主题是人在不同的视角观察系

统时所得到的不同划分，但是最终的结果应该能融合在一起。如果只是把 OOD 中按结点划分的主题与 OOA 划分的主题简单地叠加在一起，那么它们之间的交叉就太多了。一般情况下，在对象分布方案确定之后，重新考虑整个系统的主题划分。首先把以结点为单位的主题确定下来。然后，如果一个结点上的类太多，则参照 OOA 模型中的主题划分，在这个结点内部划分内层的主题，OOA 阶段划分的某些主题可能要被取消，以减少交叉。

按结点划分主题，其意义主要有以下两点：一是便于程序员分别在各个结点上实现系统的各个局部；二是为了识别并发执行的任务（控制流）并且对主动对象予以表示。

4. 在类描述模板中的表示

下面给出类描述模板的描述格式。

```
对象实例：{
    处理机：<结点名>{,<结点名>};
    内存对象：{<名称>[n 元数组][<文字描述>]};
    外存对象：{<名称>[<文字描述>]};
}
```

这种描述的语义如下。

第一行和第五行的大括号表明，一个类可有重复 0 次到多次的对象实例说明。每一次重复说明在一种类型的结点上创造对象实例的情况，0 次表明不在任何结点创建任何对象实例。

第二行指出本项描述所适应的结点，它可以是一个，也可以是多个，都是同一类型的结点，列出每一个结点的名称。

第三行给出在这种类型的结点内存空间创建的每一项单独的或成组的对象实例，给出其名称。成组的对象实例用一个有名称的对象数组表示，n 是数组的元素数目。

第四行表明在这种类型的结点上创建的外存对象，它可以有 0 到多项，给出存储这些对象实例的文件或数据库表的名称。

6.5.3　识别控制流

本节将讨论如何确定系统中要设计哪些控制流。这项工作在选定的软件体系结构和系统分布方案的基础上进行，把系统中需要实现的控制流都识别清楚。

1. 以结点为单位识别控制流

在系统分布方案确定之后，分布在不同结点上的程序之间的并发问题便已解决了。因为它们将在各自的计算机上运行，彼此之间自然是并发的。剩下的问题是，以每个结点为单位考虑在每个结点上运行的程序还需要如何并发，需要设计哪些控制流以及各个结点之间如何相互通信。以结点为单位识别控制流是本节讨论的前提。

2. 从用户需求出发认识控制流

用户要求系统中有哪些任务并发执行，这个问题已经在系统分布方案中得到了部分解决，因为分布在各个结点上的功能是通过在不同的计算机上执行而达到并发的。现在需要考虑的是，每一个结点上的功能，还有哪些任务必须在同一台计算机上并发地执行。

3. 从 Use Case 认识控制流

OOA 阶段定义的每一个 Use Case 都描述了一项独立的系统功能。从需求的角度看，它描述了一项系统功能的业务处理流程；从系统构造的角度看，它很可能暗示着需要通过一个控制流来实现业务处理流程。所谓“很可能”，是说不可一概而论，需要辨别不同的情况。未必每一个 Use Case 都应该被设计成一个控制流。通常，在以下情况下应考虑针对一个 Use Case 设计相应的控制线程。

(1) 用户希望一个 Use Case 所描述的功能在必要时能够与系统的其他功能同时进行处理。这是系统固有的并发要求，对这样的 Use Case 设计相应的控制流才便于实现并发。

(2) 一个 Use Case 所描述的功能是对系统中随机发生的异常事件(例如某一种中断信号)进行异常处理的。这种情况也不能在程序的某个可预知的控制点上进行相应的处理。这种 Use Case 一般也应该由一个专门的控制流去处理。

(3) 对一个 Use Case 所描述的功能，用户可以在未经系统提示的情况下随时要求执行，这样的 Use Case 一般应由一个专门的控制流去处理，很难融合在其他控制流中，这种情况不同于以下的处理方式——系统给出提示，等待用户输入，用户输入后开始执行某个 Use Case 的功能。二者的根本区别在于，是不是能够事先确定它将在程序的某个可预知的控制点上执行这个 Use Case 所描述的功能。

在设计中，需要把所有的 Use Case 都审查一遍，区别那些需要专门设计一个控制流去实现的 Use Case 和作为其他控制流的一个组成部分去实现的 Use Case，这是识别控制流的可靠途径之一。

4. 为改善性能而增设的控制流

除了满足系统固有的并发要求之外，为了改善性能，可能需要增设执行以下几类任务的控制流。

(1) 低优先级任务：系统中有某些工作在时间上要求很低，甚至没有时间要求。例如，复制数据备份、整理磁盘空间、统计某些数据或结算账目等。这些工作如果和实时性要求较高的其他工作混合在一起做，就会在业务繁忙时占用宝贵的处理机时间。可以把这些工作分离出来，作为独立的任务，用专门设计的控制流去实现，在执行时赋予较低的优先级，使它们成为通常所说的后台进程。

(2) 高优先级任务：系统中的某些工作可能要求在限定的时间或者尽可能短的时间内完成。如果这些工作和其他工作搅在一起做，时间上就难以保证，可能达不到预期的目标。在这种情况下，把这些对时间要求较高的工作从其他工作中分离出来，作为独立的任务，用专门设计的控制流去实现，在执行时赋予较高的优先级，将有助于上述目标的实现。

(3) 紧急任务：系统在遇到紧急情况(例如供电网中断，甚至地震、战争等灾难性事故时)要求在极为有限的时间内完成一些至关重要的紧急处理。这些在紧急情况下必须立即处理的工作要作为单独的任务，用专门的控制流去实现。它的执行不允许任何其他任务干扰。

5. 参照 OOA 模型中的主动对象

在 OOA 阶段发现的主动对象是问题域中一些具有主动行为的事物的抽象描述。主动对象的一个主动服务，是在创建之后不必接收其他对象的消息就可以主动执行的服务，从系统运行的角度看，这意味着主动对象的一个主动服务是一个控制流的源头，在 OOD 中，通过考察 OOA 模型中的主动对象可帮助确定这些控制流。

6. 实现并行计算的控制流

尽管并行计算的目的也是为了提高性能，但是此类任务比较特殊，所以在这里单独讨论。如果被开发的系统包含并行计算问题，那么由一个任务分解成的每个可并行计算的子任务都应被设计为一个控制流。通常是用一个重量级的控制流——进程实现一个任务，用若干轻量级的控制流——线程实现各个子任务。

7. 对其他控制流进行协调的控制流

当一个结点上有多个控制流存在时，往往需要设计一个对这些控制流进行协调和管理的控制流。例如，可能要设计一个主进程，由它负责系统的启动和初始化，其他进程的创建与撤销，资源分配，优先级的授予等工作，也可能把负责协调的控制流设计成一个进程，而把其他控制流设计成它内部的线程。

8. 实现结点之间通信的控制流

如何在应用系统中实现结点之间的通信，与软件体系结构风格与实现技术有关，也与设计时系统的构造策略有关。在有些情况下可能不需要设计专门负责结点之间通信的控制流。但是在有些情况下，为了实现的方便，可能要设计一些专门负责与其他结点通信的控制流。

这些讨论旨在启发设计人员从各个不同的角度去考虑问题，尽可能全面地把系统中可能需要设计的控制流都找到。一个实际的系统可能并不需要以上讨论的每一种控制流。而且，设计者应该对自己初步考虑的每一种控制流做认真的鉴别和筛选，看它是不是真正有必要存在。要避免多余的并发，因为多余的并发意味着系统复杂性和运行开销的增加。

一些资深的开发者建议从以下几个角度考虑系统中并发执行的任务，即：事件驱动的任务、时钟驱动的任务、高优先级任务、低优先级任务、关键任务和协调者任务。其中，在谈到事件驱动的任务和时钟驱动的任务时，实际上是从如何实现进程的激活和唤醒来讨论的，并未告诉如何从需求的角度去发现这些任务。高优先级任务、低优先级任务、关键任务和协调者任务，相当于在以上第 5 点和第 8 点所讨论的问题。

6.5.4　用主动对象表示控制流

确定了系统中需要设立哪些控制流之后，面对的问题就是如何表示这些控制流。在面向对象系统模型中，系统的一切行为都是通过对象的服务以及它们之间的消息来表示的。控制流在这种由代表对象类的方块和它们之间的各种关系连接线所构成的类图中，实际上并没有被显式地表示，而是被隐含表示的。即使专门用于表现系统行为的交互图也不能很清晰地展示控制流。

但是从逻辑上讲,类图是能够把控制流描述清楚的。一个控制流是主动对象中一个主动服务的一次执行。它的执行可能要调用其他对象的服务,后者可能调用另外一些对象的服务,这就是一个控制流的运行轨迹。这里使用了"调用"这个词来描述在一个控制流中对象服务之间的消息传送,虽然有些局限性,但是从目前的实现技术来看,一个控制流内部的消息实现机制,本质上就是过程调用机制,它不引起处理机上的控制流切换。

1. 以过程抽象的观点看服务之间的调用

在计算机软件领域,过程抽象的原则告诉我们:可以把被调用的过程抽象地看作调用者过程的一个操作步骤,尽管被调用的过程实际上也是由一系列操作构成的。按照这种观点,从一个主动对象的主动服务开始,被它直接或间接调用的所有其他对象服务都是这个主动服务所描述的行为的一部分。主动服务的一次执行以及被它引起的一系列被调用服务的执行就是一个控制流。根据过程抽象的原则,可以说:主动服务的一次执行就是一个控制流。或者说,在面向对象的系统中,任何一个控制流都可以用主动对象的一个主动服务来描述。

2. 在主动对象的表示中区别进程和线程

主动对象类及其主动服务的表示法是:在类符号的名字栏,在类名之前增加一个字符@;在类符号的服务栏,在每个主动服务之前增加一个字符@。在OOD中,由于要区别一个主动服务所表示的控制流究竟是进程还是线程,所以要在上述表示法基础上,通过一定的书写规则对二者加以区别,即:如果一个主动服务需要被实现为进程,则在书写时对齐服务栏的最左边,如图6-2(a)所示;如果一个主动服务需要被实现为线程,则在服务栏中缩进一格开始书写,如图6-2(b)所示。

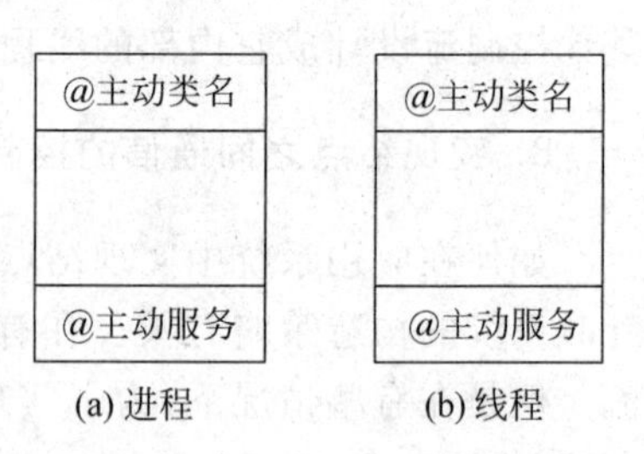

图6-2 主动对象类及其主动服务的表示法

图形表示法只是表达模型语义的一种直观的形式。对上述问题,一种表示法只要能够表明一个主动服务被实现为进程还是被实现为线程。至于用什么图形符号和用什么方式表示,只是形式问题。进程和它内部的线程只能分散在不同的对象中,而且也不能指明对象中的哪个操作是主动的,除非限制主动对象只含有一个操作。

3. 应用规则

用主动对象表示控制流,应遵循下列应用规划。

(1) 在一个表示进程的主动对象中,有且仅有一个表示进程的主动服务。

进程是一种重量级的控制流,它不仅是处理机的分配单位,也是其他计算机资源的分配单位。这些除处理机之外的其他资源往往要用对象的属性来描述。因此,若把多个进程合到一个对象中来表示就很容易引起混乱。正确的表示策略是对每一个进程都分别用一个主动对象来表示,同一类的全部主动对象用一个主动类来描述。

(2) 如果要把一个进程和隶属于它的线程分散到不同的对象中去表示,则尽可能使每个对象中只含有一个表示线程的服务。

这条规则不是强制性的，只是为了使模型更容易理解。如果既要把进程和线程分散到不同对象中表示，又不彻底分散，则显得不伦不类。采用这种分散的表示策略时，要把由进程创建其线程的消息表示出来。

(3) 如果要把进程和隶属于它的线程放在一个对象中表示，就应该把这个进程的全部线程都放在同一个对象中，避免一部分集中，一部分分散。

实行这一规则是为了使模型更容易理解，显得整齐和美观。在这样的一个对象内，也存在着由进程创建线程的消息。但是由于所有的线程都在一个对象中描述，不会产生任何误解，所以从这个类符号指向它自身表示创建线程的消息的连接线可以省略，不必在图中表示。

6.5.5 把控制驱动部分看作一个主题

用主动对象表示系统中所有的控制流，最终将在 OOD 模型中定义若干主动类。可以用一个主题把所有的主动类组织在一起，这个主题是 OOD 模型的控制驱动部分。在运行时，系统中任何一个控制流都是通过用控制驱动部分的一个主动类创建一个主动对象而得以创建的。控制流被创建之后，从描述这个控制流的主动服务开始执行，层层调用其他对象的服务，就形成了一个活动的流。所以说，控制驱动部分既是整个系统全部控制流的诞生地，又是驱动着它们并发执行的源头。

主题只是一种辅助机制，其作用是把一些类组织在一起，以便于观察和理解。为了达到这个目的，开发者可以从不同的视角在 OOA 模型和 OOD 模型中划分主题。对分布式的应用系统而言，在 OOD 模型中用主题表示系统在各个结点上的分布情况是必要的，因为它们有助于识别并发执行的控制流，也便于针对不同的结点分别进行系统实现。如果在一个结点上分布的类较多，在表示这个结点的主题中保留分析阶段识别的主题也是必要的，因为这将有助于对复杂结点的理解。对于由所有的主动类构成的控制驱动部分，只需要在概念上把它理解成一个主题，不一定要在模型中画出来。

6.6 医院的信息管理

6.6.1 系统概述

本系统适用于社区医院的信息管理。对于一个社区医院来讲，患者相对固定。因此需要对每位患者(会员)的个人信息及病史信息做记录，并且要对拥有医疗保险的患者单独管理。

本系统主要完成社区医疗信息管理系统的门诊导诊子系统、门诊挂号子系统和门诊医生子系统。主要功能如下。

门诊导诊子系统：会员卡管理，会员信息管理，会员统计查询，会员卡系统维护。

门诊挂号子系统：院内门诊挂号，医保门诊挂号，统计查询，系统维护。

门诊医生子系统：医嘱管理，工作量统计，查询管理，初始化维护。

6.6.2 设计约束

1. 需求约束

体系结构设计人员从需求文档:《用户需求说明书》和《软件需求规格说明书》中提取需求约束。

(1) 本系统应当遵循的标准或规范;

(2) 软件、硬件环境(包括运行环境和开发环境)的约束;

(3) 接口/协议的约束;

(4) 用户界面的约束;

(5) 软件质量的约束,如正确性、健壮性、可靠性、效率(性能)、易用性、清晰性、安全性、可扩展性、兼容性、可移植性等。

2. 系统约束

有可能会对系统设计产生影响但并没有在需求文档中明确指出,设计者应尽可能地在此处说明对用户教育程度、计算机技能、对支撑本系统的软件硬件要求。

该系统在设计上是符合现代社会的有关法律规定的。

6.6.3 设计策略

为了适应业务需求和机构改革的要求,系统在设计中为今后的结构变化预留了充分的空间,可以不间断地开发、完善各模块功能。根据系统的战略目标和发展方向,结合实际情况,形成了如下设计策略方案。

(1) 在子系统视图的粒度上,每个子系统都是一个独立的、可复用的组件;

(2) 在业务逻辑视图的粒度上,业务逻辑被封装成了一个独立于用户接口与数据库的组件。

6.6.4 系统总体结构

系统是在社区范围内的服务软件,主要运用了 MVC 体系结构,图 6-3 是 MVC 体系结构的分布式、分层体系结构。

6.6.5 逻辑设计

根据用户需求分析的结果,本项目主要完成社区医疗信息管理系统项目的如下子系统:门诊导诊子系统(会员卡管理、会员信息管理、会员统计查询、会员卡系统维护)、门诊挂号子系统(院内门诊挂号、医保门诊挂号、统计查询、系统维护)、门诊医生子系统(医嘱管理、工作量统计、查询管理、初始化维护)。据此:

(1) 以业务逻辑服务提供的视角来看,系统采用的是分布式对象体系结构模型。

(2) 以用户使用的观点来看,系统采用 B/S 结构模型。

(3) 以业务逻辑设计的视角来看,系统采用的是分层体系结构模型。

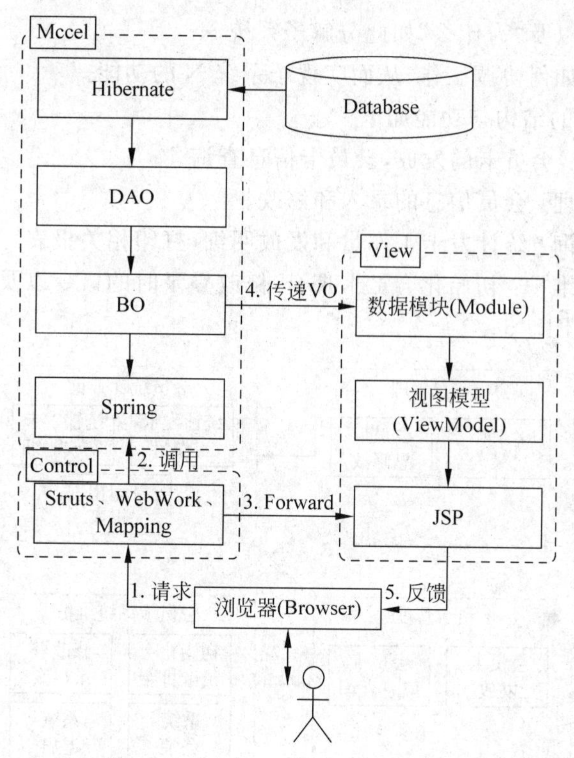

图 6-3　基于 Struts、Spring、Hibernate 的 MVC 体系结构

6.6.6　物理设计

结合具体应用，社区医疗信息管理系统的物理结构设计参看图 6-4。

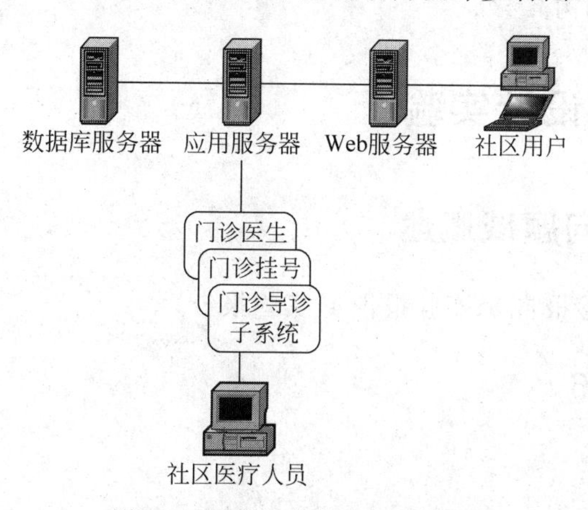

图 6-4　系统基本设计物理结构

6.6.7　子系统的结构与功能

(1) 将子系统 N 分解为模块(Module)，绘制逻辑图(如果物理图和逻辑图不一样的话，应当绘制物理图)，说明各模块的主要功能。

(2) 说明“如何”以及“为什么”如此分解子系统 N。

(3) 说明各模块如何协调工作,从而实现子系统 N 的功能。

门诊导诊子系统的结构与功能如下。

(1) 会员卡管理:会员卡的发放,会员卡信息查询。

(2) 会员信息管理:会员信息的录入和修改。

(3) 会员统计查询:统计发卡工作量和发放明细,打印相关报表。

(4) 会员卡系统维护:初始化会员卡押金,修改登录时的口令以及登录和退出系统。

其之间的关系见图 6-5。

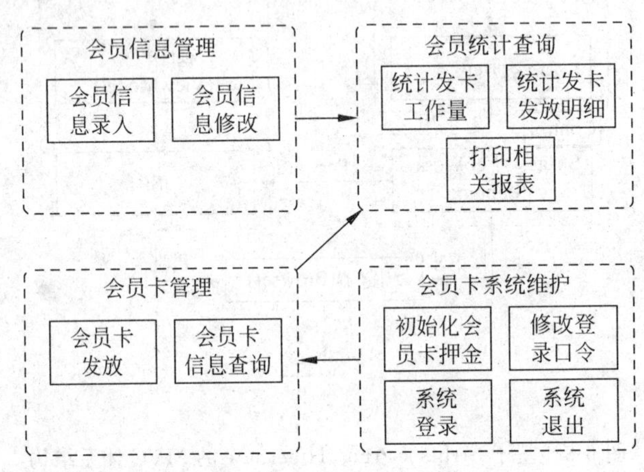

图 6-5 门诊导诊子系统结构

由物理结构可知,该系统还有门诊挂号子系统(院内门诊挂号、医保门诊挂号、统计查询、系统维护)、门诊医生子系统(医嘱管理、工作量统计、查询管理、初始化维护)。读者可以练习设计出其子系统结构。

6.7 系统结构设计实验

6.7.1 实验问题域概述

见实验报告 2、实验报告 3、实验报告 4、实验报告 5。

6.7.2 实验 6

1. 实验目的

(1) 熟悉系统总体方案的方法。

(2) 掌握软件体系结构,如何选择软件体系结构风格。

(3) 练习识别控制流。

(4) 学习正确进行系统总体结构设计、逻辑设计、物理设计、子系统的结构与功能设计。

2. 实验环境

(1) 计算机一台,互联网环境。

(2) 绘图工具、文字编辑等工具软件。

3. 实验内容

根据图书管理系统用户描述,在系统设计闭合行为原则下,依据分析所得控制流和各主题关系,参照软件体系结构风格,提出系统总体方案。进而设计出系统总体结构、逻辑结构、物理结构、子系统的结构与功能结构。

4. 实验步骤

(1) 准备好实验环境的机器(计算机)和互联网。

(2) 在机器上安装必要的软件平台(语言、绘图、文字编辑等)。

(3) 熟练掌握应用工具。

(4) 认真阅读题目,理解用户需求。把握闭合行为原则。依据分析所得控制流和各主题关系,参照软件体系结构风格,在系统总体方案指导下。首先设计系统总体结构;其次设计逻辑结构;然后设计物理结构;再然后设计子系统的结构与功能结构。

(5) 对所得图书馆系统的结构进行分析。

(6) 用语言系统对结构进行模拟,调整关系结构。

(7) 结束。

5. 实验报告要求

(1) 整理实验结果。

(2) 分析实验结果。阐述图书管理系统中的系统总体结构、逻辑结构、物理结构、子系统的结构与功能结构的分析过程,分析结构的合理性、结构的优缺点。

(3) 小结实验心得体会。

小 结

本章介绍控制驱动部分的设计。首先介绍了什么是控制驱动部分以及相关技术问题,然后给出控制驱动部分的具体设计步骤和方法。

综合练习

一、填空题

1. 分布式系统的体系结构出现过不同的几种风格:________、________、________、________。

2. 顺序程序指________,并发程序指________。

3. 选择体系结构风格所考虑的因素包括：________、________、________、________。

4. 识别控制流的策略有 ________、________、________、________、________、________、________、________。

二、选择题

1. 早期最典型的客户-服务器体系结构是以下(　　)。

A. 对等式客户-服务器体系结构　　B. 三层客户-服务器体系结构

C. 两层客户-服务器体系结构　　D. 瘦客户-服务器体系结构

2. 选择这些体系结构风格所考虑的因素不包括(　　)。

A. 被开发系统的特点　　B. 可用的软件产品

C. 网络协议　　D. 数据分布和功能分布

三、简答题

1. 系统总体方案的内容包括哪些方面?

2. 列举出几种典型的软件体系结构风格。

3. 列举用主动对象表示控制流,应遵循的应用规划。

第7章 对象设计

分析阶段决定要实现什么；系统设计阶段决定着手实现的计划，而对象设计则是决定在实现过程中使用的类和关联的全部定义，以及用于实现操作的各种方法的算法和接口。对象设计阶段加入了内部对象实现并优化数据结构和算法，对象设计仿效了传统的软件开发生命周期法初期设计。

本章介绍如何在分析模型的基础上完善分析模型，为实现打下坚实基础。在 OMT 方法学中，没有必要从一个模型转换到另一个模型，因为面向对象的范型已经跨越了分析、设计和实现全过程。面向对象范型在描述现实世界的详细说明和基于计算机的实现两方面应用得同样出色。

7.1 对象设计综述

对象设计是继分析和系统设计之后的重要设计阶段。对象设计不是从粗框的架构开始，而是对前述的分析和系统设计的精工细雕。设计者根据在实现系统设计时所选取的策略，加以丰富和完善细节。这里有一个从应用领域概念到计算机概念侧重点的转移。分析阶段开发的对象作为设计的粗框架，但对象设计必须从不同的方法中选取一种来实现，这种选取的着眼点是尽可能减少执行时间、内存和其他花费。特别是，在分析时所确定的操作必须用算法表达出来，其中复杂的操作应当分解成简单的内部操作。从分析中产生的类、属性和关联必须用具体的数据结构来实现，引入的新对象必须在程序执行过程中存储产生的中间结果，以避免重复计算。设计的优化也要适中，因为实现简捷、维护方便以及扩充容易，才是重要的目标。

7.1.1 从分析和系统结构着手

对象模型描述系统中对象的类，包括它们的属性和支撑的操作。分析对象模型中的信息必须以某种形式在设计中呈现出来。通常最简单和最好的方法就是把分析得出的类直接带进设计中，而对象设计成为添加细节并做出实现决策的过程。有时，分析对象不是显式地出现在设计中，这是由于计算效率的缘故分布于其他对象之中。更经常的是增加新的冗余类以提高效率。

功能模型描述系统中必须实现的操作。在设计期间，必须确定如何实现每个操作，选择操作的算法，并把复杂的操作分解成简单的操作。这种分解是一个必须在相关的低层抽象层次上重复迭代的过程。算法和分解的挑选应当使得重要的实现指标得以优化，譬如实现容易、可理解性和可操作性。

动态模型描述系统是如何响应外部事件，程序的控制结构是从动态模型导出来的。程序内的控制流必须既可以显式（通过内部调度机制，该调度程序识别事件并把事件映射成操作调用），也可以隐式（通过选择算法，该算法按照动态模型确定的顺序执行操作）地来实现。选择一个系统结构时已经为实现系统必要的决策而采取了一些步骤，选取整个系统总控制流和数据流，并把系统分成几个可管理的子系统，也决定了怎样把对象分配给处理器。体系结构的选择也将影响到如何把事件映射成操作的决策。

面向对象设计主要是改善或添加细节的过程。本章将介绍如何通过组织和分析模型，将一个分析模型演化成设计模型。

7.1.2 对象设计的步骤

在对象设计期间，设计必须遵循以下步骤。

(1) 组合三种模型以获取类上的操作。

(2) 实现操作的设计算法。

(3) 优化数据的访问路径。

(4) 实现外部交互式的控制。

(5) 调整类结构提高继承性。

(6) 设计关联。

(7) 确定对象表示。

(8) 把类和关联封装成模块。

面向对象设计是一个反复迭代的过程。当你认为对象设计在一个抽象层次已经完成之时，就要考虑在更深层次上增加细节和更满意的设计，这时可能会发现新的操作和属性必须加到对象模型的类之中，或者可能新类将被标识，新类也可能要修改对象之间的关系（包括改变继承的层次）等。如果发现对象设计已经反复迭代了好几次，不应该惊讶，这是很正常的现象。

7.1.3 对象模型工具

对象模型工具(OMTool，ObjectModelingTool)是一个为建立对象而设计的图形编辑器。应用 OMTool 可以较方便地创建、装入、编辑、保存和打印对象图。OMTool 设计的主要目的是提供简易自然的用户交互界面。

在 OMTool 出现之前，用通用的图形编辑器建立对象图，由它来通过线、矩形框和编辑文本等操作来建立对象图，这是相当枯燥乏味的过程。有了 OMTool 则方便多了，它允许用户直接由 OMTool 建模表示符号来建立对象图。例如，当用户移动类矩形框时，关系线保持连接并一起移动。OMTool 表示非逻辑结构，诸如悬挂关系线。用 OMTool 容易快速地构造和完成对象图。

OMTool 所确定的一个主要结构决策是同时存储逻辑和图形模型，图形模型存储画在屏幕上的图，包括符号表示的选择、符号表示的位置、线的长度等。逻辑模型存储图的基本含义，包括类、属性、操作和它们的关系。图形模型在与 OMTool 使用者交互和准备打印汇总方面是有用的。逻辑模型在语义检查以及与那些用来了解对象图的含义而无须关心对象图准确表示方式的后备程序交互是有用的。本章的例子取自 OMTool 中的图形模型和逻辑模型。

7.2 组合三种模型

经过分析之后，可以得到对象模型、动态模型和功能模型，而对象模型是对象设计的主框架。从分析得到的对象模型可以不表示操作。设计者必须把动态模型的动作和活动以及功能模型的处理转化成对象模型中与类相关的操作。要完成这个转换，需把分析模型的逻辑结构映射到程序的物理组织。

每个状态图描述了一个对象生命历史，变迁过程是对象状态的转变并且映射成对象上的一个操作，将操作对象与所收到的事件联系起来。在状态图中，变迁完成的动作同时依赖于事件和对象的状态。因此，实现一个操作的算法依赖于对象的状态。如果相同事件能被对象的多个状态接收，那么实现算法的编码必须包含依赖于状态的 CASE 语句（如果语言允许对象在运行时改变它的类的话，那么对象的状态可以作为初始的子类来实现，并且这种方法的分解机制取消了使用 CASE 语句的必要。正如前面所解释的，状态可被看作由约束条件产生的实例，但大多数面向对象程序设计语言不支持对象类的动态变化）。但是，在许多情况中，一个事件只能被一个状态接收，或者事件上的所有变迁都导出同样的动作，所以 CASE 语句也没有必要。

一个对象发送的事件可以表示另一个对象上的一个操作。事件经常是成对出现的，第一个事件触发一个动作，第二个事件返回结果或指出那个动作的完成。在这种情况下，只要事件是一个对象到另一个对象的单线程控制，成对的事件就能够被映射到执行动作的操作并提供了返回控制。在状态图中变迁初始化的一个动作或活动可以在功能模型中扩充成一个完整的数据流图。数据流图内的处理网络表示了操作的主体。图中的数据流是操作中的中间值。设计者必须把数据流图的图形结构转换成算法步骤中的一个线性序列。数据流图中的处理构成了子操作。它们中的一些，不一定是全部，可以是初始目标对象或其他对象上的操作。以下步骤是确定一个子操作的目标对象。

(1) 如果一个处理从输入流中抽取值，那么输入流是目标。

(2) 如果一个处理有相同类型的输入流和输出流，而且大部分输出值是输入流更新版本，那么输入输出是目标。

(3) 如果一个处理由几个输入流得出输出值，那么该操作是一个输出类上的类操作（构造函数）。

(4) 如果一个处理的输入来自或输出到达一个数据存储或施动者，那么数据存储或施动者是处理的一个目标（在某些情况下，这样的处理应被分为两种操作，一种作为施动者或数据存储的，另一种作为数据流值的）。

初始目标类是提供内部操作（是初始目标类的操作之一）的任何类的客户。这种客户-供应商的关系定义了调用图的操作结构（有时称为程序结构图表）。

7.3 设计算法

每个在功能模型中确定的操作必须构成一个算法。分析的详细说明从它的客户观点告诉操作要做些什么，但算法则说明如何完成操作。一个算法可以分成简单操作的调用，继续递归分解下去，直到最底层操作为止，简单到可以直接实现，而不需要进一步改进。

算法的设计者必须：

(1) 选择实现操作花费最小的算法。

(2) 给算法选择合适的数据结构。

(3) 必要时定义新的内部类和操作。

(4) 给合适的类指定操作响应。

7.3.1 选择算法

许多算法已足够简单，功能模型中已经详细说明构造了满意的算法，因为关于做什么的描述同时也表示了如何实现。很多操作只是简单地通过遍历对象——链接网络中的路径来检索或改变属性或链接。例如，图 7-1 表示了一个类矩形框对象，它包含一个操作表，其中依次包含一组操作条目对象。没有必要写一个算法来找到含有一个给定操作条目的类矩形框，因为通过唯一的链接的简单遍历就可以查到其值。需要采用有价值的算法主要有两个原因：实现没有给出过程说明的功能和优化一个定义简单但效率甚低的算法。

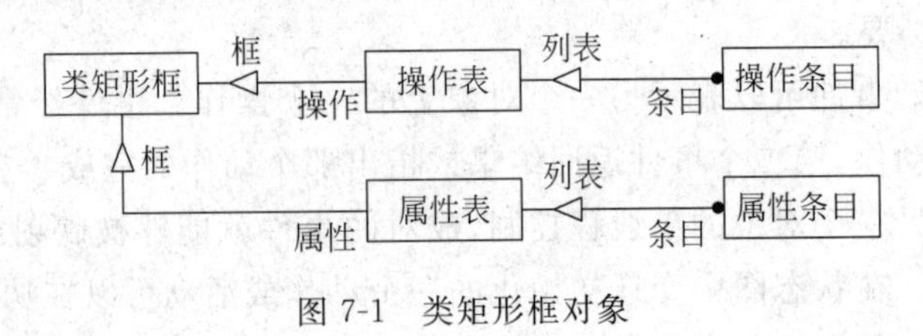

图 7-1 类矩形框对象

某些功能被作为说明性约束确定，而无过程定义。例如，“三点确定一个圆”的圆的非过程说明。在这种情况下，必须使用自己对情况认识的知识或经验（并参考一本合适的书）设计一个算法。多数几何问题的本质是寻找合适的算法并证明它们是正确的。诸如所给出的上面的例子。

多数功能有简单的数学或过程定义。同样，简单的定义往往也是计算功能的最好算法，或者接近于另外一些算法，这些算法为了清晰而失去了一些效率。例如，图 7-1 中的类矩形框，首先要画出框的轮廓，然后再迭代地画出其组成部分、操作表和属性表。

在另一些情况中，操作的简单定义会非常低效并且需要用一个更有效的算法来实现。例如，在一个有 n 个元素的集合中，通过扫描查找一个值，平均需要 $n/2$ 次操作，而二分法查找只需 $\log n$ 次操作，散列杂凑(Hash)查找不管集合大小，平均只需不多于两次操作。

算法的抽象层次不应低于对象模型的最小层次。例如，在给图 7-1 的类矩形框构造递归算法中，担心画出矩形框图符的低层调用是没有必要的，也不必为对象内部的普通操作写琐碎的算法，诸如属性值的设置或访问。

在选取算法中需要考虑以下问题。

(1) 计算复杂度。处理的时间是如何随着数据结构大小的功能而增加的？不要担心效率上的次要因素——避免“点滴推进”。例如，如果能提高清晰性，一个间接的额外层次也是无关紧要的。不过，最主要的是要考虑算法的复杂度，即执行时间（或内存）是如何随着输入值个数的增加而增加的——恒定时间、线性关系、平方关系或指数关系——以及处理每一个输入值的花费。例如，名声不好的“冒泡排序”算法的时间与 n^2 成正比（n 是表的大小），而大多数可选排序算法的时间与 $n\log n$ 成正比。

(2) 易于实现性和可理解性。如果采用简单的算法能快速实现，一些非关键操作上的某些性能值得放弃。例如，OMTool 图中的一个 pick 操作是通过对顶层图元素的递归搜索实现的，诸如类矩形框和关联，工作在此上的基本元素，诸如独立的属性条目。理论上这不是最有效的算法，但它实现简单而且易于扩充。在这里，速度不是主要问题，因为只有当用户单击按钮后操作才被执行，而且一页上的元素个数也是有限的。

(3) 灵活性。大多数程序迟早总会被扩充。高度优化的算法往往是以牺牲可读性和易于修改为代价的。一种可能是为一个关键操作的实现提供两种途径——一种是可以快速实现和对系统有用的简单但效率低的算法。与此算法相反，另一种算法是复杂且高效的算法，这个算法正确执行好检查。例如，一个从图中选取对象的很复杂的算法可以通过把庞大的平面数据结构中的所有对象进行空间排序来实现。这个算法对于大型图是比较快的，但它给对象的形式强加了约束，并要求算法要知道所有对象的细节。在任何情况下，初始的简单算法能用于做正确性检查。

(4) 精细协调对象模型。如果对象模型构造不同，将会有别的选择吗？例如，图 7-2 表示 OMTool 中的图元素和窗口之间映射的两种设计。在最初的上层设计中，每个图元素含有一系列窗口，在窗口中图元素是可见的。这是低效的，因为每个窗口都要分别对元素集合操作。在低层设计中，每个元素属于一个页面，它可以出现在任意数目的窗口中，页面上的图像可以计算一次，然后以位映像操作复制到每个窗口。使用间接的额外层次对于减少重复操作是值得的。

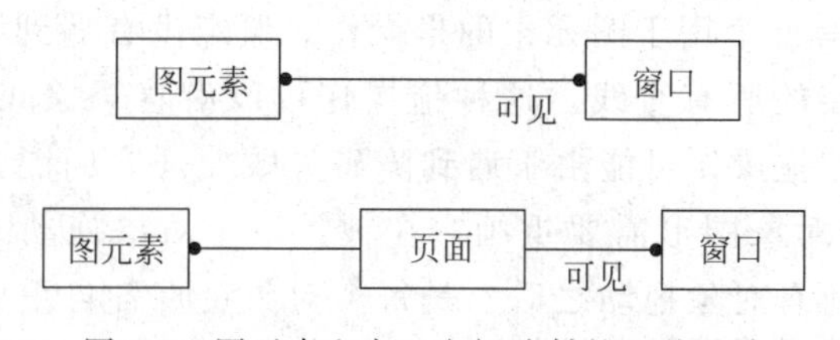

图 7-2 图元素和窗口之间映射的两种设计

7.3.2 选择数据结构

选择算法包含选择它们使用的数据结构。分析阶段的工作只集中于系统中的信息逻辑结构，而在对象设计阶段，必须选择满足高效算法的数据结构的形式。数据结构不向分析模型中添加信息，但按一定形式组织数据结构，可以方便算法使用。许多实现数据结构都是容器类的实例。这样的数据结构包含数组、表、队列、堆栈、集合、包、字典、关联、树和很多这些数据结构的变种。诸如，优先队列和二叉树。大多数面向对象语言提供了通用类结构的组合,作为它们预先定义类库的一部分。

例如,图片中的图元素必须以某种特定的顺序在屏幕上画出,因为后面画的可以覆盖先前画的,为了满足允许连续次序,它们被组织成有序列表。

7.3.3 定义内部类和操作

在算法扩充时,对象新类可能需要保存中间结果。在高层操作分解中,可能会发现新的低层操作。

复杂操作可以根据较简单对象上的低层操作来定义。这些低层操作必须在对象设计阶段定义,因为它们大多数都不是外部可见的。一些被要求的低层操作可以在"采购单"操作中找到,这些操作是在分析阶段被确认为有用的。在扩充高层功能时通常有必要加入新的内部操作。例如,OMTool 对图元素的操作在概念上是简单的,但它在屏幕上基本像素点的实现却是很复杂的。擦除一个对象,必须画背景的颜色,然后由于擦除而出现或因写像素而被破坏的对象必须用重画来修复。修复操作完全是一个必要的内部操作,因为工作在基本像素的屏幕上。

当到达设计阶段的这一步时,可能不得不加入一些用户在问题的描述中没有直接提到的新类。这些低层类是建立在应用类之外的实现元素。例如,OMTool 类矩形框图形是由矩形、直线和不同字体的文本组成的。在 OMTool 中,低层图形元素来自图形工具箱模块,它向系统其余部分提供了服务功能,典型的低层实现类放在一个特殊的模块中。

7.3.4 指定操作的职责

许多操作有明显的目标对象,但某些操作可在一个算法中的几个地方被几个对象之一执行,只要它们最终能完成。这样操作通常是带有许多结果的复杂的高层操作的一部分。对这样的操作指定职责是很困难的,而且它们在设计对象类时很容易被忽略,因为它们不是任何一个类所固有的部分。

例如,OMTool 中有一个用于图元素的拖操作。假定没有遇到阻碍,拖动矩形框及移动矩形框以及与它连接的所有直线。这种拖操作可以沿着对象间的连接从一个对象传播到另一个对象。某些拖操作可能由于遇到障碍失败而需要回溯。最后,图形应在屏幕上重画,什么时候每个对象图形需要重画?在被另一个对象拖动之后,还是在拖动另一个对象之后?还是在所有对象拖动之后?是每个对象负责各自重画,还是整个图负责自身重画?这些问题都很难回答,因为把一个复杂的有意义的外部操作分解成内部操作是任意的。

当一个类在现实世界中是有意义的,那么在其上的操作通常也是清晰的。但在实现阶段,引入的内部类与现实世界对象没有对应关系,而至少它们在某些方面有些对应。由于内部类是为实现而建立的,它们有不同程度的随意性,它们的边界也是出于方便的考虑,而不是逻辑原因。

如何确定操作归属哪个类呢?当操作只涉及一个对象时,确定是容易的,要求(或告知)那个对象完成这个操作。当一个操作涉及不止一个对象时,确定就比较困难了。应该确定哪个对象在操作中起主导作用。对自己提出下列问题:

（1）当其他对象执行动作时，是否有一个对象在起作用？通常，最好是把操作与操作的目标联系起来，而不是与初始化程序联系起来。

（2）当其他对象只查询所包含的信息时，操作是否修改另一个对象？被改动对象是操作目标。

（3）检查涉及操作的类和关联，看哪个类是这个对象模型的子网中最集中的，如果类和关联都围绕一个中心类形成星状，那么它就是操作的目标。

（4）如果对象不是软件，而是在内部表示的实际对象，你应推（Push）、移动（Move）、激活（Active）什么真实对象，或操纵其他什么真实对象去初始化一个操作？

有时，为一个概括层次中的类指定操作是困难的，因为层次中子类的定义往往是不固定的，而且设计阶段为了方便而经常修改。在设计阶段，当操作的作用域被调整时，把一个操作在层次结构中移上和移下是常见的。

7.4　设计优化

基本设计模型把分析模型作为实现的框架。分析模型获取有关系统的逻辑信息，而设计模型必须增加细节以支持有效的信息存取。低效而语义上正确的分析模型可以通过优化而提高实现效率，但一个优化系统会比较含糊而且在别的情况下的可用性会降低。设计者必须努力在效率和清晰性上加以合适的权衡。

优化设计阶段，设计者必须：

（1）要减少访问花费和增大简便性，应添加冗余的关联。

（2）要获得更高的效率就应重新安排计算。

（3）要避免复杂表达式的重复计算，应保存导出属性。

7.4.1　添加冗余关联获取有效访问

在分析阶段，关联网中是不希望有冗余的，因为冗余关联不会增加任何信息。但是在设计阶段要评估实现的对象模型结构。有优化完整系统的关键方面的网络的具体安排吗？网络需要通过添加新关联来重构吗？已存的关联能够省略吗？在分析阶段中有用的关联，在考虑到不同类型访问的模式和相对频率时，可能形成最有效的网络。

为了演示访问路径的分析，考虑一个公司雇员技能数据库的设计。图7-3表示了分析阶段的对象模型的一部分。Company：：find-skill操作返回一组给定技能的公司雇员的信息。例如，可能需要所有讲法语的雇员信息。

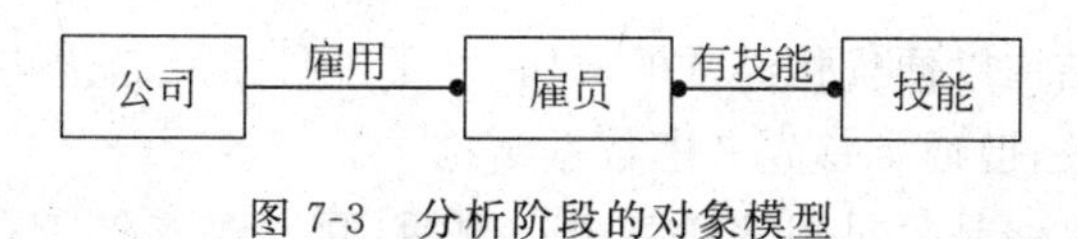

图7-3　分析阶段的对象模型

对这个例子，假定公司有1000个雇员，每个雇员平均有10种技能。一个简单的嵌套循环会遍历雇员1000遍和有技能10 000遍。若事实上只有5个雇员会讲法语的话，那么命中率是1/2000。

也可以做一些改进。首先,有技能不必用一个无序表实现而应用散列杂凑集合实现。散列(Hash)法执行时间不变,所以检查会讲法语的雇员的花费也是常数,只要"会讲法语"是由一个唯一的技能对象来表示即可。重新调整后的测试次数从10 000降到1000,即每个雇员一次。

因为仅有一小部分对象满足测试条件,所以这种查询的命中率很低。在这种情况下,可以给那些经常需要检查的对象建立索引以便改善访问效率。例如,在公司和雇员之间增加一个资格关联"会话语言"(见图7-4),这就允许直接访问会讲具体语言的雇员而不必浪费访问时间。索引的花费是:需要添加内存,并且它必须随着基本关联的更新而被更新。设计者必须决定什么时候值得建立索引。

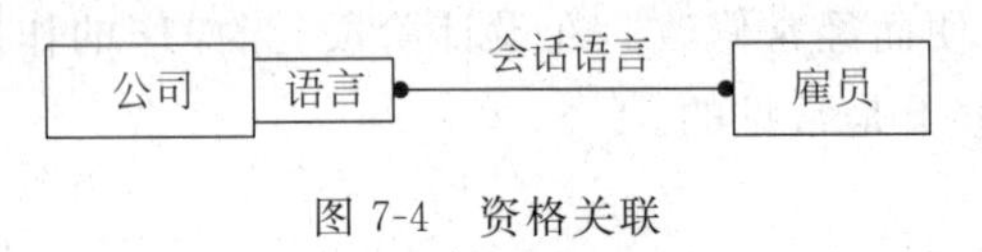

图7-4 资格关联

注意:对于命中率接近的查询就不需要索引,因为测试命中率接近1,所以索引并没有节省多少时间。

会话语言是以基本关联为基础的一个导出关联。导出关联没有给网络增添任何信息,但它允许模型信息以更有效的方式访问。

在关联网络中路径使用的分析如下。

检测每个操作,看看什么样的关联必须遍历才能获取信息。注意那些双向遍历的关联(通常不是一个操作)以及那些单向遍历的关联,后者能用单向指针有效地实现。

对每个操作,注意下列各项。

(1) 如何经常调用这个操作?执行的花费又是如何?

(2) 沿通过网络的路径的"扇出"是什么?估计路径上碰到的"多"端关联的平均数目,把各个"扇出数"相乘得到整个路径的扇出数,它表示了路径中最后一个类的访问数目。注意,"1"端连接不增加扇出,虽然它们也增加了每个操作的花费,但不必担心这些影响。

(3) 最终类上的"命中"部分是什么?也就是说满足标准的对象及其上的操作。如果大多数对象由于某种原因在遍历时被拒收,那么用一个简单嵌套循环来查找目标对象可能是低效的。应给经常执行、花费较大而命中率很低的操作提供索引,因为这样的操作如果通过嵌套循环遍历网中的路径来实现的话,会是低效的。

7.4.2 重新安排执行次序以获得效率

调整对象模型的结构以便优化经常的遍历后,下一件事就是优化算法本身。实际上,数据结构和算法直接相关,但通常首先考虑数据结构。

优化算法的关键之一是尽早消除死路径。例如,假设要查找所有会讲法语的雇员。假定5个雇员讲法语,100个雇员讲英语。最好先检查和查找讲法语的,然后检查他们是否讲英语。通常,这可能使搜索范围尽可能的窄,有时一个循环的执行顺序必须由功能模型中的初始规范说明转换获得。

7.4.3　保存导出属性避免重复计算

冗余的数据，因为它从其他数据导出，所以为了避免重复计算，减少计算机的总开销，可以在它的计算形式中“缓存”或存储。新的对象或类可定义为保留这个信息。如果所依赖的对象改变，包含缓存数据的类必须更新。

图 7-5 表示使用关联作为缓存的情形。

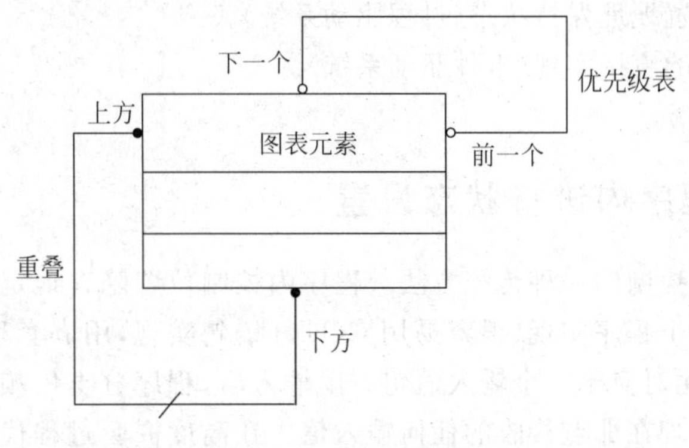

图 7-5　关联作为缓存

一个包含部分重叠元素的优先级表，如果一个元素移动或删除，其下的元素就必须重画。浏览本页优先级表中在被删除元素之前的所有元素，并且，与所删除元素比较，就可以找到重叠元素。如果元素的数目很大，此算法随元素个数线性增长。重叠关联存储那些在表中覆盖的一个对象，以及在对象之前的元素。这个关联在新元素添加时必须更新，但用此关联来测试覆盖是很有效的。导出属性必须在基值改变时被更新。当需要修改时，有三种方法可辨认：显式代码、定期重算和使用激活值。

下面分别加以介绍。

(1) 显式代码。每个导出属性按一个或几个基本的基对象定义。设计者判别哪些导出属性是受基本属性变化影响的，并把代码插入到基对象的更新操作，以显式地更新依赖于对象的导出属性。

(2) 定期重算。基础值经常批量更新。有时定期对所有导出属性进行重算，而不需要在每个基值变化时都重算。重算所有导出属性比增量更新更有效，因为某些导出属性可以依赖于几个基本属性并且用一种增量方法更新几次。同时，定期重算比显式代码更新来得简单，而且不易出错。另一方面，如果数据集合每次增量改变一些对象，则定期重算是不切实际的，因为太多的导出属性需要被重算而事实上只有几个受到影响。

(3) 激活值。激活值是一个有依赖值的值。每个依赖值本身自动记录激活值，其中包含一组依赖值和更新操作。更新基础值的操作触发了对所有依赖值的更新，但调用代码不必显式地调用更新。把调用代码从依赖对象更新分开，就获得了同类型的模块化的优点，就像把操作的调用与它可能调用的方法分开一样。某些程序设计语言支持激活值的实现。

7.5 控制实现

设计者必须改进实现动态模型中提出的状态-事件模型的策略。作为系统设计的一部分,你将选择实现动态模型一个基本策略。在对象设计中,现在你必须丰富这一策略。

实现动态模型有如下三种基本方法。

(1) 在程序内设置地址保持状态(过程驱动系统)。

(2) 状态机机制的直接实现(事件驱动系统)。

(3) 使用并发任务。

7.5.1 在程序内进行状态设置

这是用程序表示控制的一种传统方法。程序内控制位置隐含地定义了程序状态,任何有限状态机能作为一个程序实现(很容易用 GOTO 语句实现,用嵌套程序结构实现有点儿难)。每个状态变迁相对应于一个输入语句。读输入后,程序分支依赖于接收的输入事件。每个输入语句需要处理在那点接收的任何输入值。在高度嵌套过程代码中,低层过程必须接收它们不知道的输入,并把输入传播到过程调用的许多层次,直到某个过程准备好处理它们。缺乏模块化特点是这个方法的最大缺陷。

把状态图转换成代码的技术如下。

(1) 识别主控路径。从初始状态开始,识别每条通过期望的事件序列的图的路径。以线性序列沿这一路径写出状态名称,这就成为程序中的语句序列。

(2) 识别从主路径分支出去,并在以后重新结合的备用路径。这将成为程序内的条件语句。

(3) 识别从主循环转移出去又重新在前面结合的反向路径,这会成为程序内的循环。如有不交叉的多条反向路径,它们将成为程序内的嵌套循环。交叉的反向路径是不嵌套的。如果所有的 ELSE 条件都不满足,则可以用 GOTO 语句实现,但这样的路径是极少见的。

(4) 余下的状态和变迁相对应于例外条件。它们可以用几种技术处理,包括错误处理子程序,语言支持的异常例外处理或状态标志设置和检测。异常例外处理使一种编程语言中 GOTO 语句得以合法使用。因为使用它们常常可以简化跳出嵌套结构的方法,但要注意只有在真正必要时才使用 GOTO 语句。

7.5.2 状态机器引擎

实现控制最直接的方法是有显式表示和执行状态机的一些方式。例如,通用的"状态机引擎"类能够执行由应用提供的一个变迁表和动作表表示的状态机。每个对象实例包含它自己独立的状态变量,但要调用状态引擎去决定下一个状态和动作(状态机是对象但不是应用对象,它们是支持应用对象语义的语言构造的一部分)。

通过定义对象模型的类、动态模型的状态机和建立动作例行程序,这种方法允许用户快速地由分析模型获得系统的框架原型。例行程序是函数和子程序的最小定义(应当包含返回预计算和设计值的编码)。这样,如果每个例行程序都输出它的名称,这种技术使用户通过执行框架应用来验证基本控制流是否正确。

像UNIX的Yacc或Lex这类语法分析程序，产生一个显式的状态机来实现用户界面。一些应用软件包，特别是在用户界面方面，允许状态机用表格形式提供，它可以通过软件包解释。

使用面向对象的语言创建状态机机制不是特别困难，而且当用户手头上没有状态机工具包时，也是一个实际的选择，这是应当考虑的事。

7.5.3　控制作为并发任务

在编程语言或操作系统中的对象可以当作一个任务来实现。这是一个通用的方法，因为它保留了实际对象的内在并发性。使用语言或操作系统的工具，事件可作为内部任务调用实现，正如前面所介绍的那样，任务使用程序中的位置来保持跟踪它的状态。

某些语言，诸如并发的PASCAL或并发C＋4－，支持并发操作，但在生产环境中采纳这些语言仍受到限制。虽然运行时间花费较高，Ada支持并发性，提供一个对象是与一个Ada任务等同看待的。目前主要的面向对象语言仍未支持并发性。

7.6　继承的调整

随着对象设计的深入，经常可以用调整类和操作的定义来增强继承的数量。设计者应当：

(1) 重新安排和调整类及操作以增强继承性。

(2) 从类组合中抽象出共同特性。

(3) 当继承的语义不正确时，使用授权的共享行为。

7.6.1　重新安排类和操作

有时，相同的操作在多个类中定义并能很容易地从公共祖先中继承，但更经常的操作是，在不同的类中是相似的，但不相同。对操作或类的定义稍做改动，就可使这些操作变得一致，从而用一条所继承的操作就可覆盖它们。

在能够使用继承之前，各操作必须有相同的界面和相同的语义。所有操作必须有相同的签名，即参数个数相同，结果和参数的类型相同。如果签名匹配，那么还必须检查操作是否有相同的语义。

下列调整类型可增加继承的机会。

(1) 某些操作的参数可能比其他的少，可以添加失去的操作，但不能忽略。例如，在单显上的绘图操作不需要颜色参数，但为了与彩色一致可以接收和忽略这个参数。

(2) 某些操作可能有较少的参数，因为它们更通常的是参数可能有特定的情况。通过用适当参数调用通用操作实现特定操作。例如，表元素添加是插入的特定情况，在表末尾插入元素。

(3) 不同类中的相似属性可以有不同的名字。给相似属性以相同的名字并移到一个公共的祖先类中，然后访问这些属性的操作就更容易匹配。也可以检查带不同名字的相似操作。一致命名策略对防止隐含相似性非常重要。

(4) 一个操作可以在同组的几个不同类中定义，而不能在其他类中定义。把公共祖先类定义并说明成与类无关的空操作。例如，在 OMTool 中的起始编辑操作中把矩形框类等图形放在一个特定的绘图模式中，允许快速重新估量大小，同时内部文本被编辑。其他图形没有特定图形模式，所以这些类的起始操作就没有影响。

7.6.2 抽象出公共的行为

使用继承的机会并不总是在开发的分析阶段认识到，因此需要重新检查对象模型，寻找类与类之间的共同性。另外，新类和操作通常是在设计中添加的。如果一组操作和属性看起来像是在两个类中重复，那么当高层抽象观察时，这两类实际上可能是同一事物的特殊变化。

如果区分出了公共特性，那么可建立一个实现共享特性的公共超类，在子类中只留下专门的特性。这种对象模型的转换称为抽象出公共超类或公共的行为。通常结果超类是抽象的，也就是说它没有直接的实例，但它所定义的行为却属于它的子类的所有实例。例如，在显示屏上的几何图形的 draw 操作需要几何的设置和绘制。在不同图形之间，诸如圆、直线和样条线，绘制是变化的，但颜色、线宽和其他参数的设置可以通过抽象类 Figure 被所有图形类所继承。

有时，抽象出超类是很有价值的，甚至在项目中仅有一个子类继承它也是有价值的。虽然在当前项目中没有产生任何共享行为，但这些创建的抽象超类在未来的项目中可能重用，它甚至值得加到你的类库之中。当一个项目完成后，应当搜集潜在的可重用类、文档和概括，从而可以在未来的项目中使用。

抽象的超类有不同于共享和重用的好处。把一个类分成两个，即从更通用的方面分离出具体的方面，是模块化的一种形式，每个类独立地带有保留良好文档界面的成分。

抽象超类的创建也可以提高软件产品的可扩充性。如果你想给一个大型计算机控制系统设计温度检测模块，就必须使用一种特殊类型的传感器(J55 型)，这种传感器使用特殊的读温度方法，并用公式把原始数据转换成摄氏温度。你可以用一个类来实现所有这个行为，在系统中对每个传感器都有一个实例。但 J55 传感器不是唯一有效的，可建立一个抽象 Sensor(传感器)超类定义所有传感器公共的一般行为。传感器 J55 的特殊子类实现相对这个类的特殊的读数和转换。

现在，当你的控制系统改用一种新型传感器时，所要做的只是完成不同的特殊行为的模型子类，公共行为已经实现了。最好的可能是在使用这些传感器的大型控制系统中不改变单一行的代码，因为界面和传感器超类中的定义是相同的。

抽象超类在提高软件维护、分布使用的配置管理方面是巧妙而重要的方法。假如你的控制系统软件必须在全国许多工厂中分布使用，每个工厂有不同系统结构，包含温度传感器的不同组合，有些工厂仍在使用旧型号 J55，而一些已改用新型号 K99，一些工厂可能采用两种类型的混合型，生成适应各不相同的结构(按规格定制)的软件版本是很乏味的。

实现上，你可以用包含各种已知传感器型号的子类作为一个软件版本。软件安装时，读入用户提供的结构文件告诉哪个部位使用哪种型号，并创建处理该传感器类型的特殊子类的实例。所有其余代码把传感器看作是传感器超类中定义的相同的传感器，甚至可以动态地(在系统运行中)改变传感器的型号，只要通知软件创建一个新对象来管理新型传感器。

7.6.3 使用授权共享实现

继承是实现概括的机制，其中超类的行为可被它所有的子类共享。只有当确实存在概括联系时，即仅当子类是超类的一种形式时行为共享才是合法的。对重写相应的超类操作的子类操作应提供超类所提供的相同的服务，甚至可能更多的服务。当类B继承类A的详细说明之时可以认为类B的每一个实例是类A的一个实例，因为它们的行为相同。

有时，程序员把继承作为实现工具，而不打算保证其相同行为。已实现存在的类通常能完成新定义类所需要提供的行为，虽然两个类在其他方面不同。

然而，设计者试图从已存在的类中继承以完成新类中的部分实现。如果继承的其他操作提供不用的特性，那么就会导致问题出现。不主张使用这种实现的继承就是因为它会导致错误的行为。

举一个实现继承的例子。假设你要实现一个Stack(栈)类，且已存在可用的List(表)类。可以尝试从List得到Stack，把一个元素压入栈可以通过表尾添加一个元素实现，从堆栈中弹出一个元素又对应于从表尾移出一个元素。但也继承了任意位置增加、移动元素的不必要的表操作。如果用到这些操作(因错误或短路)，那么栈类将不能正常运行。

如果想把继承作为一种实现技术，通常可以用一种更安全的方法达到相同的目的，即把一个类作为其他类的属性或关联。

在这种方法中，一个对象可以选择性地使用其他类的功能，使用授权而不是继承。授权由包括提取一个对象上的操作送到第二个对象组成。该对象是第一个对象的一部分或与第一个对象有关。只有有意义的操作授权给第二个对象，因此不存在偶然继承无意义的操作的问题。

栈的安全实现授权给表类，如图7-6所示。每个栈的实例包含一个表的私有实例(这个聚合的实际实现可以按7.7节讨论的来优化，可能是使用嵌入对象或指针属性)。Stack::push操作，用调用最后和添加操作在表尾添加元素，弹出(pop)操作使最后和删除操作与压栈(push)操作相类似的方式实现。

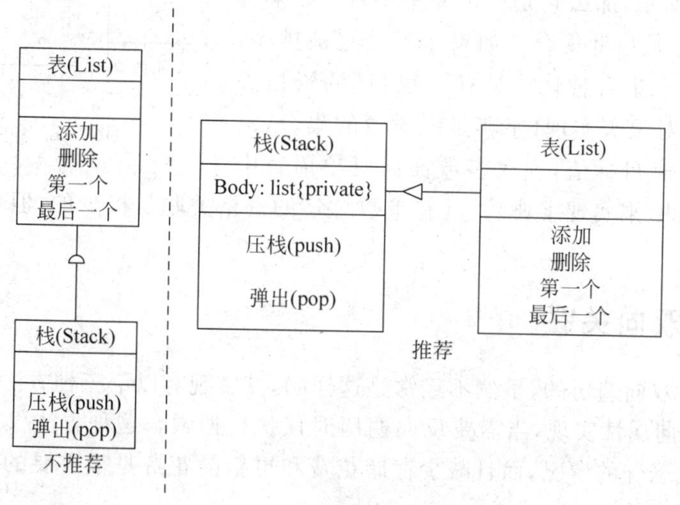

图7-6 栈的安全实现授权

一般地说，为严格起见，最好不要使用继承。对某一类的实例也是另一个类的实例的情况，继承的使用可以保留。

某些语言，诸如 Eiffel 和 C++，允许子类继承超类的形式但选择性地继承其祖先操作，选择性地向用户提供操作，这相当于使用授权，因为子类不是超类所有方面的形式，不会出现混淆。

7.7 关联设计

关联是对象模型的纽带，提供对象之间的访问路径。关联是用于建模和分析的有用的概念实体。在对象设计阶段，必须系统地阐述对象模型中关联的实现策略。既可选择实现所有关联的整体策略，也可为每一个关联选择一个特殊技术，考虑它在应用中的实际使用。为了明智地决定关联，先要分析它们的使用方法。

7.7.1 分析关联遍历

人们一直把关联看作是双向的，从抽象意义来说这当然是对的。但如果在应用中某些关联只是单向遍历，可以简化实现。由于应用需求可能要改变，可能以后要增加需要反向关联的操作。

对原型法总是使用双向关联，从而能较快地添加新的行为，扩充或修改应用程序。对生产来说，优化一些关联，不管选择哪一种实现关联，都应当隐藏使用遍历和更新关联访问操作的实现。这就允许以最少的影响来改变决策。

7.7.2 单向关联

如果一个关联是单向遍历的，那么它可以用指针来实现，指针是一个包含对象引用的属性。如果重数是“1”，如图 7-7 所示，那么它是一个简单指针；如果重数是“多”，那么它是指针集合。如果“多”结尾被排序，那么表可以用一个集合替代。具有重数“1”的资格关联可以作为字典对象来实现（字典是一对值的集合，它将鉴别器值映像成目标值，在大多数面向对象语言中用杂凑技术（Hash）来实现字典）。具有重数“多”的资格关联是极少的，但可以作为对象集的字典来实现。

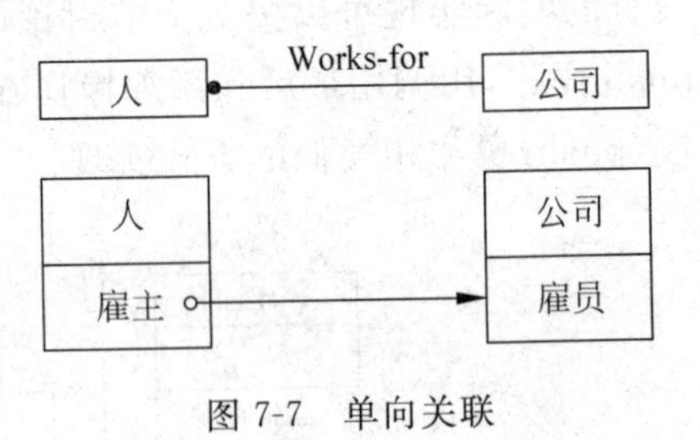

图 7-7 单向关联

7.7.3 双向关联

许多关联是双向遍历的，虽然不经常是这样的，其实现有以下三种方法。

(1) 作为单向属性实现，当需要反向遍历时仅执行搜索。这种方法仅用于两个方向的访问次数有很大悬殊的情况，而且减少存储花费和更新的花费是很重要的。稀疏的反向遍历代价是极其昂贵的。

(2) 作为双向属性实现，使用 7.7.2 节列出的技术，如图 7-8 所示。这种方法允许快速访问,但如果更新其中某个属性,那么其他属性也要更新以保持其链接的一致性。当访问次数超过更新次数时,这种方法很有效。

(3) 作为独立的关联对象实现,与其他类无关。一个关联对象是存储在单边的大小可变的对象中的一对关联对象的集合。从效率上考虑,关联对象可用双向对象来实现,一个向前,另一个向后。访问速度比属性指针方法稍慢,但如果使用杂凑方法访问仍然是常数。这种方法适用于扩展而不能修改库中预先定义的类,因为关联对象可以不增加原始类任何属性就能够添加对象。这种独立关联对象对稀疏关联也很有用,其中类的许多对象不必参加进来,因为只有实际链接才需要空间。

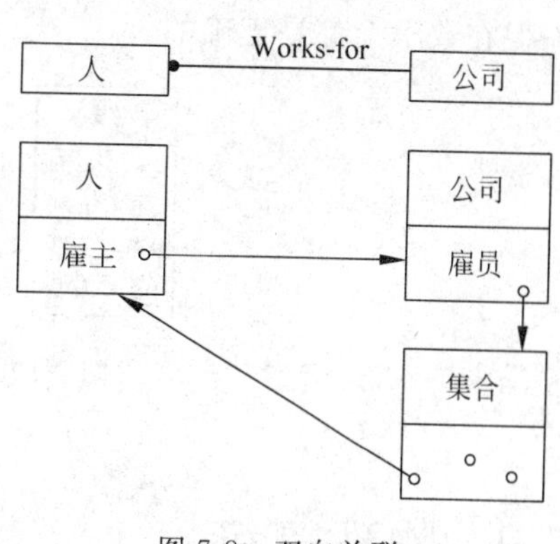

图 7-8　双向关联

7.7.4　链接属性

如果关联具有链接属性,那么它的实现与重数有关。如果关联是一对一的,那么链接属性可作为其中一个对象的属性存储;如果关联是多对一的,链接属性可作为"多"端对象的属性存储,因为每个多端对象关联中只出现一次;如果关联是多对多的,链接属性不可能是与一个对象关联,最好的办法通常是用特殊类实现关联,其中每个实例代表一个链接和它的属性。

7.8　对象的表示

对象的实现几乎都是简单明了的,但设计者必须选择何时使用简单类型表示对象,何时组合相关对象。

类可以用其他类定义,但最终必须根据内置原始的数据类型来实现,诸如整数、字符串、枚举类型。例如,考虑雇员对象中的社会保险号的实现如图 7-9 所示。社会保险号属性可用整数或字符串实现,或者作为社会保险号对象的关联,其中社会保险号对象本身既可以包含整数,又可以包含字符串。定义一个新类可更加灵活但经常会引入不必要的迂回。

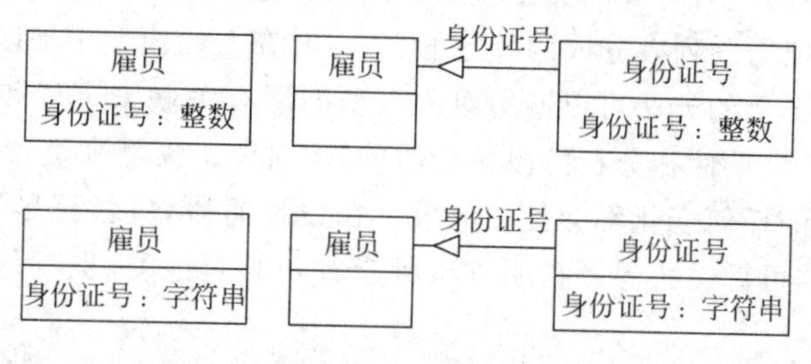

图 7-9　对象的表示

同样,设计者常常必须选择是否组合相关对象。图 7-10 表示了二维直线的两种通用的实现,一个作为独立类来实现,另一个作为点类属性嵌入来实现。两种表示都不一定是最好的,但在数学上都是正确的。

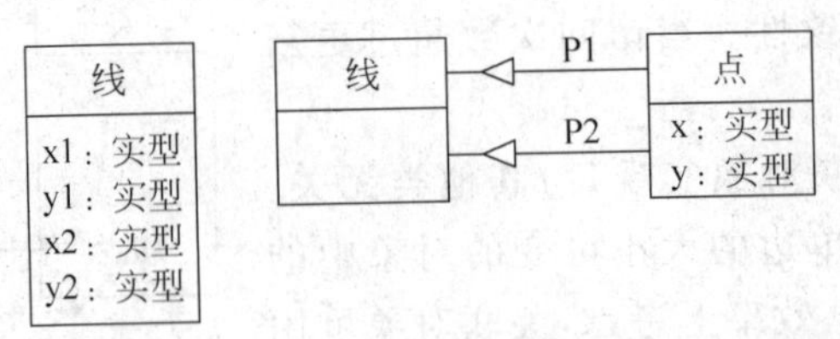

图 7-10 二维直线的两种通用的实现

7.9 物理打包

程序由离散的物理单元组成,这些单元能被编辑、编译、输入或进行其他操作。在某些语言中,诸如 C 和 FORTRAN,单元就是源文件。在 Ada 语言中,包是显式模块化语言结构。面向对象语言有不同程度的打包。在大型项目中,把一个实现仔细地划分为包(不管什么形式)是重要的,从而使得不同的人能在同一个程序进行有效的合作。包的封装包含以下问题。

(1) 对外界隐藏内部信息。

(2) 实体相关性。

(3) 构造物理模块。

7.9.1 信息隐藏

设计的一个目的是把类看作"黑箱"来处理,它的外部界面是公共的,而内部细节则是对外界隐蔽的。隐蔽的内部信息就可以在使用者不改变程序的情况下允许类中的实现改变,因此,类的添加和改变被"防火墙"包裹着,限制了改变的影响,从而可以清晰地理解改变的内容。就像在 7.4 节中所讨论的,信息隐藏和优化活动之间需要折中。从包的封装观点来看,希望减少依赖,而优化要利用细节的长处,这样就导致了冗余和联系。设计者必须权衡这些矛盾的需求。

在分析阶段,没有涉及信息隐藏。但是,设计阶段必须仔细地定义每个类的公共界面。设计者必须规定哪些属性对外界的类是可以访问的。这些规定应当用在隐藏的属性后添加注释{private},或者把属性列表分成两部分的方法,并在对象模型中加以记录。

从极端角度说,类上的方法可以遍历对象模型的所有关联来定位和访问系统中另一个对象。这种无限制的可见性在分析阶段是合适的,但对整个模型来说,方法关注得过多是不合适的,因为表示中的任何变化都会使之无效。在设计阶段,应尝试尽量限定方法的范畴,需要定义每个方法的可见性边界。指明方法所能看到的其他类,也就是定义了两个类之间的依赖关系。

每个操作应当对整个模型的了解有所限制,包括类的结构、关联和操作。操作了解得越少,就越不会受到改变的影响。换言之,操作对类了解得越少,类的改变越容易。下面的设计原则有助于限制操作的范围。

(1) 给每个类分配执行操作的责任并提供与之相关的信息。

(2) 调用操作来访问属于其他类的对象的属性。

(3) 避免遍历与当前类无关的关联。

(4) 在尽可能高的抽象层次上定义界面。

(5) 用定义抽象界面类来隐藏在系统边界上的外部对象,即系统和原外部对象之间的中间类。

(6) 避免把一个方法应用到另一个方法的结果,除非得到的类已经提供要调用的方法。替代的解决方法是考虑写一个方法来组合两种操作。

7.9.2 实体的相关性

一个重要的设计原则是实体的相关性。一个实体,诸如类、操作或模块,如果是用一致性计划组织并且各部分针对同一目标组合在一起的话,那么该实体是相关的。实体应当有单一的主题,而不是无关部分的集合。

一个方法应该较好地做一件事。单个方法不能既包含策略又包含实现。策略是形成上下关系的决策,实现是对完整说明的算法的执行。策略包括形成决策、收集全面信息和外界交互以及解释特殊情况。一种策略方法包括 I/O 语句、条件语句和访问数据存储。策略方法不包括复杂的算法而是调用各种实现方法。实现方法仅仅是执行一条精确的操作,无须做出任何决策、假设、省略或偏差。所有它的信息均由参数提供,所以参数表可能很长。

区分策略和实现大大提高了重用的可能性。实现方法不包括任何上下文依赖,所以它们容易重用。策略方法通常必须在新应用中重写,但它们一般都很简单,基本上由高层决策和低层调用组成。

例如,考虑用来校对账户的存款利息的操作,利息是基于日余款按日累计,但如果结束账户,一个月的利息都没了。计利应分成两部分:计算两天之间利息的实现方法,不考虑罚金或其他规定;决定是否以及隔多长时间调用实现方法的策略方法。这种分离允许策略或实现独立地模块化,极大地增加了实现重用的机会,但也可能更复杂。策略方法不常重用,但它们总是不太复杂,因为不包含算法。

类不能同时服务于太多目的。如果太复杂了,就可以用概括或者聚合来分解。较小的块比大而且复杂的块更容易重用。确切的数目很难说,但经验的做法是如果包含 10 个以上的属性、10 个以上的关联或 20 个操作,就应当考虑进行分解。如果属性、关联或操作明显地分成两个或更多的看上去无关的不同的组的话,通常总是要将它们进行分解。

7.9.3 构造模块

在分析和系统设计阶段,把对象模型分成模块(因屏幕或纸张的大小受限,还可以进一步分解成页)。这个初始化组织对最后系统实现的打包,可能不适合也不是最理想的优化。设计中增加的新类不是加到已有的模块或层次上,就是可以组成分析中没有独立的模块或层次。

应该定义的模块使它们的界面最小并且定义适当。两个模块之间的界面包括关联和操作,关联是不同模块间类的联系,操作就是通过模块边界访问类(这些操作定义了类的客户-供应商关系,从功能模型中导出)。

对象模型的连接性可以作为分块的指南。通常的规则是与关联紧密联系的类应当分在同一模块中，而与关联无关或松散相关的类可以分在不同的模块中。客户-供应商关系的捆绑约束，由于是功能模型，比对象继承部分的关联要弱。

当然其他方面也应当考虑到。模型要有功能内聚性或目标一致性。模块内的类应该表示应用中的同类事物或者是同类混合对象的成分。

遍历给定关联的不同操作数目是测定耦合强度的指标。数目表示关联所用的不同方法数，而不是遍历频率。尽量将耦合封装在单个模块之中。

7.10 设计决策文档

本章所讨论的设计决策在完成以后，必须用文档记录下来，否则会造成混乱。如果你是与其他开发者一起工作的话，文档就更为重要了。记住所有重要软件系统的设计内容几乎是不太可能的，文档通常是把设计传达给其他人，作为维护期间参考资料的最好办法。

设计文档应当是需求分析文档的扩充。这样，设计文档在图形(对象模型图)和文本形式(类描述)上都包含经过修订的、更详细的对象模型描述。对于实现决策的表示添加记号是合适的，例如，箭头表示关联的遍历方向和属性到其他对象的指针。

功能模型在设计阶段也需要扩展，并且必须保持一致。这又是一个连续处理的过程，因为设计使用与分析相同的表示，只不过更详细更确切罢了。

如果动态模型使用显式状态控制或并行任务实现，则用分析模型或它的扩充就足够了。如果动态模型用程序代码中的定位来实现，那么就要用到算法的结构化伪码。

尽管从分析到设计是无缝转换，但区分设计文档和分析文档仍不失为好办法。因为从外部用户的观点转移到内部实现的观点，设计文档包含许多优化和实现技巧，为了已完成的软件的有效使用和作为维护阶段的参考，保留一个清晰的、面向用户的系统描述是很重要的。设计文档中原始的分析元素到相应的元素之间的跟踪能力应当是简单明了的，因为设计文档是分析模型的演变并保留相同的名字。

7.11 ATM 的对象设计实例

7.11.1 问题概述

ATM 是由计算机控制的持卡人自我服务型的金融专用设备。在我国，基本上所有的银行系统都有自己的 ATM 系统。ATM 利用磁性代码卡或智能卡实现金融交易，代替银行前台工作人员的部分工作。顾客可以在 ATM 机上进行取钱、查询余额、转账和修改密码等业务。除此之外，ATM 还具有维护、测试、事件报告、监控和管理等多种功能。

ATM 系统向用户提供了一个方便、简单、及时、随时随地可以取款的互联的现代计算机化的网络系统。一个完整的 ATM 机至少包含以下 4 个功能。

(1) 取款：持卡人或有银联标识卡的客户均可通过 ATM 进行取款交易。

(2) 查询：持卡人可通过 ATM 办理活期账户查询和多账户查询，持有银联标识卡的客户可通过本行 ATM 办理活期账户查询。

(3) 改密：持卡人可通过 ATM 更改账户密码，确保资金安全。

(4) 转账：持卡人可通过 ATM 办理卡与卡账户、卡与折账户的转账等业务。

为了实现上述 4 个基本功能，一个 ATM 系统应包括读卡模块、输入模块、IC 卡认证模块、显示模块、吐钱模块、打印模块、监视器模块等。读卡模块用于识别客户卡的种类并在显示器上提示输入密码；输入模块用于客户输入密码、账号和金额等信息；IC 卡认证模块用于鉴别卡的真伪，以防假冒；显示模块用于显示持卡客户有关的信息；吐钱模块则按照客户的需求提供相应的现金；打印模块则为客户提供交易凭证。

系统分析的用例图可以见前面章节内容。

7.11.2　ATM 系统类图

ATM 机系统主要类及其属性如图 7-11 所示。

银行用户
-用户姓名：string
-地址：string
-电话号码：int
-电子邮件：string
-卡型：ATM卡
-交易：账户
+取款()：银行用户
+插卡()：void
+选择交易类型()：void
+输入密码()：void
+修改密码()：void
+提取现金()：void
+交易概要()：void
+认付总额()

配款机
-可用现金：float
+配给现金()：void
+产生收据()：void

ATM卡
-密码：int
-账号：int
-账户：账户
+设置密码()：void
+获取密码()：int
+获取账户()：账户

读卡
+进卡()：bool
+读卡()：void
+取卡()：void
+确认密码()：void

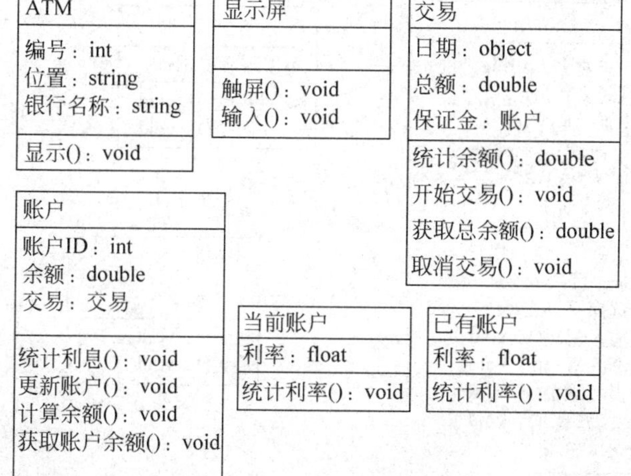

图 7-11　ATM 系统类图

ATM 机系统主要类及其部分关系如图 7-12～图 7-14 所示。

（1）一般—特殊结构如图 7-12 所示。

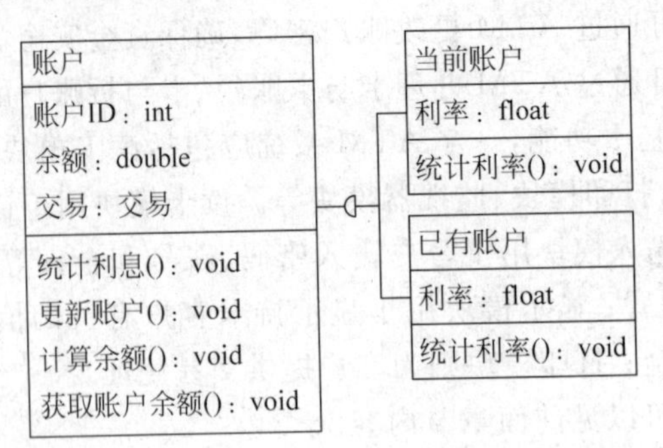

图 7-12　一般—特殊结构

（2）整体—部分结构如图 7-13 所示。

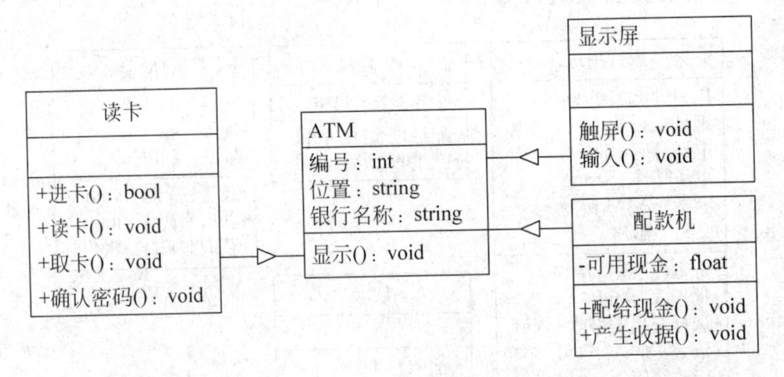

图 7-13　整体—部分结构

（3）连接结构如图 7-14 所示。

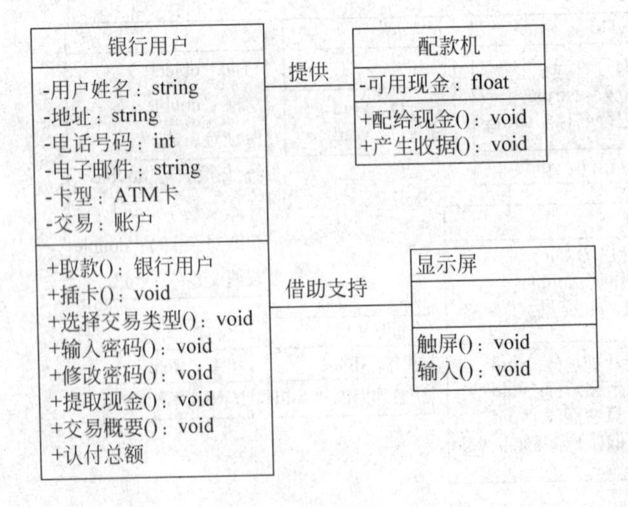

图 7-14　连接结构

读者还可以练习画出其他结构。

7.12 对象设计实验

7.12.1 实验问题域概述

见实验报告2、实验报告3、实验报告4、实验报告5。

7.12.2 实验7

1. 实验目的

(1) 熟悉对象模型工具,组合三种模型,设计算法,关联设计方法。
(2) 掌握对象设计的步骤,算法和关联设计。
(3) 练习如何选择算法和关系调整。
(4) 学习正确进行对象设计。

2. 实验环境

(1) 计算机一台,互联网环境。
(2) 绘图工具、文字编辑等工具软件。

3. 实验内容

根据图书管理系统用户描述,在对象设计决策的指导下,依据分析时所得对象和各对象类的关系,参照系统总体结构、逻辑结构、物理结构,设计图书馆管理系统的对象类、一般—特殊关系、整体—部分关系、实例连接和消息连接。进行图书对象类的属性与服务设计;读者对象类的属性与服务设计。

4. 实验步骤

(1) 准备好实验环境的机器(计算机)和互联网。
(2) 在机器上安装必要的软件平台(语言、绘图、文字编辑等)。
(3) 熟练掌握应用工具。
(4) 认真阅读题目,理解用户需求。在对象设计决策的指导下,依据分析时所得对象和各对象类的关系,参照系统总体结构、逻辑结构、物理结构,首先设计对象类的关系结构,其次设计对象类的属性与服务,然后调整对象类的关系。
(5) 对所得图书馆系统的对象类的属性与服务及对象类的关系进行分析、调整。
(6) 用面向对象语言(C++)对系统进行模拟,调整对象的属性与服务及其关系结构。
(7) 结束。

5. 实验报告要求

(1) 整理实验结果。

(2) 分析实验结果。阐述图书管理系统中的对象类的属性与服务及其关系结构的分析过程,分析对象类的合理性,结构的优缺点。

(3) 小结实验心得体会。

小　　结

对象设计紧跟在分析和系统设计之后,对象设计不是杂乱凑合出来的,而是在前面分析和系统设计基础上的更精细的阐述。对象设计添加了实现细节,诸如为了效率重构类、内部数据结构和实现操作的算法、控制的实现、关联的实现以及打包封装成物理模块。对象设计扩充了分析模型的具体实现决策和添加内部类、属性、关联和操作。

设计者必须把功能和动态模型的操作转换成对象模型中的实现。功能模型中的处理变成在对象上的操作,构成动态模型的事件也可以变成在对象上的操作,这依赖于实现的控制。

分析模型的每个操作必须根据系统设计中选择的优化目标设计指定一个清晰高效的实现算法。设计必须考虑计算的复杂性,但也应为了代码结构的清晰度而牺牲少量性能。可以增加内部类和操作来高效地实现算法。

为了优化,从分析导出的初始设计必须扩展、重构。原始信息不是没有用,而是添加了冗余信息来优化访问路径,并保留需要重新计算的中间结果。算法可以重新组织以减少执行计算的次数。

状态-事件的相互作用可以用三种不同的控制风格之一来实现:在程序内使用存储单元以保留控制状态,显式状态机表示以及并行任务。

在对象设计中,内部类和对象的定义可被用来调整以提高继承性粒度。这些调整包含修改方法的参数表、将属性和操作从类移到超类、定义抽象超类来包含几个类的共享行为以及把操作分为继承部分和具体部分。当某类与另一类相似但不是真正子类时,则要用授权而不是继承。

在分析阶段,关联把许多实现技术划归到单个统一的表示之中,但可用对象中的指针或基于访问方式的专用对象实现。单向遍历关联用指向另一对象或对象组的属性实现,它与关联的复杂性有关。双向关联可用“指针对”来实现,但更新关联的操作总是必须修改访问的两个方向。关联也可作为关联对象来实现。

必须选择对象的精确表示,某些观点认为,用户定义的对象必须根据基本对象或程序设计语言中提供的数据类型加以实现。某些类能够被组合。

程序必须打包封装成物理模块提供给编辑、编译程序,同时提高编程的方便性。信息隐藏是打包的主要目的,保证以后的变化不产生较大影响,只影响少数模块。模块应当是相关的和用相同的主题组织。

设计决策应该通过扩充分析模型,添加对象、动态和功能模型的细节使之文档化。实现结构要合适,诸如指针(在对象模型中使用)、结构化伪码(在动态模型中使用)和功能表达式(在功能模型中使用)。

综合练习

一、填空题

1. ________是决定在实现过程中使用的类和关联的全部定义，以及用于实现操作的各种方法的算法和接口。

2. 程序内的控制流必须既可以用________(通过内部调度机制，该调度程序识别事件并把事件映射成操作调用)，也可以用________(通过选择算法，该算法按照动态模型确定的顺序执行操作)来实现。

3. 高度优化的算法往往是以________和________为代价的。

二、选择题

1. 算法的设计者必须注意的是(　　)。

A. 选择实现操作花费最小的算法　　B. 给算法选择合适的数据结构

C. 必要时定义新的内部类和操作　　D. 给合适的对象指定操作响应

2. 选取算法要考虑(　　)因素。

A. 计算复杂度　　B. 易于实现性和可理解性

C. 响应时间　　D. 精细协调功能模型

3. 优化设计阶段，设计者必须(　　)。

A. 要减少访问花费和增大简便性，应添加冗余的关联

B. 要获得更高的效率就应重新安排关联

C. 添加冗余关联

D. 要避免复杂表达式的重复计算，应保存导出属性

三、简答题

1. 简述对象设计必须遵循的步骤。
2. 简述对象模型与动态模型和功能模型之间的关系。
3. 如何确定在操作中起主导作用的对象？
4. 实现动态模型有哪几种方法？
5. 怎样安排类以增加继承的机会？
6. 比较关联遍历的三种方法。
7. 简述限制操作范围的设计原则。

第8章 数据库及其接口设计

数据管理系统,包括文件系统和数据库管理系统两大类。采用关系模型的数据库称作关系数据库(Relational Database)。关系模型有严格的数学理论基础,关系模型用二维表来表示各类数据。基于关系模型的数据库管理系统叫作关系数据库管理系统(RDBMS)。与层次和网状的 DBMS 相比,RDBMS 所采用的数据模型以二维表的形式而不是人为地设置指针(或导航链)来实现实体数据之间的联系,从而使用户可以直接从数据库中获取表示事物之间联系的信息,而不必借助软件专家的帮助。RDBMS 的另一个特点是提供具有关系处理能力的数据语言。RDBMS 在理论和技术上都比较成熟,也比较先进。RDBMS 的缺点是需要更多的计算机资源,处理速度比基于早期数据模型的系统慢得多,所以,直到 20 世纪 80 年代才随着计算机硬件性能的提高和价值的下降而真正得到普及。数据库管理在应用上扮演了集中的角色。它使大量持续性集合的数据被组织和维持,并且由以计算机为基础的数据系统来支持。数据库应用在许多不同的领域已经被开发应用,它是以"数据关联和程序分开"概念为基础的。

8.1 数据管理系统及其选择

有效地实现数据在永久性存储空间的存储与管理需要特定的软件系统支持。这些实现数据存储、检索、管理、维护的系统称作数据管理系统,包括文件系统和数据库管理系统两大类。本节从应用的角度讨论它们的特点,并讨论在对应用系统进行面向对象的设计时如何选择合适的数据管理系统。

1. 文件系统

文件系统(File System)通常被作为操作系统的一部分。它采用统一、标准的方法对辅助存储器上的用户文件和系统文件的数据进行管理,提供存储、检索、更新、共享和保护等功能。在文件系统的支持下,应用程序不必直接使用辅助存储器的物理地址和操作指令来实现数据的存取,而是把需要永久存储的数据定义为文件,利用文件系统提供的操作命令实现上述各种功能。

文件的数据在存储空间的存放方法和组织关系,称为文件物理结构;呈现给用户的文件结构,即用户概念中的文件数据排列方式和组织关系称为文件逻辑结构。物理结构是文件系统的开发者考虑的问题,用户(应用系统开发者)一般只需关心逻辑结构。常见的文件逻辑结构有：流式结构——整个文件由顺序排列的字节构成，除此之外文件内部再无其他结构关系；记录式结构——文件由若干顺序排序的记录构成，每个记录是一个具有内部逻辑结构、按用户的应用逻辑定义的、具有独立含义的信息单位和文件操作单位，一个文件的所有记录都采用同样的内部逻辑结构。还有其他形式的文件逻辑结构，例如树状结构，将文件的所有记录组织成一棵树，按关键字排序，以加快检索速度，还可支持不定长记录。文件系统对它所管理的所有文件建立文件目录，以实现对文件的按名存取。文件目录也有不同的结构，较常见的是树状目录结构。

文件系统一方面向用户提供要在人机界面上进行操作的系统命令，另一方面向程序员提供在程序中使用的广义指令，如创建、删除、打开、关闭、读、写、控制等。在此基础上，编程语言可以提供更便于程序员使用的文件定义方式和使用方式。例如，在DOS和UNIX上实现的Pascal语言可以将文件定义为记录式的逻辑结构，并支持以记录为单位对文件进行读、写和指针游动等操作。

与数据库管理系统相比，文件系统的特点是廉价(一般不必专门购买，是由操作系统提供的)，容易学习和掌握，对被存储的数据没有特别的类型限制。但它提供的数据存取与管理功能远不如数据库管理系统丰富。例如，它只适合存储各种类型的数据而不容易体现数据之间的关系；只能按地址或者按记录进行数据读写，不能直接按属性(记录的域)进行数据检索与更新；缺少数据完整性支持，数据共享支持也比较弱。它有如下的局限性。

(1) 各个文件中的数据是相互分离和独立的，不易直接体现数据之间的关系。

(2) 容易产生数据冗余，并因此给数据完整性的维护带来很大困难。

(3) 应用程序依赖于文件结构，当文件结构发生变化时，应用程序也必须变化。

(4) 不同的编程语言(或其他软件产品)产生的文件格式互异，互不兼容。

(5) 难以按用户视图表示数据。当用户需要表现数据之间的关系时，难以把来自不同文件的数据结合成可自然地表现它们之间关系的表格，并且难以保持数据完整性。

2. 数据库管理系统

针对文件系统的上述局限性，20世纪60年代末期开始出现了数据库技术。经过不断的改进和发展，数据库现在已成为计算机科学技术领域的一个重要分支。数据库(Database)是长期存储在计算机内，有组织、可共享的数据集合。数据库中的数据按一定的数据模型组织、描述和储存，具有较小的冗余，较高的数据独立性和易扩展性，并可为各种用户共享。数据库的建立、运行和维护是在数据库管理系统的统一管理和控制下进行的，数据库用户可以方便地定义数据和操纵数据，并保证数据的安全性、完整性、并发使用及发生故障后的数据恢复。数据库管理系统(Database Management System，DBMS)是用于建立、使用维护数据库的软件。它对数据库进行统一的管理和控制，以保证数据库的安全性和完整性。

数据库中的数据有逻辑和物理两个侧面。对数据的逻辑结构的描述称为逻辑模式，逻辑模式分为描述全局逻辑结构的全局模式(简称模式)和描述某些应用的局部逻辑结构的子模式(外模式)。对数据的物理结构的描述称为储存模式(内模式)。数据库提供了子模式与模式之间、模式与储存模式之间的映射，从而保证了数据库中的数据具有较高的物理独立性和一定的逻辑独立性。

数据库中的数据包括：数据本身，数据描述（即对数据模式的描述），数据之间的联系和数据的存取路径。数据库中的数据是整体结构化的。数据不再面向某一程序，从而减小了数据冗余度和数据之间的不一致性。同时，对数据库的应用可以建立在整体数据的不同子集上，使系统易于扩充。

数据库的建立、使用和维护必须有 DBMS 的支持，DBMS 提供的功能如下。

（1）模式翻译：提供数据定义语言（DDL）。用它书写的数据库模式被翻译为内部表示。数据库的逻辑结构、完整性约束和物理储存结构保存在内部的数据字典中。数据库的各种数据操作（如查找、修改、插入和删除等）和数据库的维护管理都是以数据库模式为依据的。

（2）应用程序的编译：把含有访问数据库语句的应用程序，编译成在 DBMS 支持下可运行的目标程序。

（3）交互式查询：提供易使用的交互式查询语言，如 SQL。DBMS 负责执行查询命令，并将查询结果显示在屏幕上。

（4）数据的组织与存取：提供数据在外围储存设备上的物理组织与存取方法。这涉及以下三个方面。

① 提供与操作系统，特别是与文件系统的接口，包括数据文件的物理储存组织及内、外存数据交换方式等。

② 提供数据库的存取路径及更新维护的功能。

③ 提供与数据库描述语言和数据库操纵语言的接口，包括对数据字典的管理等。

（5）事物运行管理：提供事务运行管理及运行日志，事务运行的安全性监控和数据完整性检查，事务的并发控制及系统恢复等功能。

（6）数据库的维护：为数据库管理员提供软件支持，包括数据安全控制、完整性保障、数据库备份、数据库重组以及性能监控等维护工具。

数据库管理系统克服了文件系统的许多局限性，它使数据库中的数据具有如下特点。

（1）数据是集成的，数据库不但保存各种数据，也保存它们之间的关系，并由 DBMS 提供方便、高效的检索功能。

（2）数据冗余度较小，并由 DBMS 保证数据的完整性。

（3）程序与数据相互独立。所有的数据模式都存储在数据库中，不是由应用程序直接访问，而是通过 DBMS 访问并实现格式的转换。

（4）易于按用户视图表示数据。

数据库按照一定的数据模型组织其中的数据。自 20 世纪 60 年代中期以来，先后出现过层次数据模型、网状数据模型、关系数据模型和面向对象数据模型。根据数据模型的不同，数据库分为层次数据库、网状数据库、关系数据库和面向对象数据库。相应的 DBMS 也分别称为层次、网状、关系和面向对象的数据库管理系统。层次和网状的 DBMS 属于早期的产品；DBMS 是迄今在理论和技术上最完善，应用最广泛的 DBMS；面向对象的 DBMS 是当前的新型产品。以下仅对后两种 DBMS 进行一些讨论。

3. 关系数据库和关系数据库管理系统

采用关系模型的数据库称作关系数据库（Relational Database）。

关系模型用二维表来表示各类数据，二维表中有行，有列。每一列（栏）称作一个属性（Attribute），每一行称作一个元组（Tuple），整个表称作一个关系，这样的一个二维表既可用来存放描述实体自身特征的数据，也可用来存放描述实体之间联系的数据。例如，用一个二维表表示某个学校所有学生的学号、姓名、性别、专业、出生年月等，用另一个二维表表示哪些学生选修哪些课程。表的一行，针对一个具体的实体或一项具体的联系。表的一列给出所有元组都应具有的一项属性。

关系模型有严格的数学理论基础，是由 E. F. Godd 于 1970 年提出的。按照数学的术语，给定一组域（属性）$D_1, D_2, \cdots, D_n$，则它们的笛卡儿积 $D_1 \times D_2 \times \cdots \times D_n$ 的一个子集就构成了一个关系，即这里所说的二维表。表中每个列有唯一的名称，叫作属性名；而子集就构成了一个关系中供选用一组其值可以唯一地标识每个元组的属性，这组属性称作关键字（或键码），关系的每个属性必须是原子的，即在逻辑上是不再包含内部结构、不可分的数据项。

关系模型除数据定义部分之外还包括操作部分。它以整个关系为操作对象，给出关系代数、关系演算等具有关系处理能力的关系数据语言。关系代数除提供并、交、差等传统的集合运算外，还提供选取、投影、连接等操作。关系演算则把谓词演算引入关系运算，用谓词演算的概念表达对数据库的操作，使用户只需以谓词的形式提出自己对运算结果的要求，而把实现这种要求的任务交给系统去解决。此外，还有介于关系代数和关系演算之间的语言，如目前很流行的结构化查询语言 SQL。

把关系数据库中的一个二维表称作一个关系（Relation），源于关系产生的理论背景。这为读者造成了一定的混乱。例如，人们在讨论实体-关系模型时会说到“关系”（relationship），讨论面向对象时也会说到类或对象之间的“关系”，讨论数据库时也说“数据库不但保存数据本身，还保存数据之间的关系”。正如 D. M. Krornke 指出的，这是计算机领域术语混乱的典型例子之一。只能小心地辨别其上下文来克服这种混乱。

此外，关系模型中的“关系”“元组”和“属性”等术语在不同专业背景的人群中有不同的习惯说法。数据库专业人士多采用“关系”“元组”和“属性”等较传统的术语，应用系统开发者往往称之为“文件”“记录”和“字段”（域），用户以及许多著作中常称之为“表”“行”和“列”。

在关系数据库中，无论是描述实体的数据还是描述几类实体之间联系的数据都由一个表来表示。对一个表的描述——包括它的名称、属性定义和其中的数据应满足的条件（完整性约束）——叫作一个关系模式（Relational Schema）。关系数据库就是由若干表和它们的关系模式构成的。

为了定义数据之间的完整性约束条件，在建立关系数据库时需要分析研究各个表中的数据依赖。数据依赖（Data Dependency）是指一个表中一个（或一组）属性的值可以决定（即从业务逻辑上可以导出）另一个（或另一组）属性的值。反过来说，就是一些属性依赖另一些属性。某些依赖将造成数据冗余和更新异常，加大数据完整性维护的难度。所以要通过规范化（Normalization）来减少关系模式中不适当的数据依赖。规范化的程度如何，以各个关系模式达到何种范式（Normal Form）来衡量。范式是按照需要满足的条件强弱来区分的，有第一范式（1NF）、第二范式（2NF）、第三范式（3NF），Boyce-Codd 范式（BCNF），第四范式（4NF）、域/关键字范式（DK/NF）等。也有的文献提到第五范式（5NF），但另一种意见认为 5NF 所讨论的数据依赖比较含糊，发生这种数据依赖的条件尚无清晰直观的定义。关系数据库中要求每个表至少要满足1NF，更强的要求是满足2NF、3NF、BCNF等，但也不是达到的范式越高就越好。因为规范化的主要办法是通过把属性较多的表分解成若干属性较少的表，以消除不合适的数据依赖，所以为此付出的代价是增加了表的数量，降低了关系模式与用户视图的匹配程度，并增加了某些操作（例如连接）的开销。因此，规范化要根据具体情况进行折中，决定做到何种范式。

对关系数据库更深入的理论与技术问题，这里不能做更多的讨论，读者可参阅专门论述数据库技术的有关文献。

基于关系模型的数据库管理系统叫作关系数据库管理系统。与层次和网状的DBMS相比，RDBMS所采用的数据模型以二维表的形式而不是人为地设置指针（或者叫导航链）来实现实体数据之间的联系，从而使用户可以直接从数据库中获取表示事物之间联系的信息，而不必借助软件专家的帮助。RDBMS的另一个特点是提供具有关系处理能力的数据语言。RDBMS在理论和技术上都比较成熟，也比较先进。RDBMS的缺点是需要更多的计算机资源，处理速度比基于早期数据模型的系统慢得多，所以，直到20世纪80年代才随着计算机硬件性能的提高和价格下降而真正得到普及。

随着应用领域的扩大和软件技术的发展，RDBMS的一些局限性也开始显露。例如，面向对象的软件开发中所定义的对象，其属性可以有内部结构，也可以是被嵌套的对象；多媒体系统中要求以大尺寸、非结构化的数据类型来表示图形、图像、声音、文本等数据。这些要求都超出了关系数据模型的适应范围，需经过转换，或采取其他技术措施。

4. 面向对象数据库和面向对象数据库管理系统

采用面向对象数据模型的数据库称作面向对象数据库（OODB）；相应的数据库管理系统称作面向对象数据库管理系统（OODBMS），有时称作对象数据库管理系统（ODBMS）。

自20世纪80年代后期以来，越来越多的软件系统是采用面向对象方法与技术开发的。从使用ODPL编写程序，发展到分析、设计、编程、测试均采用面向对象的概念，成为20世纪90年代软件领域的主流。面向对象的概念模型对问题域中的事物及其相互关系的描述比以往的概念模型更为直接和有效，更接近用户的业务逻辑，也更适于表达在一些新的应用领域出现的各种复杂的数据类型。这种见解已成为软件界的共识。另一方面，现今大量的应用系统都需要使用数据库，而传统的数据库技术所采用的数据模型不能直接、有效地组织和存储对象数据，需要开发人员付出一定的代价来实现从应用系统到数据库之间的接口和数据模式的转换。这种形势促使面向对象技术向数据库领域延伸，要求新一代数据库（OODB）和数据库管理系统（OODBMS）采用与OOA、OOD、OOP等领域相匹配的数据模型，即面向对象数据模型。

"面向对象数据模型"有时也简称为"对象模型"，在数据库技术中是和层次模型、网状模型、关系模型并列的另一种数据模型。然而"对象模型"这个术语还用于更广的范围，通常指一种面向对象的方法与技术体系（如OOA&D方法）、支持系统（如OO开发环境、OOPL或OODBMS）、标准规范（如对象管理组织OMG的各种标准）对其所采用的面向对象概念的语义表示模型。从这个意义上讲，"对象模型"在数据库领域的具体含义和"面向对象数据模型"也是一致的。

面向对象数据管理系统应具备两方面的特征：一方面它是面向对象的，另一方面它又具有数据库管理系统应有的特点和功能。第一方面的特征意味着,OODBMS应支持对象、类、对象标识,对象的属性与服务,封装、继承、聚合、关联、多态等面向对象的基本概念。后一方面的特征意味着,OODBMS应提供数据定义与操纵语言(对OODBMS而言,称作对象语言)、数据库维护(包括完整性保障、安全机制、并发控制、故障恢复等)、事务运行管理等功能。此外,可扩充性也是OODBMS的特点之一。

在OODBMS下管理面向对象数据库与传统的数据库有许多不同。例如,在OODB中存储的是对象,而不仅是数据。同一类的对象被组织在一起,类是它们的模式。对象是以对象标识(OID)来唯一标识的。对象的属性,可以是复杂的数据类型,甚至可以是另一个类的对象。一般类和特殊类之间的继承关系,也可以在OODB中反映出来。可以看到,在OODB中存储对象,和OOA、OOD及OOP中定义的对象是一致的,这使得OODB和面向对象的应用系统之间不再存在因数据模型的不同而造成的鸿沟。此外,OODB对于多媒体、CAD/CAM、地理信息系统领域的各种类型的数据也有较传统数据库更强的适应能力。

自20世纪80年代后期以来,OODBMS已陆续有产品问世。这些产品大致分为三种类型。第一种是在面向对象编程语言基础上,增加数据库管理系统的功能,即长久地存储、管理和存取对象的功能,例如FemStone和ObjectStore。第二种是对关系数据库管理系统进行扩充,使之支持面向对象数据模型,在关系数据模型基础上提供对象管理功能,并向用户提供面向对象的应用程序接口,例如Iris和POSTGRES。第三种是“全新的”OODBMS,即按照面向对象数据模型进行全新的设计,而不是在某种OOPL或RDBMS基础上进行扩充,例如O2和DAMOKLES。

目前,OODBMS在理论和技术上都还不太完善。在以上谈到的三种OODBMS产品中,前两种是否真正可称作OODBMS还存在争议。在OOPL基础上扩充而得到的产品,所支持的数据库功能一般比较薄弱,例如在数据操纵、数据完整性维护、事务处理等方面还不能像RDBMS那样健全。对一种OOPL的扩充,如果只是增加了永久对象的语言表示和系统实现,而不提供典型的DBMS通常应具备的其他功能,那么,称之为OODBMS实际上是很勉强的,不如称作“支持永久对象的OOPL”更名副其实。但是,目前大部分文献都没有严格地区分这两种概念,姑且也沿袭这种说法。后面的讨论所提到的OODBMS也包括这种仅仅做了永久对象扩充的OOPL。在RDBMS基础上扩充而得到的产品,其数据模型并不完全是面向对象数据模型,其底层依然依赖关系数据模型。即使“全新的”OODBMS也仍然存在一些问题,主要是面向对象数据模型在理论上还不太成熟,没有像关系模型那样坚实的数学基础。此外,OODBMS目前也还没形成统一的标准。尽管存在上述种种问题,但瑕不掩瑜,OODBMS的生命力是强盛的,并正被越来越多的用户所接受。

5. 数据管理系统的选择

对一个用面向对象的分析与设计方法建立的系统模型,可选用不同的数据管理系统实现对象的永久存储。尽管从理论上看面向对象数据库管理系统最适合对象存储,但是在工程中更强调从实际出发,要考虑许多其他方面的因素。因此对许多项目而言,关系数据库管理系统和文件系统都可能成为最合适的选择。决定采用何种数据管理系统,要综合考虑技术和非技术两方面的因素。

1）非技术因素

在非技术方面，主要考虑项目的成本、工期、风险、宏观计划等问题。在实际项目中这些问题往往比技术问题更具有决定意义。

（1）数据管理系统的成熟程度和先进性。

这是相矛盾的两个方面。保守稳健的方针是选用成熟的产品，这可以降低失败的风险；具有开拓性的方针是选用技术先进，但未必很成熟的产品，这可能会创造更大的发展空间，并且抢得市场先机。目前，大部分文件系统和 RDBMS 都属于比较成熟的产品；OODBMS 从总体上看还不够成熟，但比较先进。

（2）价格。

文件系统价格低廉；RDBMS 价格有高有低，因产品的功能及性能强弱而异。OODBMS 价格大都比较昂贵。

（3）开发队伍的技术背景。

如果一个开发组织的技术人员已能驾轻就熟地使用某种数据管理系统，换用一种他们不熟悉的系统往往意味着开发成本提高、工期延长和风险增大。

（4）与其他系统的关系。

在很多情况下，选用何种数据管理系统不单纯是本系统的问题，而是要统一地考虑与之相关的其他系统。如果在当前系统和若干已经存在或计划中将要开发的系统之间需要频繁地进行数据交换，或者需要进行系统集成；那么，采用彼此相同的数据管理系统将减少数据交换和系统集成的障碍。如果这些系统之间需要紧密地共享大批的数据，则还可能要求基于同一个数据库。

2）技术因素

在技术方面，需要判断各种数据管理系统适应哪些情况，不适应或不太适应哪些情况，从而根据应用系统的技术特点选用合适的数据管理系统。

（1）文件系统。

文件系统几乎可存储任何类型的数据，包括具有复杂内部结构（非原子）的数据和图形、图像、视频、音频等多媒体数据。以类和对象的形式定义的数据也可以用文件存储——每个类对应一个文件，每个对象实例对应文件的一个记录。

文件系统的缺点是：操作低级，例如，程序中需要辨别记录指针的位置，甚至需要知道记录的长度才能进行操作；数据操纵功能贫乏，例如，不能通过一个数据操纵语句直接检索属性值符合某一逻辑表达式的记录；缺少数据完整性支持，例如，表示某些实体的对象和表示它们之间关联的对象之间数据完整性维护较为困难，缺少多用户及多应用共享、故障恢复、事务处理等功能。

由于以上特点，文件系统适用的情况是数据类型复杂，但对数据存取、数据共享、数据完整性维护、故障恢复、事务处理等功能要求不高的应用系统；相反，文件系统不适应的情况是数据操纵复杂、多样，数据共享及数据完整性维护要求较高的应用系统，开发者要以较大的代价在自己的设计和实现中解决上述问题。

（2）关系数据库管理系统。

RDBMS 对数据存取、数据共享、数据完整性维护、故障恢复、事务处理等功能的支持是强有力的，适合对这些功能要求较高的应用系统。它也很适合需大量保存和管理各类实体之间关系信息的应用系统。但是关系数据模型对数据模式的限制较多。例如,数据库中的每个表至少要满足第一范式——每个属性必须是原子的,即不再含有内部结构。但是面向对象的分析、设计与编程所定义的对象,可以具有任何数据类型的属性,当对象的内部结构较为复杂时,就不能直接地与关系数据库的数据模式相匹配,需要经过转换。RDBMS 更不适合图形、图像、音频、视频等多媒体数据和经过压缩处理的数据。

(3) 面向对象数据库管理系统。

从纯技术的角度看,在面向对象方法开发的应用系统上采用 OODBMS 实现其对象存储是最合理的选择,几乎没有不适合 OODBMS 的情况。如果说某些项目不适合选用 OODBMS,那主要是由于上面所谈的各种非技术因素,而不是由于技术因素。需要注意的是,各种 OODBMS 所采用的面向对象数据模型多少有些差异,与用户选用的 OOA&S 方法及 OOPL 中对象模型的匹配程度不尽一致,所提供的也各有区别,对不同的应用系统有不同的适应性。

以上的讨论主要是从数据方面看各种数据管理系统的适应性。从操作方面看,RDBMS 适合数据操纵密集而计算简单的系统。有些典型的数据库应用系统可以仅用 RDBMS 提供的数据定义与操纵语言实现整个系统的编程,不需要再使用某种通用的、"计算完全"型的编程语言。

因为这些系统的大部分操作与数据的存储、检索、管理、维护有关,而对数据所进行的计算则较为简单。像这样的系统适合用 RDBMS(或其他 DBMS)实现。相反,对于数据操纵简单、稀少,而计算复杂的系统而言,最好的选择可能不是 RDBMS,而是文件系统加一种通用的编程语言。

尽管文件系统和 RDBMS 的优点和缺点形成了明显对照,但是对二者的选取却未必互相排斥,有时它们是互补的——某些应用系统可能采用 RDBMS,又同时采用文件系统,分别存储各自所适合的数据。

8.2　数据库系统

数据库管理在应用上扮演了集中的角色。它使大量持续性集合的数据被组织和维持,并且由以计算机为基础的数据系统来支持,数据库应用在许多不同的领域,已经被开发。

数据库系统是以"数据关联和程序分开"概念为基础,所以不同于典型的文件系统。然而,面向对象数据库的目的是完成数据和程序的整合,但现在是在一个适合的方法结构下达成。

数据库系统包括软件、数据库管理系统和一个或多个数据库。数据库管理系统是在计算机主存储器中执行,并且由个别的操作所控制的程序系统。数据库是一群数据的集合,它是有关真实世界应用的代表信息。由于它的内容通常保存在辅助存储器中,所以数据库管理系统的功能是作为用户与数据库之间的接口,它确保用户适当而有效地使用数据。而且由于数据本身长驻在硬件,当软件错误时,它能持续长时期地保存独立程序存取的数据。

数据库管理系统嵌入在一般计算机系统的软件中,它借助通信系统连接到外面,数据库与数据库管理系统之间的区别是两种对数据库系统的观点与方式。

(1) 用户的观点。

(2) 开发者的观点。

从用户的观点来看,数据库似乎是在不同抽象层次,在不同类的数据被识别。例如,一般被接受的模型有三个抽象层次,它被设计是为了完成逻辑与实体数据独立性。中间层为概念层,在概念模式与从实体层的细节中特殊抽象出的数据模型语言,描述数据库无时间变化的一般结构;最上层为外部层,对个别的用户或用户团体的特殊应用,以外部模式的形式提供概念模式的定义。

在这个结构中,数据库的中央部分是概念层和它的数据模型。通常数据模型有特殊的组件,目的是定义应用程序的结构部分,语义和允许的操作,对这些结构的操作组件,用户提供特殊的语言及其定义,操作与管理数据库结构的语言。

从系统开发者的观点,数据库管理系统必须涵盖许多功能部分,这其中有一部分是从用户的观点直接产生的。原则上,数据库管理系统的功能必须被视为 4 个层次结构,包括接口层、语言处理层、交易处理层和辅助存储管理层。

接口层是作为各类用户利用的接口,包括数据库管理者、直接用户与应用程序设计者。语言处理层是负责处理由数据库执行的各类工作(如查询与更新)。例如,典型的被拆解为一连串数据库的基本运算操作,然后最佳化,目的是为了避免不可接受的长期执行时间,执行查询或是可执行的程序被转移至交易处理层,它能并行控制,即对可能由许多用户共享的数据库控制并行存取与恢复,同时使系统对某种错误有所抵抗。最后,辅助存储管理层,负责实体的数据结构(如文件、页与索引)与磁盘存取。依据这两种原则,对概观数据库的一般性描述,有以下 4 个主要的领域。

(1) 数据模型:数据模型是对真实世界应用的抽象化,提供合适的概念,并且塑模数据结构,语义与它们连接。

(2) 数据库语言:指语言的供应,能够以合适的方法在数据库中存取和操作。数据库语言与一般的程序语言相比,只有有限的表达能力,因为从实际的观点来看,效率是最重要的。例如,关系型标准语言 SQL 没有回路结构。但是,假如想要数据库系统的查询语言能够被嵌入在备有控制结构且能确保完全的一般程序语言中,这是不可能的,因为数据库与程序语言有不同的数据类型。例如,数据类型集合基本上是不可在程序语言中利用的。在程序语言层之内,数据库中的集合操作必须被拆解为借助使用下标的集合元素的数组操作。

(3) 交易与并行控制:由于数据库允许并行存取去分享数据,所以必须提供合适的同步与重新开始策略。为了达到这个目的,交易的概念已经被开发出来,它根据特殊的应用需求提供各种可能制作的基础。

(4) 数据结构:数据结构是数据的组织形式。数据结构是计算机存储、组织数据的方式。指相互之间存在特定关系的数据元素的集合。精心选择的数据结构可以带来更高的运行或者存储效率。

数据库是一堆相关的数据,根据机构内各种不同的需要而把它们加以组织运用。数据库系统对于大量数据的保存、管理和分离,一直扮演着相当重要的角色。数据库系统历经数十年的演进,已由传统的文件管理系统演进到面向对象数据库系统。基本上,数据库系统每十年就有新一代出现。

文件管理系统与 1970 年以后的数据库管理系统,在数据处理上最大的不同在于前者的实体数据保存方式、保存位置与系统程序连接在一起,任一实体数据逻辑结构上的变更,将使得应用程序亦需随之修改。但是，就数据库系统而言，不论是层次型、网状型还是关系型数据库，其对于数据的处理，都是以一笔笔的记录为基本单元。因此，若是逻辑结构有所修改（如增加一个字段或是将文件分为两个件时），只要字段仍然存在，用户依旧可通过数据库的管理程序来找到所需的数据。期间的差异只是这些记录的组织与管理的方式不同。以下针对各数据库结构简要地说明其开发背景、特色及优缺点。

（1）文件管理系统。

由于旋转式磁盘的出现，对于数据的保存可提供随机存取的能力，后来也因数据日益增加，使数据的保存操作变得很难组织及管理，所以程序开发者便开始编写套装式程序，来处理磁盘的保存工作，因而出现了文件管理系统。

传统的文件管理系统设计，往往着眼于各部门的个别需求，每个开发中的程序或系统都是为解决特定用户的需求而设计的，每个新的应用程序都有它自己的一套数据文件，然而这些数据却很可能已经存在于其他文件中，或是已在其他的程序中使用过。

为了完成一个新的程序，原有的文件必须加以重组，因而使得原来就使用这个文件的程序也得加以修改，甚至重写，所以较安全的做法就是为每个程序都设计新的文件以备运用。由于这种方式无法采取集中式的数据管理，任何用户皆可任意地修改数据，使得数据完整性不高，降低了数据管理上的安全性，而最大的困难则是修改文件数据，将立即影响到相应程序的大幅修改，造成日后程序维护困难及系统使用时成本提高。

一般而言，文件管理系统的程序结构在处理导向的模型上，并依分类顺序或是以逻辑上的关键值来作索引。基本上，文件管理系统的缺点主要包括数据重复、矛盾、缺乏弹性、不易分享、没有标准、程序产量低，以及需要大量的程序维护工作等。

（2）层次式数据库管理系统。

随着对计算机应用软件能力要求的逐渐增加，索引式的文件系统已无法满足实际的需要，尤其像是订单处理方面的应用软件，特别倾向于一种层次式模型，很自然地对应“订单”中所包含的许多“局部”的层次关系，以及可对应到“产品”的层次式组成结构，使得层次式数据库管理系统终于诞生。

层次式数据模型是由一树状有序集合组成，有序集合是由许多相同类型的树所组成，树状类型由“根部”记录类型和有序集合所构成；此有序集合包含零个或多个相依的部分树状类型。同时，部分树状类型又包含记录类型；这种关系可以一直延续下去。因此，整个树状类型就包含记录类型的层次式排列。

以层次式树状结构来组织数据内容，除了可确认数据模型中的数据元素外，还可定义数据元素间的相互关系，其相对应的关系有“一对一”与“一对多”等。

关于层次式数据模型的法则如下：双亲数据记录种类可拥有不限数量的子女数据记录种类，但在层级中没有任何数据记录种类可以有一个以上的双亲数据记录种类，此亦即所谓的“单一双亲法则”。

由于“单一双亲法则”的特性，使得该数据模型会产生重复且过量的数据和结构。因此，浪费保存空间是其最大的缺点。但在薪资系统上仍适合使用。

（3）网络式数据库管理系统。

事实上，真实世界中并非所有的事物都具有层次式关系。因此，像IMS系统这种层次式数据模型的限制就逐渐变得明显。例如，零件的供应商可来自不同的厂商，而每个厂商也可能供应一种以上的零件。因此，它们之间的关系模型应是一种网状结构，而不是层次式的结构。

网状式数据模型可视为层次式数据模型的一种扩充，但网状数据模型较层次式数据模型复杂，主要原因是网状式数据模型的定义较不受限制，只要某一数据项与其他数据项有关联，两实体即可相互连接而建立关系。网状关系是许多应用软件共同的问题，因此，它是同时支持集合式(Set-based)模型及层次式模型的新数据库管理系统。

此数据模型在数据存取方面是以指针处理，亦即两实体之间的相互关系是靠指针将此实体或数据项连接起来。它的设计方式是将数据项分成两种类型：一类是固定数据项，称为主数据集或拥有者；另一类是变动数据项，称为变动数据集或成员。当要对数据进行存取时，要先找到主数据集内的数据项，然后再依照其指针所指的变动数据集，即可找到所需要的数据。

虽然网状式数据库结构可将相邻或共同的要素加以结合，以节省保存空间，但因其采用"环式指示码结构"来表示复杂现象的拓扑结构，所以当有数据需编辑或更新时，则必须改变原有相连的数据结构，此为其最大缺点。

(4) 关系型数据库管理系统。

随着数据库逐渐成长，其开始面临两个最严重的问题：一是数据库管理系统的数据记录内部结构若有任何改变，则程序就要重新编译，而当所要处理及保存数据量很大时，这种重新编译结构的情形往往需耗费大量的时间；另一个问题是应用软件在数据库中移植困难，使得许多应用软件对模型的任何修改及扩充都将遭遇失效。因此，需要一种提供一个应用软件接口，使得程序制作方面的考虑可以从数据流处理中去除掉，于是关系型数据库管理系统应运诞生。

关系型数据模型是目前使用最广泛的数据模型，可以直接表示许多种关系，而没有太多重复，它的关系都是隐含的，其运作原理是将数据加以表单化，每一表单被分成行与列的二维表单，每一行数据的定义称为定义域，每一定义域都有不同的值域，而每一列的数据则称为值组。一个定义域相当于一个数据项(属性或字段)，而一组值相当于一个记录。在上文中，以二维表单的方式来表示，称为关联，如此将使得多个文件数据可轻易地被获取与合并。

由这行、列式的表单中所表现出的各数据项之间的关系，将组合成二度空间的表单，而相关的表单组织在一起即成为数据库。这种结构除了关联的属性之外，每列都是独一无二的，决定某一属性行作为关键值之后，没有任何列会重复，与其他的数据结构均无任何关系，因此数据结构的独立性颇高。

关系型数据模型在某方面有其使用限制。例如，每个属性均只能设置一个基本的数据类型(如 integer、string、date 等)，而不允许用户自行定义复杂的数据类型。同时，属性值必须是单一的值，不能是一个集合，这些均是为了使数据模型简单化所加的限制。虽然如此，但与其前身比较，该数据模型则具备了一些非常重要的特点，例如，数据独立、声明式处理、去除重复、简单及以表单作为表达形式，以上优点不仅使程序开发更为快速，也使得程序的维护更加容易。

(5) 面向对象数据库管理系统。

在传统数据库被使用一段时间后，希望将数据与存取数据时所使用到的程序关联在一起的需要逐渐产生了，像特定的应用软件所处理的是复杂的数据。例如，CAD/CAM(计算机辅助设计与制造)、GIS(地理信息系统)等应用软件,其所处理的大量的二进制对象(Binary Large Object,BLOB),如影像、声音、录像及非格式化文字等数据,而这些已不是关系型数据模型所能处理的数据类型。因此,可以支持此关系型数据库中的表单、行、列等,且更多样数据类型的面向对象数据库应运而生。

面向对象数据库将数据与操作方法集合成为对象的概念,并且也支持复合对象及一般化关系的直接表示,其能对真实世界中的实体进行自然而直接的仿真,这是传统数据库所不能达到的。

8.2.1　面向对象技术

一般人们所熟悉的结构化方法,其采用方式是从过程着手,了解数据通过何种固定的运算过程,可以产生需要的信息,进而建立此过程模型而产生系统。由于此种方法以配合传统过程式程序设计为主,与真实世界思考方式有所差异,因而增加了设计及维护的困难度。因此,在面临系统需求日增及多变的情况下,使人们不得不思考此种方法是否足以应付现今的环境。

Jacobson 于 1992 年描述了"数据导向式",主要从数据面着手,即需先确认系统需求的文件或数据库,进而提供一套运算方法(如 SQL 语法或第四代语言)获得所求得的信息。采取该法,基本上较适合终端用户,能够快速地利用原型法开发方式,但与过程导向式方法无异。

Bordoloi 于 1994 年描述了"面向对象式"。主要是将真实世界中的每一个具体或抽象的事物视为一个对象,每一个对象除了本身的数据外,也具有主动的运算能力,可以请求其他对象协助服务或者是接受其他对象的请求,而借助仿真真实世界相互对应,以及其易于维护的特性,近年来引起众多企业的应用兴趣。

由于传统的软件开发概念,用于分析、设计和实现一个系统的过程和方法大部分是"瀑布模型",即后一步是实现前一步所提出的需求,或者是后一步开发前一步所得出的结果。因此,当越接近系统设计的后期时,如要对系统设计的前期结果做修改就越加困难,同时在系统设计的后期,对系统的设计过程不一致所引起的困扰也就越大。

为了解决上述这种不合理的现象,就需要在分析、设计和设置系统的方法时尽可能地接近我们认识系统的方法。换言之,就是应使描述问题的空间和解决问题的方法空间在结构上尽可能地一致,也就是使分析、设计和设置系统的方法原理与我们认识客观世界的过程尽可能地一致。这就是面向对象方法的出发点和所追求的基本原则。

1. 面向对象技术的特点

面向对象的概念起源于面向对象程序语言,从 20 世纪 80 年代起,人们基于以往已提出的有关信息隐藏和抽象数据类型等概念,以及由 Modula-2、Ada 和 Smalltalk 等语言所奠定的基础,再加上客观需求的推动,逐步地开发和建立起较完善的面向对象的软件系统方法。

面向对象具有封装、继承性、多型、类化等几个基本特性,对象的概念可对应实际事物,在采用面向对象方法时,可能会遭遇困境,如缺乏标准性、增加推广与训练成本及技术的考虑,但在硬件成本下降、软件成本上升的今日,采用面向对象方法,将只会带来短时间的成本负担，却可带来长久的收益。

面向对象概念与技术已成功地应用于软件及系统开发的领域，这些开发的系统都具有周全、易懂、可变、可调节及再使用等特性。面向对象的技术是以仿真及模型化为基础。传统上，其概念常常运用于面向对象程序设计、用户接口等技术层次上，也可延伸到系统的分析、设计方面，使系统的开发方法能全面采用面向对象概念，提高无缝性，以提高系统的品质。面向对象技术具有下列6项特点。

(1) 它改变了人们思考系统的方式。面向对象的思考方式比结构化分析及设计的技术，对人类来说更自然。毕竟，这个世界是由对象组成的，人们一直以发现对象的行为而将它们分类。一般用户及企业人员也是一样，可以产生和他们有关的面向对象图标，使他们容易了解，而不是那些实体关联、结构流程及数据流程图等艰深难懂的东西。

(2) 系统通常由已存在的对象所构成。因此可以达到很高的可再用性，这将节省金钱，缩短程序开发时间，以及增加系统的可靠度。

(3) 对象的复杂度可以一直增长，因为对象是由别的对象所组成的，以此类推。

(4) 计算机辅助软件工程(CASE)保存库应该包含持续成长的对象类别链接库，某些是购买的，某些是建立的。这些对象的类别的复杂度越来越高时，就会变得越来越强而有力。这样的对象类别越多，也就越会产生符合不同客户要求的系统。

(5) 用面向对象技术来生成功能良好的系统比较容易，原因是类又包含着类。因此，可很干净利落地划分出许多方法，而每个方法都相对地比较容易建立、调试及修改。

(6) 面向对象技术与CASE工具很自然地结合，一些强而有力的工具是为了面向对象程序制作而存在的，许多CASE工具若要用来支持面向对象分析及设计仍需要加强功能。

2. 面向对象分析与设计

面向对象分析与设计的分界在各种方法论中均不相同，某些列在面向对象分析中的工程，却出现在另一方法论的面向对象设计中。事实上，大部分的面向对象设计步骤与面向对象分析相同，主要的差异在于对象或领域在步骤中的应用。

面向对象分析是建立系统需求模型的过程，分析环境中的各个对象、对象与对象间的关系与沟通方式，针对问题空间进行理解、分析、对应，以萃取出系统需求，所得到的是真实事件的实体对象，如员工、订单等。

面向对象分析是利用系统结构及操作概念，以对象来反映系统连续的处理过程，其主要特点归纳如下。

(1) 面向对象模型与真实世界的差距很小。

(2) 以对象为基础，可做局部的修改。

(3) 有助于理解问题空间。

(4) 改进分析人员与用户间的交互方式。

(5) 增加分析结果内部的一致性。

(6) 共同性质明显表示。

(7) 分析结果可重复使用。

面向对象设计是将分析模型所得转换成解答模型的过程。根据分析结果，加工设置对计算机的实际需求，如数据管理、工作管理，将已存在的对象类加上新建立的类，来设计新系统,亦即由分析结果的实体对象加以分解并描述系统结构,定出与系统需求规格有关的抽象对象。面向对象设计以类与对象抽象化数据,通过操作与数据的封装,将模型具体化并建立软件结构;通过对象机制的开发,描述接口。其主要特性如下。

(1) 模块化:面向对象的规范,提供系统分解成模块的自然支持。

(2) 信息隐藏:类结构通过分离类的实现,支持数据隐藏。

(3) 弱耦合力:存取或修改内部数据,类的接口运算符是内向的,如此即导致类之间有很小的联系。

(4) 强内聚力:类是一种很自然的内聚模块。

(5) 抽象:分为规格说明抽象及参数化抽象,规格说明抽象是从实现上抽象实体的规格说明;参数化抽象则是从如何处理规格说明来抽象要操纵的数据类型。

(6) 可扩充性:继承关系有助于重用既有定义,使开发更加容易;在面向对象语言中,多型也支持设计的扩充性。

(7) 整合性:面向对象设计将所有单元组合成完整的设计。

综合以上的探讨,可以归纳整理出面向对象分析与设计的主要目标如下。

(1) 确定企业运作过程中的各项重要角色,然后确定各角色的责任。企业运作过程就是从顾客需求服务开始,一直到顾客接受到完整的服务为止,而运作过程中的活动各有其执行者,又称为"角色",亦即"角色"负责执行某些活动,通称为一项企业运作过程。因此,在特定的企业运作过程中,某角色所负责执行的活动,就是该角色在该过程中应负的责任。

(2) 定义软件对象来表达各项角色。每个角色由一个对象来表示;角色的责任就是对象的责任。

(3) 进行面向对象分解,即将对象分类或分解成更小的对象。小对象各有各的责任,彼此互助合作来支持大对象的责任。必要时,可继续分类或分解下去。

8.2.2 面向对象数据库的应用

今天,面向对象技术被视为能够带来更可靠和较高品质的软件,因为它能够借助使用定义好的接口与隐藏实现细节,建立更模块化的软件。

过去这些年来,对象数据库技术在其他工业部门也变得很受欢迎,对象数据库技术已明显地移向非工业方面的应用。

由于面向对象技术在观察、分析问题时更接近人类的思维方式,所以模型中的对象与真实世界的实体或概念有自然的对应,并可随环境的变动,修正系统中的对象属性或方法,以适应复杂多变的产品开发类型。面向对象数据库系统能通过有效的方法,来保存与获取复杂的信息,并能有弹性地处理不同的需求。

8.2.3 应用程序设计程序

越来越强调流程的整合是迫使人们采用面向对象数据库的缘由。例如,计算机整合制造的领域非常注重将面向对象数据库当成流程整合的结构,高级的办公自动化使用面向对象数据库来处理,超级链接的数据,医院的病人照顾追踪系统,为方便使用也使用面向对象数据库,所有这些应用程序都有管理复杂、高关联信息的特性,这也是面向对象数据库的优势所在。显而易见,关系型数据库无法处理所需的复杂的信息系统,关系型数据库系统的问题在于需要程序员去强制一个信息模型成为表单,实体之间的关联是被值所定义的。

Versant OODBMS 的创造者罗慕斯(Mary Loomis),将关系型与面向对象式数据库做了比较:"关系型数据库的设计是试着用限制内的表单解决如何将真实世界的对象呈现的程序,以此种方式保留数据的完整性变为可能。对象数据库的设计大部分是整个应用程序的重要部分,被程序语言使用的对象类也是 ODBMS 所使用的类,因为它们的模型是一致的,无须为数据库管理者将程序的对象模型转换"。

面向对象数据库的应用领域非常广泛,而它的特质就是具有非常复杂而有效的信息,面向对象能以更自然及更易了解的方法来呈现问题的解决。麦可·布鲁迪在概念模型中表示"新层次的系统更接近人类问题领域的概念化,在此层次的说明更能加强与系统设计师、领域专家及用户之间的沟通"。

但是从整个软件业来看,今日的软件日益复杂且大型化,传统的结构化分析与设计不足以产生安全稳定的软件,架构于其中的关系型数据库自然地也因面临程序膨胀后的不稳定性,无法处理大型且复杂的数据。面向对象数据库的出现,就是要吸收关系型数据库的所有优点,弥补关系型数据的所有缺点。

面向对象数据库引入面向对象的新概念于数据库中,同样使用面向对象的方法仿真传统数据库的功能。因此,其优点为比传统数据库多了"面向对象"的功能。面向对象的功能是在对象与对象之间拥有多样化的关系。传统关系数据库只有一对一、一对多、多对多三种关系,如果要表现层次式数据时就稍嫌不足,而面向对象数据库的继承性正好弥补了这项缺点。

面向对象概念的主要优点之一,就是对象能够在不同的程序中被再使用。程序能够在一小部分的时间中被建立。有了从一个抽象的概念到特殊的对象这一表示广泛的实体,软件对象才能够被建立。

通常面向对象数据库下列的优点胜过关系型数据库。

(1) 一个更真实、更有力的数据模型。

(2) 处理更复杂的对象。

(3) 在实体之间的继承关联。

(4) 在模式层之内结合对象的行为与对象的定义。

(5) 在集合继承之间的内隐连接以对象识别码为基础。

(6) 版本的机制。

(7) 较好的交易与并行管理。

(8) 表达更佳的查询语言。

(9) 对合作的工作有较好的支持。

8.2.4 面向对象数据库的最佳化

在图 8-1 中的左边,面向对象语言仅提供简单的永存,允许应用程序对象在使用期间永存,最少的数据库功能被提供,如:并行控制、交易控制及复原等。在中间点时,数据库产品已能提供开发相当程序的复杂数据管理应用程序。

最后一阶段的演进较困难,越往右数据库做得越多,用户花在开发应用程序上的努力也越少。例如，现今的面向对象数据库管理系统，为了使数据库存取最佳化而提供了大量的低级接口，使这些开发的责任是决定如何把程序最佳化，面向对象数据库管理系统将保证大部分的最佳化责任，允许用户规范高层以外的陈述，指引什么样的最佳化需被执行。面向对象数据库的演进，如图 8-1 所示。

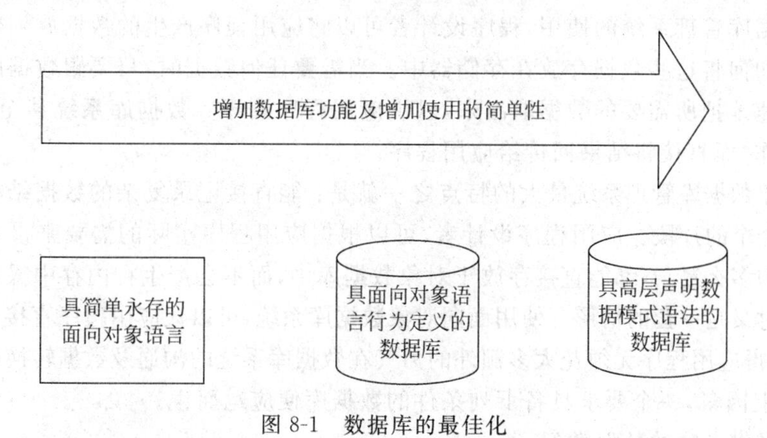

图 8-1 数据库的最佳化

8.3 技术整合

在整合面向对象和数据库的技术时，首先要考虑的问题是：对象在什么时候该被保存起来，未来将如何取用这些对象？目前人们所接受的做法，大多是偏向于在面向对象语言中，加入对象永续的特性，也就是定义一些声明对象永续的宏和建立一些存取对象时所要用到的类，然后通过规定的使用方式及步骤，以达到随时可保存与取用对象的目的。被保存的对象一般存在于数据文件中，任何应用程序均可以使用此数据文件来达到对象共享的目的。

从程序语言的观点，对象数据库的一个基本特性，就是永续性对象保存。程序设计师甚至把一个对象数据库管理系统作为永续性保存的管理者。假如对象由一个程序所建立，它就是具有永续性，即使在建立对象的程序结束之后，它仍然能够被另外一个程序存取。永续性就是数据库允许对象长久生存。反之，一个不是永续性的对象就称为暂时性对象。

解决了保存对象的问题之后，接下来要处理的是对象共享时所产生的管理问题。在一般的数据文件中，并无法做到对象保密及安全性的控制，数据文件中的对象可随意让人使用。根据过去在传统数据库系统上的做法，为解决对象保密及安全性的控制问题，需要在数据文件保存区上架设一层软件，作为管理数据文件中的对象之用，而这一层即为“对象数据库管理程序”。

然而，传统的数据库管理系统，本身所能处理的数据类型相当有限。因此，面向对象语言允许使用自行定义的数据类型，便无法进行处理，更不用说将对象中的方法当作数据保存起来。

对于传统数据库管理系统的解决方式，便是在该系统上再架构一个“对象转换器”。对象转换器的主要功能是在对象保存之前，先将其转换并分解成该系统可以处理的小组件，然后再进行保存的操作；而要取用该对象时，再通过该对象转换器将原先分解的小组件包装还原成原先的对象。

对于上述方式，无论是关系型或是层次型、网状型数据库都不能达到很好的效果，因为关系型数据库所能处理的数据类型太简单且相当有限。因此，在分解或还原对象时，会给系统带来相当大的负担。而层次型、网状型数据库虽可直接处理复杂的数据结构，但因其本身并非是一个很有弹性的数据库，故仍不是很理想。

通过数据库管理系统的使用，程序设计者可以将应用程序产生的数据放到数据库里，而不需要操心如何将这些数据存放在存储器中。当需要任何数据时，只要跟数据库系统说明，系统便能快速地把所需要的数据取出来，以供应用程序处理。数据库系统甚至能帮用户处理部分的工作，而直接将结果回传给应用程序。

面向对象数据库管理系统最大的特点之一就是：能直接记录复杂的数据结构，而不需要将其拆成一个个的片段。应用程序设计者，可以根据应用程序实际的需要来设计数据结构。不管数据结构多么复杂，都能直接存放于对象数据库中，而不会产生在内存中操作时是一套，存入数据库时又是一套的情形。使用面向对象数据库系统，可以让应用程序直接、紧密地与数据库结合，使得应用程序无须花太多额外的力气在数据库系统的沟通及数据转换的工作上。

基于以上因素，一个要求具备下列条件的数据库便应运而生。

(1) 能提供丰富的数据类型。

(2) 能直接处理复杂对象而没有数据格式转换的问题。

(3) 能提供与传统数据库相同的管理及服务。

(4) 能兼顾系统的弹性。

因此，具备上述条件的数据库管理系统即称之为"面向对象数据库管理系统"。

在面向对象数据库中，每一个对象均存在一个唯一的对象识别码来代表此对象的存在，此对象识别码并不因对象状态值的改变而有所变动。因此，可通过面向对象模型中的复合对象来表示，即一个对象包含另一个对象，而另一对象又包含其他对象，如此继续下去，直到包含最小的对象。每个复合对象只保存其所包含对象的地址，或称为指针(Pointer)。因此，只要通过此指针便可快速地找到其欲处理的对象，提高对象取用的效率。

8.4 数据接口

数据接口部分是 OOD 模型中负责与具体的数据管理系统衔接的外围组成部分，它为系统中需要长久存储的对象提供了在选定的数据管理系统中进行数据存储与恢复的功能。

大部分实用的系统都要处理数据的永久存储问题。例如，系统运行中产生的结果数据需要长期保存，系统需要在一些长期的数据支持下运行；或者，系统需要对某些长期保存的数据进行增加、删除与更新等操作。凡是需要长期保存的数据，都需要保存在永久性存储介质(目前最常用的是磁盘存储器)上，而且一般是在某种数据管理系统(例如文件系统或数据库管理系统)的支持下进行数据的存储、读取和维护的。面向对象的软件开发将数据组织到对象中作为对象的属性，所以，数据存储问题表现为对象存储。需要长期存储的对象，在概念上称作永久对象。在分析或设计中需要指出哪些对象是永久对象；同时，在设计中需要给出具体的措施来解决它们的永久存储问题。数据接口部分的设计，正是对此做出抉择，并以面向对象的概念和表示法来体现这种设计决策。

在 OOD 中可以采用不同种类的数据管理系统实现对象的永久存储。例如，可以采用文件系统，关系数据库管理系统（RDBMS）或者面向对象数据管理系统（OODBMS）。从理论上说，用面向对象的数据库管理系统实现对象的存储似乎是顺理成章的决策，但是具体应用系统的开发更强调考虑各种实际因素。例如，所选用的软件产品的技术成熟程度、实用性、易用性、价格以及当前系统的实际需求等。所以，对于某些面向对象的应用系统，可能更适于选择关系型数据库或文件系统来实现对象的永久存储。

各种数据管理系统有各自不同的数据操纵方式。例如，不同的文件系统有不同的数据组织格式和操作命令；不同的数据库管理系统有不同的逻辑数据模型和数据操纵语言。设计中的数据接口部分需要针对选用的数据管理系统实现数据格式或数据模型的转换，并利用它所提供的功能实现数据的存储与恢复。因此，针对不同的数据管理系统，需要做不同的设计。在 OOD 中，根据所选用的数据管理系统的特点，设计一些专门处理其他对象的永久存储问题的对象，并把它们组织成一个相对独立的组成部分，好处是隔离数据管理系统对 OOD 模型的全面影响——当选用不同的数据管理系统时，只需要数据接口部分做相应的变化，其他部分则不需要做太多改动。这一思想是 P. Coad 和 E. Yourdon 提出的，它对于加强 OOD 模型（特别是其中的问题域部分）在不同实现条件下的可复用性十分有益。

OOD 模型中的数据接口部分就是这样一个组成部分：它负责将应用系统中的对象在选定的数据管理系统中进行存储，并将存储结果恢复到应用系统。它所要解决的问题，可以通过以下的讨论而明确范围。

（1）数据接口部分旨在解决应用系统中的对象在外存空间的存储问题，对象在内存空间的存储是由编程语言自动解决的，不需要设计者做什么事。

（2）只需考虑对象属性值的存储。至于对象的服务，无论是源代码还是可执行代码，都是由语言系统自动保存和管理的。

（3）并非所有的对象都需要长期保存。根据系统功能和设计策略的要求，有些对象只需要在系统运行时存在（相当于过程式语言中的局部变量），有些对象甚至只需要在某个对象的服务执行时存在（相当于过程式语言中的局部变量）——这些对象都不必长期保存。只有其状态信息（属性值）在系统运行结束后仍然有保留价值的对象才需要长期保存。这些对象在 OOA 中，以及在 OOD 的问题域部分设计中被标识为永久对象，数据接口部分的设计就是解决这些对象的永久存储问题。

（4）如果使用的面向对象编程语言能够支持永久对象的表示和存储管理，或者采用了面向对象的数据库管理系统，而且其对象模型与编程语言的对象模型是一致的，该对象的永久存储问题可以在上述条件下得到简单的解决，不需要设计者做更多的工作。

总结以上几点，数据接口部分的设计所瞄准的问题可以归结为：在选用的编程语言和数据管理系统不能直接支持对象永久存储的情况下，通过一个专门设计的模型组成部分，实现应用系统与数据管理系统的接口，以解决应用系统中需要长期保存的对象的属性值在外存空间的保存问题。

8.5 对象存储方案和数据接口的设计策略

本节针对文件系统、RDBMS 和 OODBMS 三种不同的数据管理系统，分别讨论相应的对象存储方案和数据接口部分的设计策略。主要内容包括如何建立被存储的对象从应用系统到数据管理系统之间的映射,如何设计数据接口部分的对象类,以及如何对问题域部分做必要的修改。

8.5.1 针对文件系统的设计

1. 对象在内存空间和文件空间的映像

如果用文件系统实现对象的存储,那么在面向对象的分析与设计阶段为应用系统识别、定义的对象,在实现时将被表示成文件中的一些普通数据。以挑剔的眼光看,对象概念在做出这种选择时,也可以用另一种眼光看待这一问题:面向对象的软件开发,主要是为了系统与问题域的良好映射,控制复杂性,改进交流,适应需求变化,减少错误的影响范围,支持软件复用,提高软件开发效率与质量,改进软件维护等方面获得实际的好处。达到这些目标的关键,主要是在应用层(即在开发自己定义和实现的部分)采用面向对象的范型。文件系统只是作为底层的支撑软件为应用层的对象保存数据,对于在应用层上以面向对象的概念和原则构造系统并无本质性影响。应用系统仍然是面向对象的,它只是通过一个接口(这个接口也是由对象构成的)来利用文件系统保存对象的数据。

由于应用系统的具体要求和实现策略不同,对象实例在内存空间和文件空间的存储映像也有不同的映射方式。一种方式是,每个需要永久存储的对象,都在内存空间(通过程序中的静态声明或动态创建语句)建立一个对象实例,同时又在文件中保存一个记录。就是说,对象实例在内存和文件空间的映像是一一对应的。这种映射方式不难按面向对象的观点来解释:对象在内存空间的映像,体现了它是一组属性和一组服务的封装体,文件只是被用来存储对象的属性。

另一种常见的映射方式是,一个类的每个(需要永久存储的)对象都在文件中对应着一个记录,但是在内存空间却只根据算法的需要创建一个或少量几个对象实例。当需要对某个对象的数据进行操作时,才将文件中相应记录的数据恢复成内存的对象,进行相应的操作;在操作完成之后,该对象的数据又被保存到文件中。就是说,对象在内存空间和文件系统中的映像并不是一一对应的。这种映射方法在实际系统的开发中是很常见的。例如,当开发一个银行的储蓄业务管理系统时定义了“账户”这个类,它由一组属性和一组服务构成。在概念上,每个账户都是一个对象实例;但是通常没有必要同时在内存空间创建所有账户的对象实例(因为其数量可能相当大,要占用很多空间),而是用文件(或数据库)保存每个账户对象的信息,只是将当前被处理的账户用内存中的一个对象时时刻刻对应着内存空间的一个实体,平时它只是文件中的一组数据,只有在它活动时才在内存空间出现,成为既有属性又有服务、符合封装原则的完整对象。对此心怀疑虑的读者可以想一想下述事实。即使只处理内存空间的对象,这种实现技术和理想概念的偏离现象也并不罕见。当编译系统把程序中定义的对象编译为二进制代码时,对象的属性和服务通常是分别存放的。前者是为对象实例分配的内存空间,有多份,每个对象实例对应其中一份;后者是一些可执行的指令,只有一份,为所有的对象实例所共享。但是不必为此担心,这是由底层的系统软件解决的问题。在系统开发者的视野中,对象仍然是一个属性与服务紧密结合,完整地描述客观事物的系统单位。

2. 对象存放策略

用文件系统存放对象的基本策略是：把由每个类直接定义，并需要永久存储的全部对象实例，存放在一个文件中；其中每个对象实例的全部属性作为一个存储单元，占用该文件的一个记录。

在一般—特殊结构中，一般类和它的特殊类都可能被用于直接创建对象实例。从概念上讲，所有特殊类的对象实例都拥有比一般类更多的属性，因为特殊类除了继承一般类直接创建的对象实例外，还通过特殊类创建的对象实例分别使用不同的文件，以保持文件中每个记录是等长的，并且每个记录中都没有空余不用的字节。

有些文献中提到另外一种对象存放策略：将一个一般—特殊结构中各个类定义的所有对象实例都存放到同一个文件中，这可以减少占用的文件个数。但是，为了使对象的每个属性都在文件中有固定的字段与之对应，需要将结构中每个类定义的属性都罗列出来，按照属性的最大集合定义文件的记录结构。对缺少一些属性的对象而言，这些属性所对应的空间就是浪费的；而且，这种策略在物理上模糊了逻辑上原本清晰的对象分类关系，使对象的存储与检索复杂化。所以，不建议采用这种策略。

为了在文件中高效地存储和检索数据，一个重要的问题是努力在对象实例和文件记录之间建立一种有规律的映射关系。在以下情况下，这种努力将取得明显的效果。

1）对象名称呈线性规律的情况

在许多应用系统中，当需要用某个类定义大量的对象实例时，通常不是单个进行的，而是整批地定义。例如，定义一个数组，该数组的每个元素是这个类的一个对象实例。在这种情况下，用对象名称（外部标识）引用一个对象，就是给出数组的名称和它的下标。如果某些类的对象实例是以这种方式定义的，那么，按对象名称的排列顺序形成每个对象所对应的文件记录，则可获得较高的存储与检索效率——只要给出对象名称，就可以计算出它在文件中的存放位置，从而快速而准确地找到它所对应的记录。

2）对象关键字呈线性规律的情况

“关键字”是类的一组（特殊情况下可以是一个）属性，它们的值可以唯一地标识该类的每个对象实例。换句话说，就是该类的任何一个对象关于这组属性的值的组合与其他所有对象都不相同。

在许多应用中都是通过关键字来标识类的各个对象的。例如，在商场管理系统中可以用商品编号标识每一种商品，在银行的储蓄业务管理系统中可以用账户号码标识每个账户。对这些以某种编号作为关键字的类，如果编号是连续的，那么，按关键字的顺序安排对象所对应的文件记录，则可以从关键字计算出它在文件中的存放位置，从而实现快速的存储和检索。

3）对象名称或关键字可以比较和排序的情况

如果对象名称和关键字不具有上述规律，但能够直接地或者通过转换后进行比较和排序，那么，采用适当的存储与检索策略仍可获得较好的效果。例如：

（1）按关键字的顺序安排文件中记录的位置，检索时采用折半查找法直接查找文件记录。

（2）建立按对象名称或者按关键字排序的索引表，设计在索引表中快速查找表项的算法，通过该表项提供的记录指针找到相应的记录。

4）其他情况

根据应用系统的具体要求选择其他策略，例如散列表、倒排表、二叉排序树等。各种数据结构教科书对此类策略都有介绍，这里不再细述。

总之，一个类使用一个文件，一个对象对应文件中的一个记录是基本策略。进一步的决策要根据应用系统的具体特点与要求，考虑以下问题。

(1) 一个类是否有大批量的对象实例需要永久存储？

(2) 对象名称或关键字是否呈现某种规律？

(3) 应用系统经常需要按照什么条件进行检索(例如按对象名称、关键字还是其他属性)？

(4) 是否需要经常地插入或删除对象？

通过对上述问题的回答，将形成更具体的决策，包括：决定如何安排对象在文件中的排放次序，决定是否建立索引，计划采用何种检索算法等。这些决策最终将体现于数据接口部分的对象设计。

3. 设计数据接口部分的对象类

这一小节讨论，在采用文件系统时数据接口部分用哪些对象类，以及在各个类中应定义哪些属性，提供何种服务。

一个最主要的对象类是为所有(需要在文件中存储数据的)其他对象提供基本保存与恢复功能的对象类，可将它命名为“对象存取器”。应用系统中各个类的对象是按关键字存取，还是按对象名称存取，还是二者兼而有之，这将对“对象存取器”类的设计提出不同的要求。以下只针对按关键字存取的情况进行讨论，其余情况读者可以举一反三。

如前面所述，从关键字发现对应记录位置的算法将因关键字所呈现的不同规律而有所不同，而在一个应用系统中，可以包含各种不同的情况。为此，可设计一组类，形成如图8-2所示的一般—特殊结构。其中，一般类“对象存取器”的属性是一个类名-文件名对照表，从这里可以查到每个类是哪个文件存储自己的对象。它还提供两个服务：一个是“对象保存”其入口参数指明要求保存的对象、该对象的关键字的值以及该对象属于哪个类；其功能是从类名-文件名对照表中查知该对象由哪个文件保存，并根据关键字确定记录位置，然后将对象数据保存到该文件的相应记录中。另一个服务是“对象恢复”。它与“对象保存”服务类似，其差别只是数据的流向相反，是把文件中相应记录的数据恢复到对象中。这两个服务都是多态的，在不同的特殊类中将有不同的算法。图8-2中的三个特殊类照原样继承了“对象存取器”的属性，但继承来的服务是多态的，算法各不相同。其中，“换算型对象存取器”的两个服务是从关键字换算出记录位置，然后进行保存或恢复的；“查找型对象存取器”的两个服务是以某种快速查找算法(例如折半查找法)在文件中查找与关键字相符的记录，然后进行保存或恢复的；“索引型对象存取器”是在一个“索引表”类的支持下工作，它的两个服务(通过消息)请求“索引表”类的服务，以确定与关键字对应的记录位置，然后进行保存或恢复。“索引表”类的属性“文件记录索引”是一份从对象关键字到文件记录指针的对照表，它的服务“查找记录指针”功能是根据给定的关键字在索引中查找相应记录的指针。当系统中某些类的对象实例不便于按关键字值的大小在文件中顺序存放时(例如在需要经常增加和删除对象的情况下)，则可为每个这样的类建立一个“索引表”类的对象，以便快速地找到记录位置。

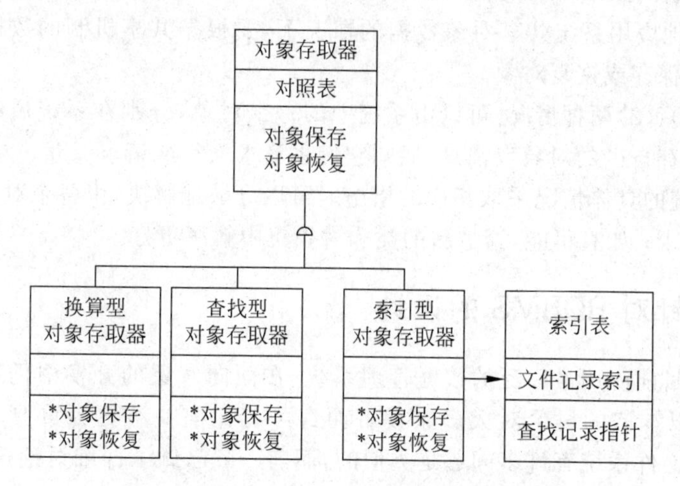

图 8-2 接口部分的对象类

对于按对象名称来存取对象的情况,读者可以参照以上策略进行设计。此外,有些系统可能要求支持其他方式的对象存取,例如,按某些非关键字属性的值检索对象,此时需要在数据接口部分增加其他数据结构(例如增加若干倒排表),并用对象类加以表示。总之,应用系统的要求是多种多样的,要根据不同情况进行不同的设计。

4. 问题域部分的修改

问题域部分的对象通过请求数据接口部分提供的服务实现对象的保存与恢复。为了实现这种请求,这些对象类需要增加一些属性和服务。

对每个需要长期保存其对象实例的对象类,要增加一个属性"类名",使它的对象在发出请求时以该属性的值作为参数,指出自己是属于哪个类的;数据接口部分也可通过它知道应该对哪个文件进行操作。这个属性可以是类属性,即对该类所有对象实例而言属性值都是共同的。此外,要增加一个"请求保存"服务和一个"请求恢复"服务,它们的功能是向数据接口部分的"对象存取器"对象发消息,分别请求后者的"对象保存"服务和"对象恢复"服务,从而把自己当前的状态(属性值)保存到文件中,或者从文件中恢复以往保存的结果。

由于每个需要长久保存其对象实例的类都需要上述属性和服务,因此可以增加一个一般类来定义它们,作为共同协议,供所有这样的类继承。

这种策略可能使问题域部分的某些类由原先的单继承变为多继承,所以对不支持多继承的编程语言可能不适应。解决办法如下。

(1) 在较高的层次继承"存储协议"。

(2) 在出现问题的类中自己定义所需的属性与服务。这会增加编程工作量,而且使模型显得凌乱。

(3) 采用化解多继承的策略。

系统至少在以下几种时刻需要保存或恢复对象。

(1) 系统每次启动时要恢复所有需要预先恢复的永久对象。

(2) 系统停止运行之前要保存在本次运行期间曾经使用而未曾保存过的永久对象。

(3) 自系统启动以来首次使用一个未曾恢复过的永对象时要首先恢复。

(4) 在与其他应用系统共享对象数据的情况下，要根据共享机制的数据一致性保证策略所要求的时刻保存或恢复对象。

对于上述(1)、(2)两种情况，可以由系统中的一个对象，分别在系统启动和关闭时向每个需要恢复或保存自己的对象发消息，通知它们去请求恢复或请求保存。对于(3)、(4)两种情况，需根据系统的具体情况采取相应的措施。可以分散地解决，由各个对象自己在必要的时刻发出这种请求；如有可能，增加新的类和对象集中解决更好。

8.5.2 针对 RDBMS 的设计

RDBMS 是目前应用最广泛的数据管理系统，在面向对象的开发中仍然是大部分系统的首选方案，所以本节的讨论对大多数读者而言可能比前一节更为重要。但是由于采用 RDBMS 和采用文件系统有许多问题是类似的，而前一节已做了详细讨论，所以这里对这些共同问题只做简单的讨论，重点讨论使用 RDBMS 时的特殊问题。

1. 对象及其对数据库的使用

和文件系统类似，RDBMS 也是面向对象的。不过可以这样理解：应用系统中定义的对象仍然是属性和服务的封装体，只是在必要时借助关系数据库长久地保存其属性数据；而关系数据库是在 RDBMS 的支持下建立，并在它的管理下工作的。

与使用文件系统的情况类似，对象实例在内存空间和关系数据库中的存储映像也有两种不同的方式。一种方式是，每个需要永久存储的对象都在内存空间(通过程序中的静态声明或动态创建语句)建立一个对象实例，同时又在数据库的一个表中保存一个元组，即对象实例在内存空间和关系数据库中的映像是一一对应的；另一种很常见的方式是，一个类所有需要永久存储的对象都在数据库的一个表中对应着一个元组，而在内存空间却只是根据算法的需要创建一个或少量几个对象实例，只是在需要对某个对象的数据进行操作时才将它恢复成内存中的一个对象，并进行相应的操作；在操作完成之后，该对象的数据又被保存到数据库中，即对象在内存空间和在数据库中的映像并不是一一对应的。

使用 RDBMS 和使用文件系统相比，有以下几点不同。

(1) 对象可能非映射式地使用库中的数据。

把当前系统中定义的对象映射为数据库中的数据，不是使用数据库的唯一方式。由于数据库支持多用户、多应用的特点，有时可能要把对象与数据库的关系处理为单纯地使用关系，而不是映射关系。

例如，在开发一个应用系统时，可能已经存在一个并非专为本系统建立的数据库，其中有大量数据是可供本系统使用的。此时，可以用两种方式处理数据库中已有的数据和应用系统中对象之间的关系。一种方式是按照被使用数据的数据模式，结合应用系统中对这些数据的操作，定义一些与之相配的对象类并创建本系统的对象。这些对象与数据库中的数据仍然属于前面谈到的两种映射关系。当数据库中某些表的大部分属性信息都对本系统有用时，采用这种处理方式较为适宜。另一种方式是把应用系统中的对象与数据库中的数据简单地处理为使用者和被使用者的关系，在这种方式下，数据库只是被应用系统的对象使用，并不是在应用系统中建立一些对象来映射这些数据。对象和数据库表中的数据之间甚至连属性级的局部对应关系也不存在，只是在对象执行其服务时从数据库中获得某些数据，作为进行计算或进行其他处理的已知量。例如，某城市已经建立了一个户籍管理数据库，现在要开发一个人口统计的一个对象，但是有一个"人口统计员"对象，它在执行统计服务时可以通过一条简单的查询语句从数据库中一个名为"市民"的表中查到本市的就业人口总数，同样也可以查到各行业从业人员的平均年龄、平均工资等数据。这种处理方式是允许应用系统中的对象直接地使用数据库中的数据，而不是拘泥于先把这些数据定义成对象才允许在系统中出现。如果数据库的某些表中只有少数属性对当前系统有用，而且当前系统只是使用这些数据，而不负责其创建、维护与更新，则这种处理方式显然既方便又有效。从面向对象的原则看，应用系统仍然是用面向对象方法构造的，只是它的某些对象要从数据库中获取相应数据资料。从实际出发，没有理由反对本系统的对象使用数据库或者任何其他系统能够提供的现成数据。

RDBMS 提供的数据操纵语言一般都具有很强的数据查询功能，不仅能查询数据库中直接存储的数据（任何元组的任何属性），而且能够提供对这些数据进行某些统计或计算所得到的结果。熟练、巧妙地使用这些功能是数据库应用系统开发者的专长，面向对象方法不应该限制对这些功能的使用。按照以上讨论的观点（允许对象以非映射的方式使用数据库中的数据），程序员仍然可以像采用传统方法时一样，在程序中使用 RDBMS 所提供的语言，既可以将其语句嵌入用普通编程语言编写的程序，又可以直接用它作为编程语言。所不同的，只是这些程序都被组织到对象之中。

（2）可能需要数据格式转换。

RDBMS 基于严格的关系理论，对存入关系数据库的数据在格式上有较为严格的要求。而面向对象数据模型适应范围很宽，对其属性的数据格式几乎不加任何限制。因此，当应用系统中的某些类数据格式不符合关系数据库的要求时，就需要规范化，使之满足关系数据库所要求的某种范式。这意味着在应用系统和数据库之间进行数据格式的转换。

规范化所引起的数据格式转换可能只局限于一个类的范围之内，也可能超出一个类的范围而对 OOD 模型带来结构上的影响。例如，为了满足第一范式（这是关系数据库对数据格式的起码要求），要把所有需要在数据库中存储其对象实例的类的非原子属性全都转换为原子的。这种转换的影响范围只局限于各个类的内部。为了满足第二范式或更高的范式要求，可能要把某个对象类拆分成两个或两个以上的类，在个别情况下也可能要求把一个以上的类拆分之后重新组合，组织成另外几个类。这种转换的影响将超出类的范围。

从以上的讨论可以归结出两个问题。一个问题是：如何将应用系统中的对象映射到关系数据库中，即如何用关系数据库实现对象的永久存储。这个问题是以下几节要进一步讨论的，对象数据的规范化也包含在这个问题之中。另一个问题是：应用系统中的对象为完成其功能要使用数据库中的某些现成数据（而不是用数据库保存自己的属性数据）。这个问题可以看作对象代码的实现问题，即如何用 DBMS 提供的数据查询语言作为对象服务代码的一部分，以实现数据查询。这和用普通程序语言来实现对象，使之从一种输入设备上读取数据没有本质的不同。总之，这个问题属于对象功能的实现，并不涉及对象本身如何存储。

2. 对象在数据库中的存放策略

用关系数据库存放对象的基本策略是：把由每个类直接定义并需要永久存储的全部对

象实例存放在一个数据库表中。每个这样的类对应一个数据库表,经过规范化之后的类的每个属性对应数据库表的一个属性(列),类的每个对象实例对应数据库表中的一个元组(行)。和使用文件系统的情况类似,也可以把一个一般—特殊结构中所有的类对应到一个数据库表,但同样也会带来空间浪费、操作复杂等问题。以下只针对一个类对应一个数据库表的策略进行讨论。其中涉及数据库技术中的一些基本知识,请读者参阅该学科的有关著作。本节的主要任务,不是介绍数据库技术,而是介绍如何运用数据库技术处理从对象模型到关系模型的映射。

1) 对象数据的规范化

关系数据库要求存入其中的数据符合一定的规范,并且用范式来衡量规范化程度的高低。最低的要求是满足第一范式,这是作为一个数据库的表(关系)必须满足的条件。更高程序的规范化主要是为了消除更新异常(在数据更新时丢失某些有意义的信息)和减少数据冗余。但是规范化要付出一定的代价:一是规范化之后的数据格式对问题域的事物特征及其逻辑关系的映射不像规范化之前那么直接,这可能会影响系统的可理解性;二是第二范式或高于第二范式的规范化通常要增加表的数量,并在使用这些表时增加了多表查询和连接操作,从而增加了运行时的开销。因此,并非规范化程度越高就越好,而是要根据系统的实际情况,权衡性能、存储空间等各种因素,确定合理的规范化目标。

面向对象方法与关系数据库的规范化目标既有相违的一面,又有相符的一面。考察一下这种矛盾的现象是很有趣的。从数据模型的角度看,面向对象数据模型允许对象属性是任何数据类型,这使得对象的数据结构连第一范式的要求都不能满足。另一方面,面向对象方法以对象为中心来分析、认识问题并且以对象为单位组织系统的数据与操作,这一观点恰恰有助于达到第二范式、第三范式、Boyce-Godd 范式和第四范式所要求的条件。以下简单地介绍这些范式并讨论对象数据的规范化问题。

(1) 第一范式(1NF):关系(表)的每个属性都必须是原子的。就是说,关系的每个属性都是单值的,它不包含内部的数据结构。

(2) 第二范式(2NF):如果一个关系的所有非关键字属性都只能依靠整个关键字(而不是依赖关键字的一部分属性),则该关系在第二范式中。

(3) 第三范式(3NF):如果一个关系在第二范式中,而且没有传递依赖,则该关系在第三范式中。

(4) Boyce-Godd 范式(BCNF):如果一个关系的每个决定因素都是候选关键字,则该关系在 BCNF 中。

(5) 第四范式(4NF):如果一个关系在 BCNF 中,而且没有多值依赖,则该关系在第四范式中。

上述第一范式所要求的条件(每个属性必须是原子的)是由关系数据模型所决定的,是对任何一个关系的起码要求,否则就不能作为关系数据库中的一个关系而由 RDBMS 所管理。面向对象数据模型却没有这种限制。例如,一个名为“公司”的类,其“通信地址”属性可能定义成结构类型,其中包含“国家”“城市”“街道”“门牌号”等域变量。这不符合第一范式的要求。为了规范化,可以把“通信地址”这个结构层次取消,而直接地以“国家”“城市”“街道”“门牌号”作为公司的属性,即把原先一个有结构的属性分解成了四属性。不过,在这样做之前应该问一个问题:系统是否真正有必要单独存取“通信地址”中的每个字段?如果实际上并不需要这样做，而总是把“通信地址”当作一个不可分的整体来阅读或修改，那么在定义该类的属性时根本就不该把它定义成结构类型的，而应该定义一个比较长的字符串。字符串的内容(值)可以包含国家、城市、街道、门牌号等信息，但是这些信息都不能作为单独的属性被存取。如果类的这个属性是这样定义的，则它已经符合范式1NF的要求，不需要再进行规范化处理。

某些对象的属性还可以超出规范化所能解决的问题范围。典型地，如多媒体、CAD/CAM、地理信息系统等应用中的图形、图像、音频、视频等数据均可作为对象的属性，它们不符合1NF的要求，而且很难进行规范化处理。实际上，对这种数据的存储超出了关系数据库的适应能力。一种可行的策略是用文件保存这种数据，并在数据库的表中以相应的属性指向保存其数据的文件。

2NF、3NF和BCNF所要解决的主要问题是一个关系中的函数依赖所带来的更新异常问题。按这些范式进行的规范化也可以减少数据冗余，但相比之下更新异常问题更为重要，是讨论这些范式时所关注的真正焦点。函数依赖是指关系中一个属性的值可以由另一个(或一组)属性的值所决定，在这种情况下，称前者“函数依赖”后者，或称后者“决定”前者。函数依赖是在描述问题域的各类数据之间存在的一种数值规律，反映了问题域中的某种事实。如果函数依赖所体现的这种规律和事实相对系统正确执行其功能是重要的话，则当设计者想把这些数据和反映其他事实的数据组织在同一个关系中时，就要考虑是否存在更新异常问题。因为在这样的关系中，每个元组要同时表达两种(或者更多种)事实，为了表示某种事实已经不存在而删除一个元组，可能导致体现另一种事实的信息被同时删除(这是删除异常)；或者，由于一种事实尚未发生，导致体现另一种事实的数据无法插入到表中(这是插入异常)。

下面通过如图8-3所示的例子进行介绍。

Housing(SID, Building, Fee)
Key: SID
Functional Dependencies:
Building→Fee
SID→Building→Fee

SID	Building	Fee
100	Baiyun	1200
150	Huayuan	1112
200	Liuhua	600
250	Pitkin	1198
300	beiyuan	340

(a)

STU-Housing
(SID, Building)
Key: SID

SID	Building
100	Baiyun
150	Huayuan
200	Liuhua
250	Pitkin
300	beiyuan

BLDG-FEE
(Building, Fee)
Key: Building

Building	Fee
Baiyun	1200
Huayuan	1112
Liuhua	600
Pitkin	1198
beiyuan	340

(b)

图8-3 示例

图8-3(a)是一个数据库表(关系)。

其中的数据反映了每个学生住在哪座建筑物中，以及每座筑物的房间收费多少。规则是：每个学生只能住在一座建筑物内，而每座建筑物只有一种收费标准。表的属性有SID(学生编号)、Building(建筑物)和Fee(收费)，其中，SID是关键字属性，其余为非关键字属性。该表符合2NF，因为每个非关键字属性都依赖整个关键字；但是它不符合3NF，因为有传递依赖，即Fee依赖Building，而Building又依赖SID。这种传递依赖所带来的更新异常问题是：当一座建筑物中的最后一位房客(例如表中的150号学生)退房时，删除相应的元组将导致反映这座建筑物收费多少的信息从表中消失；反之，在一座建筑物无人入住之前，关于它收费多少的数据也无法插入到表中。因为无法形成一个完整的元组。对这个表进行规范化的办法是把它分解成如图 8-3(b)所示的两个表,一个反映每个学生住在哪座建筑物,另一个反映每座建筑物的收费标准。这样一来,以上两种信息的插入和删除就不再相互制约了。

下面用面向对象的观点分析一下这个例子所反映的问题。该问题涉及两类对象——学生和建筑物。每座建筑物的收费标准是建筑物的属性,学生住在哪座建筑物可看作学生的属性,或者看作学生和建筑物这两类对象之间的关联。按这种观点,在分析模型中通常设立与图 8-3(b)的两个表对应的两个类,从而不出现更新异常的问题。很难设想图 8-3(a)那样的表如何作为一个对象类出现在 OOA 或 OOD 模型中(如果该模型是由熟悉 OO 方法而不是坚持结构化习惯的开发者建立的)。把描述多种实际事物的属性放在一起,这算是什么?问题域中哪里有这种对象?纵然你想作为一种灵活的设计策略而人为地拼凑这种对象,你又能给它取个什么类名?

以上的讨论表明,恰当地运用面向对象方法可以得到符合较高范式要求的数据库表。原因是面向对象方法强调以对象为单位来组织数据,从而避免了把描述不同类别事物特征的数据组织到同一个表中。此外,还可以通过新增设的类化解两类对象之间的多对多关联,从而避免在描述一类事物特征的表中包含许多描述各类事物之间关联的信息。但是这一切并不能证明面向对象方法总能得到规范化的结果。原因是,即使非常注意只把描述一类事物自身特征的数据定义为该类对象的属性,这些属性之间仍然可能存在不符合范式要求的函数依赖。

如果一个类的全部属性都是描述该类对象自身特征的,那么对它做进一步的规范化处理将会影响系统模型与现实世界的清晰映射,因为要把它们拆散到不同的对象类(和数据库表)中。在这种情况下,要不要进行规范化处理需要做出适当的决策。一是看实际需要。二是权衡利弊。

总结以上的讨论,可得到以下几点认识。

(1) OOA 得到的类其属性很可能是非原子的。如果要在关系数据库中存储其对象实例,则必须按 1NF 的要求进行规范化。

(2) 运用面向对象技术,可以在很大程度上解决 2NF、3NF、BCNF 以及 4NF 所要解决的更新异常和数据冗余问题,但是不能保证在任何情况下都能解决上述问题。

(3) 遗留的问题可通过常规的规范化策略解决,但是未必规范程度越高越好。规范化要根据实际需要,权衡利弊,适可而止。

2) 修改类图

规范化意味着,从类图中原有的类到数据库表,数据格式发生了变化。现在的问题是如何在设计中体现这种变化。

有以下两种策略。

(1) 保持原先的类图不变,只是按规范化的结果定义数据库表。这种策略的好处是类图更贴近问题域。类图中设备有哪些类,以及每个类有哪些属性与服务,都和开发者的初衷吻合,没有因为规范化而使类图变了样。缺点是对象的存储与恢复必须经过数据格式的转换,对于每个需要规范化的类都要定义相应的数据结构和算法来实现这种转换。对开发者而言,这是一个不小的负担,而且在运行时也要额外占用一些时间。

(2) 按照规范化的要求修改类图,无论是各个类内部的属性变化,还是把一个类分解成两个(或更多的)类,都体现为对类图的修改。在修改之后的类图中,各个类和它所对应的数据库表具有完全相同的数据结构，即，类和表的每个属性从名称到数据类型都彼此相同。按这样策略，对象的存储与恢复不需要数据格式的转换。缺点是类图有些变化，对问题域的映射不像规范化之前那么直接；但是这个问题并不严重。按 1NF 进行的规范化所引起的变化只局限于类的内部，把类的非原子属性修改成原子的，不至于严重影响类的可理解程度。2NF、3NF、BCNF 和 4NF 所要求的规范化在很多情况下恰恰是坚持面向对象观点所带来的自然结果，只有把描述同一类事物自身特征的数据拆分到两个(或更多的)类时，才会使模型与问题域的匹配程度降低。

比较以上两种策略，后者利大于弊，更为可取，建议采用这种策略。对类图的修改可看作问题域部分的设计内容之一。修改之前的类属于 OOA 文档，修改之后的类属于 OOD 文档。为了表现修改之前和修改之后的类之间的映射关系，要建立映射表。

3）确定关键字

对每个需要在数据库中存储其对象实例的类都要确定一个关键字。一个数据库表的关键字是一组能够唯一地标识该表的每个元组(行)的属性。对类而言，关键字就是一组能够唯一地标识该类的每个对象实例的属性。一个类(或一个表)中每一组符合这种要求的属性都是一个候选关键字。极端的情况是类(或表)的全部属性组合在一起才能作为关键字，最简单的情况是一个属性就可以作为关键字。

用尽可能少的属性(最好是只用一个属性)作为关键字，无疑将为各种含有关键字的数据查询与更新操作带来方便。但是对有些类而言，可能找不到这样简单的关键字。作为一种设计策略，可能人为地给这样的类增加一个可以单独作为关键字的属性。例如，为“职工”类增加一个“职工编号”属性，为“销售事件”类增加一个“流水账号”属性等。在很多情况下，以“编号”作为关键字是很有效的。特别是对于描述实体事物(包括物理的和逻辑的)的对象类更是如此。对于描述两类实体事物之间关联的类则可能以实体对象的编号属性作为外键(如果它已被选用实体类的关键字的话)。

引入编号作为关键字的另一个好处是，对成批命名的对象，可以形成对象名称与关键字属性值之间的对应规律。例如，用某个类创建了一个对象数组(数组的每个元素是该类的一个对象实例)，当程序中借助数组的下标引用一个对象时，就可以根据其下标换算出相应的关键字的值，从而为在数据库表中存储和检索对象带来方便。

4）从类图到数据库的映射

经过必要的规范化处理和关键字处理之后，得到一个符合数据库设计要求的类图。对其中每个要在数据库中存储其对象实例的类，都要建立一个数据库表。类的每个属性——既包括在本类显式定义的属性，也包括从它所有的祖先继承来的属性——都要对应表的一个属性(列)，从名称到数据类型都完全相同。其中一组属性被确定为关键字。类的每个对象实例将对应表的一个元组(行)。以下通过几个例图讨论几种典型情况的处理。

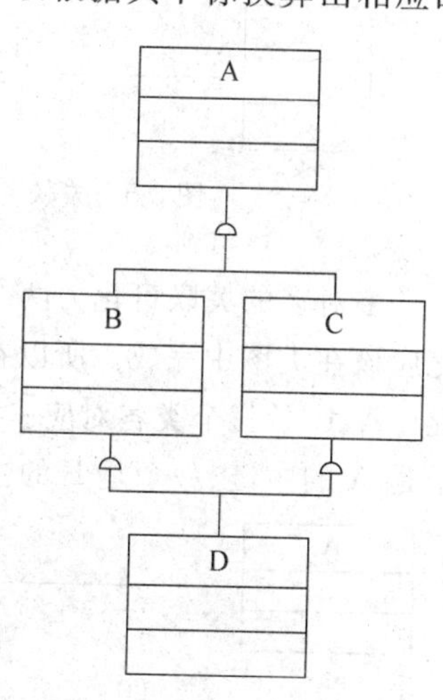

图 8-4 一般—特殊结构

(1) 对一般—特殊结构的处理。

如图 8-4 所示的一般—特殊结构中，假定 A 是一个不用于创建对象实例的类(称作抽象类)，B、C 和 D 都要创建对象实例。那么除了A之外，其他三个类都分别对应一个数据库表。B的属性既包括自己显式定义的属性，也包括在A中定义的属性；类似地，C的属性包括在A和C中定义的全部属性；D同时继承了B和C(多继承)，它的属性包括在其自身定义的属性，以及在A、B、C三个类中定义的属性。

(2) 对关联的处理。

对关联的一般实现策略是，在连接线一端的类中定义一个(或一组)属性，它的值表明另一端类的哪个对象实例与本端的对象实例相关联。为了使关系数据库实现对象存储，该属性(属性组)应该和另一端的关键字相同。如果另一端的关键字包含多个属性，本端也只好同样地定义多个属性，通过这些属性值的组合来指出另一端的对象实例。在两端的类对应的数据库表中，一个表以相应的属性(或属性组)作为外键，另一个表以同样的属性(或属性组)作为主键，它使前一个表的元组通过其属性值指向后一个表的元组。

对于一对一的关联，无论在哪一端的类(以及它所对应的表)中设置这样的属性均无不可。但是在哪一端设置更好些还值得进一步考虑。如图8-5所示的情况，设置在A端比设置在B端更便于实现。因为图中的多重性约束表明，若从B端指向A端，则B表的外键对有些元组而言可能是空值(NULL)，这要求DBMS提供的数据定义与操纵语言必须支持NULL。从A端指向B端则不存在这一问题。更值得考虑的是A、B两端关键字的构成情况。如果A的关键字只含一个属性，而B的关键字含有多个属性，则从B指向A更节省空间，也更容易进行数据查询和数据更新等处理。此外，还要看应用系统经常需要从哪一端的对象引用另外一端的对象，这也是考虑的因素之一。

对于一对多的关联，没有别的选择，只能从多重性约束为"*"的一端指向多重性约束为"1"的一端。例如在图8-6中，应该在A类定义指向B类对象的属性。在它们对应的数据库表中，A表以B表的主键作为自己的外键。这样处理可以避免数据冗余，每个类描述的实际事物有多少个，相应的表就只需要多少个元组。相反，如果从B指向A，描述B类一个实际事物的数据要在表中出现多次才能表示该事物与多个A类的事物相关联。读者可以结合一个更具体的例子(例如"毕业论文"和"教师"之间的一对多关联)来体会以上讨论的内容。

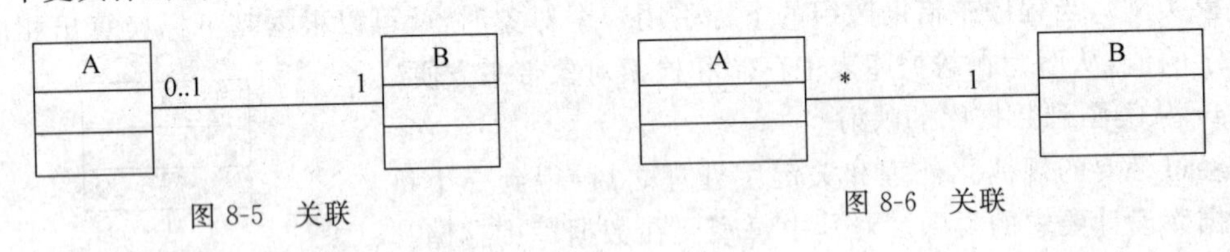

图8-5 关联　　图8-6 关联

多对多的关联可化为两个一对多的关联，例如，图8-7(a)可以化为图8-7(b)。这种转化应该在类图中完成。所以在考虑数据库表的设计时，所面临的都是如图8-7(b)所示的情况。A、B、C三个类各对应一个数据库表，其中，C类对应的表的每个元组含有两个外键，一个是A的主键、一个是B的主键。

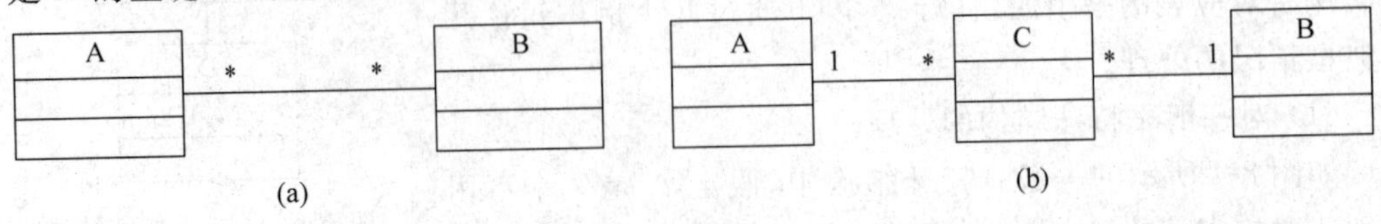

图8-7 关联

对于多元关联，可以化为一个新增的类和原先的各个类之间的二元关联，然后按以上的策略把每个类映射为数据库表，这里不再多述。

以上的讨论主要着眼于在关联两端的哪个类中设置表示两类事物之间关联的属性，以及如何在数据库表中通过外键予以实现的问题。其实大部分类都还含有一些描述本类事物自身特征的属性。这些类转化为数据库表后，有以下三种情况。

① 表中只包含描述事物自身特征的属性。

② 表中既包含描述本类事物自身特征的属性，也包含作为外键指向其他表的元组的属性。

③ 表中只包含作为外键指向其他表的元组的属性。特别是，若这个表所对应的类是为解决多对多关联或多元多关联问题而专门增设的，并且没有其他需要描述的信息，则会出现这种情况。

(3) 对整体—部分结构的处理。

整体—部分结构分为紧密、固定的和松散、灵活的两种方式。这种区分一方面取决于应用需求，另一方面取决于实现策略。当应用系统永远不可能把整体对象和它的部分对象分开并进行重新组合时，通常可以采用紧密、固定的实现方式。但是在实践中即使对这种情况也可以采用松散、灵活的实现方式。如果应用系统可能要把整体对象和部分对象分开处理并进行重新组合，就必须采用松散、灵活的实现方式。用数据库实现整体—部分结构，既有紧密、固定方式的实现策略，也有松散、灵活方式的实现策略。

3. 数据接口部分对象类的设计和问题域部分的修改

在采用 RDBMS 的情况下，系统需要经常执行的操作，是把内存中的对象保存到数据库中，以及把数据库中的数据恢复成内存中的一个对象。可以把这些操作分散到各个需要长期保存的对象类中设计和实现，即在每个需要长期保存其对象实例的类中定义一对完成对象保存和对象恢复操作的服务，使这些类的对象实例能够自我保存和自我恢复。但是分散解决方案将使问题域部分与具体的数据库管理系统及其数据操纵语言紧密地联系在一起，影响在不同实现条件下的可复用性。所以这里要介绍一种集中解决方案，即把这些操作集中到一个对象类中，由这个类为所有需要永久存储的对象提供相应的服务。这个类就是数据接口部分的对象类。

这个类的名称，也可以像针对文件系统的设计一样，称作“对象存取器”。它提供“对象保存”和“对象恢复”两种服务。“对象保存”是将内存中一个对象保存到相应的数据库表中；“对象恢复”是从数据库表中找到要求恢复的对象所对应的元组，并将它恢复成内存中的对象。

执行这些服务需要知道被保存或被恢复的对象的下述信息。

(1) 它在内存中是哪个对象(从而知道从何处取得被保存的对象数据，或者把数据恢复到何处)。

(2) 它属于哪个类(从而知道该对象应保存在哪个数据库表中)。

(3) 它的关键字(从而知道对象对应数据库表的哪个元组)。

每个要求在数据库中保存其对象的实例的类都有与其他类不同的类定义，特别是每个类的关键字所包含的属性数目、名称及数据类型都可能不同。由于这一点，设计一个可供全系统所有的类使用的“对象保存”服务和“对象恢复”服务，实现时将有一定的技术难度，所以这里首先介绍一种容易实现的设计方案。

该方案是针对每个要求保存和恢复的对象类，分别设计一个“对象保存”服务和一个“对象恢复”服务，如图 8-8(a)所示。

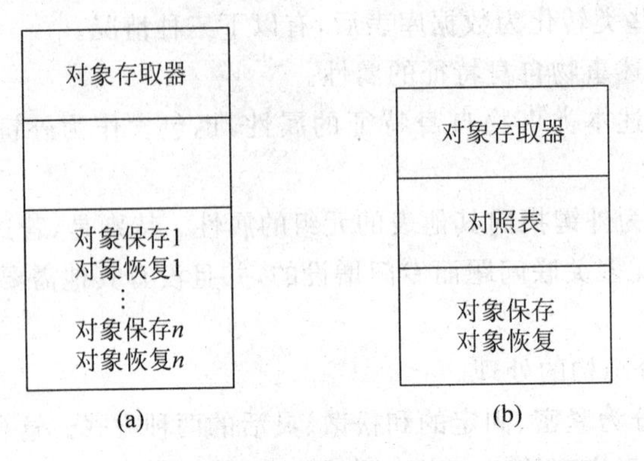

图 8-8 接口部分对象类

图中每个服务的命名，在实际系统中可以设计得更具有针对性。由于每个服务只负责一类对象的保存或恢复，因此该类对象存放在哪个数据库表以及关键字所包含的属性数目与名称都是确定的。

在服务接口中只需要传递如下参数：一个在内存中定义的对象变量，用来提供或接收被保存或恢复的对象数据；要求保存或恢复的对象的关键字(可能含有一个或多个属性)的值。这些服务都是很容易实现的。用诸如 SQL 那样的语言，通常只需要一个静态(内嵌式) SQL 语句便可完成在指定的数据库表中保存(更新)或恢复(检索)一个由给定的关键字值所指明的元组的操作。

这种方案的缺点是服务个数太多(尽管每个服务都非常简单)；而且，由于不同的类要使用不同的服务，所以很难在问题域部分采用统一的消息协议。

另一种方案是在“对象存取器”类中只设计一个“对象保存”服务和一个“对象恢复”服务，供全系统所有要在数据库中存储其对象实例的类共同使用，如图 8-8(b)所示。这种可供多个类使用的服务，比前一个方案中专供一个类使用的服务实现难度要大一些，但是当编程语言和数据库语言有足够的支持时还是可以实现的。

在服务接口部分所定义的参数应能在服务被调用时传送以下三项信息：类名，指明要求保存或恢复的对象属于哪个类；对象变量，用来提供或接受被保存或恢复的对象数据；关键字的值，用来指明是哪个对象实例要求保存或恢复。其中，对象变量和关键字都不能在定义服务参数时静态地确定其数据类型，因为在不同的类调用服务时，这些参数将具有不同的数据类型。这需要编程语言提供较高级的支持，例如，可支持参数化数据类型等。此外，这种服务在不同的请求下要对不同的数据库表进行操作，所使用的关键字也将包括不同的属性名。因此，难以用同一个静态的数据更新或数据查询语句来实现对不同数据库表的操作。

解决这个问题的办法有以下两个。

(1) 在服务体中把对每个数据库表进行操作的语句都预先编写出来，并在执行时根据不同的要求执行其中不同的语句。

(2) 使用具有动态功能的数据操纵语言,例如,可使用动态 SQL 解决上述问题。

讨论这些实现问题只是为了使设计者知道自己所设计的类可以在什么条件下实现。现在仍然回到设计问题——在如图 8-8(b)所示的设计方案中,“对象存取器”类的属性部分是一个类名和数据库表名的对照表,通过它可以查到每个类对应哪个数据库表。但是如果能通过精心的设计,做到类名和它对应的数据库表的名字完全相同,那么这个属性就可以空缺。

如果“对象存取器”类的设计采用上述第一种方案,则问题域部分每个请求保存或恢复其对象实例的类都要使用不同的服务请求(即消息发送)语句,这些请求只能分散到各个类中。如果采用第二种方案,则每个类请求保存或请求恢复的语句在语法上都是相同的。因此可以在问题域部分设计一个高层的类,它提供统一的协议,供各个需要在数据库中存储其对象实例的类继承。这个类可取名为“永久对象”,它含有一个“类名”属性和“请求保存”“请求恢复”两个服务。对问题域部分进行这样的处理,和采用文件系统时的处理完全一致。由此可以看到,这种方案很有利于保持问题域部分的稳定——无论底层的数据管理系统是采用文件系统还是采用 RDBMS,问题域部分为实现对象的保存与恢复所做的修改都是一样的。

系统要求保存或恢复对象的时机,以及从哪些对象发出这些请求,也都和采用文件系统时的设计相似。

8.5.3 使用 OODBMS

当选用 OODBMS 作为数据管理系统时,从应用系统到数据库,从内存空间到外存空间,数据模型都是一致的。因此对象的永久存储问题比选用文件系统和 RDBMS 都简单得多,几乎不要为此再做更多的设计工作。

类图中的类一般不需要类似于规范化的改造。因为面向对象数据库和面向对象的分析与设计模型都基于相同的数据模型,不需要数据格式的转换。

也不需要专门设计一个负责其他类的对象保存与恢复的对象类。因为每个类的对象实例都可以直接地在面向对象数据库中保存,不需要经过另外设计的数据接口部分。

需要考虑的主要是如何用 OODBMS 提供的数据定义语言(ODL)、数据操纵语言(DML)以及其他可能支持的普通编程语言来实现 OOD 模型。

这包括两方面的问题,一方面是用 OODBMS 提供语言来实现类和对象的定义,另一方面是用 OODBMS 提供的语言来实现对数据库的访问。这都属于实现阶段的工作,设计阶段要做的事不多。但是设计人员也需要了解 OODBMS 的功能,特别是要了解它所提供的语言,必要时要根据语言的功能限制(例如可能不支持多继承)对类图做适当的修改。

8.6 数据库设计实验

8.6.1 实验问题域概述

见实验报告 2、实验报告 3、实验报告 4、实验报告 5。

8.6.2 实验8

1. 实验目的

(1) 熟悉面向对象的应用系统中数据库的设计方法。

(2) 掌握数据库设计的范式理论,理解所设计的数据库并不是面向对象数据库。

(3) 进一步练习如何在范式理论指导下设计图书馆管理系统中要用到的数据库。

(4) 学习正确进行数据库设计。

2. 实验环境

(1) 计算机一台,互联网环境。

(2) 安装商业数据库系统软件环境。

(3) 绘图工具、文字编辑等工具软件。

3. 实验内容

根据图书管理系统用户描述,在范式理论的指导下,依据分析时所得各对象类的属性与服务,参照系统总体结构、逻辑结构、物理结构,设计图书馆管理系统的数据库。

4. 实验步骤

(1) 准备好实验环境的机器(计算机)和互联网。

(2) 在机器上安装必要的软件平台(数据库系统、语言、绘图、文字编辑等)。

(3) 熟练掌握数据库开发应用工具。

(4) 认真阅读题目,理解用户需求。在范式理论的指导下,依据分析时所得各对象类的属性与服务,参照系统总体结构、逻辑结构、物理结构,设计图书馆管理系统的数据库。

(5) 对所得图书馆系统的数据库进行分析、调整。

(6) 用安装的数据库系统和面向对象语言系统(C++)对系统进行模拟,调整数据库。

(7) 结束。

5. 实验报告要求

(1) 整理实验结果。

(2) 分析实验结果。阐述图书管理系统中数据库设计的分析与设计过程,数据库结构的优化过程与分析。

(3) 小结实验心得体会。

小　　结

本章主要介绍数据管理系统的两大类别以及如何选择,它们各自具有的优势和不足。并且根据目前市场的情况,重点介绍了关系型数据库的理论基础,数据库管理系统等内容。针对面向对象的数据库系统做了相关的介绍,分别是如何利用已有的关系型数据库表示面向对象的内容以及对真正的面向对象数据库做了一个前景展望。此外,还讨论了技术整合和数据接口方面的议题,最后给出了对象存储方案和数据接口的设计策略。

综合练习

一、填空题

1. 常见的文件逻辑结构有：________和________。

2. ________应具备两方面的特征：一方面它是面向对象的,另一方面它又具有数据库管理系统应有的特点和功能。

3. ________是将分析模型所得转换成解答模型的过程。

二、选择题

1. 下面( )不是面向对象技术的特点。

A. 系统通常由已存在的对象所构成

B. 对象的复杂度可以一直增长

C. 用面向对象技术来生成功能良好的系统比较容易,原因是类又包含着类

D. 面向对象技术与传统的技术区别不大

2. 数据库技术的发展没有经历( )阶段。

A. 文件管理系统 B. 层次式数据库管理系统

C. 面向对象数据库管理系统 D. 面向流程数据库管理系统

3. 下面( )不是面向对象设计的主要特性。

A. 模块化 B. 强内聚力

C. 整合性 D. 强耦合力

三、简答题

1. 什么是文件系统?
2. 分析文件系统和数据库管理系统之间的差异。
3. 简述 DBMS 的功能。
4. 比较关系数据库和面向对象数据库。
5. 如何选择合适的数据管理系统?
6. 数据库与数据库管理系统有什么区别?
7. 面向对象和数据库技术是如何进行整合的?
8. 对象如何在数据库中存放?

第9章 人机交互部分的设计

人机交互部分是OOD模型的外围组成部分之一。其中所包含的对象构成了系统的人机界面,称作界面对象。本章就是进行关于人机交互部分的设计的讨论。

本章主要是从软件的角度讲授人机界面的设计问题。首先介绍与人机界面有关的分析问题,以及人机界面设计的一般准则,然后介绍如何运用面向对象的概念和表示进行人机界面的设计。

9.1 什么是人机交互部分

现今的计算机软件系统大多采用图形方式的人机界面。它以形象、直观、易学、易用等特点拉近了人和计算机之间的距离。这是早期的命令行方式的人机界面难以比拟的,而且是使软件系统赢得广大用户的关键因素之一。但是图形用户界面的开发工作量也很大,在系统开发成本中占有很高的比例。近二十年来,陆续出现了一些支持图形用户界面开发的软件系统,经过不断的改进和推陈出新,形成了一些被广泛应用的软件产品,包括:窗口系统、图形用户界面(GUI)系统、与编程语言结合为一体的可视化编程环境。为了叙述的方便,姑且将此类系统概括地称作界面支持系统。在这种系统的支持下,图形用户界面的开发效率得到显著提高,因此应用系统的人机界面开发大多依赖某种界面支持系统。各种界面支持系统在概念、术语、风格以及对界面开发支持的力度和级别等各方面都有不少差异,使系统中与人机界面有关的对象受它的影响很大。将OOD模型的人机交互部分独立出来进行设计,好处是隔离了界面支持系统对问题域部分的影响——当界面支持系统变化时,问题域部分可以基本保持不变。

人机界面的开发不纯粹是设计和实现的问题,在很大程度上也是分析的问题。用户需求中可能明确地提出对用户界面的要求,此时要对用户的界面需求进行分析;用户也可能未对界面提出具体要求,此时也要分析用户的实际情况,才能设计出使用户感到满意的界面,把用户界面的分析和设计都放到OOD中集中讨论,一是为了内容上的紧凑,二是为了使OOA模型不受界面支持系统的影响。

人机界面的开发也不纯粹是软件问题,它还需要许多其他学科的知识,例如心理学知识,有时还需要通过调查、统计和实验才能得到正确可靠的结论。此外,界面设计还是一种艺术。如何达到美观而协调的效果,只有真正懂美术的人最清楚。所以现今的软件产品往往需要有美术人员参加人机界面的开发,并且需要借鉴心理学、统计学等方面的研究结论。

9.2　人机交互部分的需求分析

在进行人机交互部分设计之前，需要首先对该部分的需求进行分析。一是对使用系统的人进行分析，以便有的放矢地设计出适合其特点的交互方式和界面表现形式；二是对人和机器的交互过程进行分析，核心问题是人如何命令系统，以及系统如何向人提交信息。

识别活动者、定义 Use Case 属于对整个系统的需求分析。在此基础上做进一步的分析，目的是对人机交互部分的需求有更深入的认识。

9.2.1　分析活动者——与系统交互的人

人机界面是给人用的，让使用者感到满意是界面开发的根本目标。人对界面的需求，不仅在于人机交互的内容，而且在于他们对界面表现形式、风格等方面的爱好。爱好是主观的，不同的人有不同的爱好，因此要针对界面使用者的具体情况做具体的分析。具体地说，需要进行以下工作。

1. 列举所有的人员活动者

要使用人机界面的人就是那样直接与系统进行交互的人，即人员活动者。人员活动者包括接受系统服务的人和为系统工作的人。无论是接受系统服务的人或是为系统工作的人，这里所说的活动者都只是那些直接与系统进行交互的人。以穷举的方式，找出所有的人员活动者，则人机界面的服务对象尽在其中。对人的分析只需在此范围内进行。

2. 区分人员类型

不同类型的人对人机界面有不同的要求、期望和爱好。对使用界面的人进行分类，才能有针对性地设计出使他们满意的产品。如下所述，可以从不同的角度对使用者进行分类。

(1) 按年龄。

老、中、青、少、幼不同年龄段的人对界面风格的爱好大不相同。

(2) 按与系统的关系。

可分为系统管理员、维护人员、操作员、超级用户、一般用户以及用户业务的客户等。

(3) 按使用计算机的熟练程度。

可分为初学者、中级和高级等不同类别的人，使用计算机的方式、习惯、频繁程度、依赖程度等均有所不同，审美观也不同，因而对界面有不同的要求和评价准则。

3. 调查研究

人机界面的开发者要向使用者进行调查，了解他们的基本情况、具体要求、习惯及爱好。要身临其境，观察他们如何工作，倾听他们的意见和希望。要设身处地地考虑什么样的界面能为他们带来最大的方便。

4. 估算各类人员的比例

无论按以上哪种观点对人进行分类，使用界面的人都可能不止一类。对面向市场的软件产品而言尤其如此。在这种情况下,需要通过统计或估算给出各类人员的比例,以便在设计时重点考虑比例最大的人员情况,并适当地兼顾其他人。

5. 了解使用者的主观需求

对使用界面的人进行分类之后,查阅有关人机工程、人机交互、人机界面等方面的研究资料及著作,可以知道本系统所面对的人员类型对交互方式、界面风格等方面的一些共同的要求与爱好。这里讲的是与人的主观因素有关的界面需求,包括使用计算机的目的,习惯的操作方式,对艺术风格、语言文字的爱好,以及对界面的各种特殊要求等。

9.2.2 从 Use Case 分析人机交互

人机交互包括两个方面。一方面是人对系统的输入,包括向系统下达的命令,提供的命令参数和系统所需的其他输入信息;另一方面是系统向人提供信息,即输出。关于交互内容的需求是客观的,主要是由系统的功能需求决定的,与人的主观意识没有太大关系。但是,交互过程和交互方式则可以根据人的主观因素做不同的决策。究竟如何定义详细的交互过程,需要考虑用户的主观要求与爱好。交互过程的定义很难精确地讲是分析问题还是设计问题,这里给出一些具体、实用的建议。

1. 从 Use Case 抽取人机交互内容及过程

对 Jacobson 提出的 Use Case 做出如下改进。

(1) 在书写方式上强调明确地区分活动者的行为和系统行为,活动者的行为向左对齐,系统行为向较为靠右的位置对齐。

(2) 根据对 Use Case 的详细程度,要求活动者与系统交互过程中的每一个"回合"都不能省略。

(3) 引入控制语句、括号等结构成分。

按以上改进措施定义的 Use Case 对于识别人机交互的内容与过程是十分有效的。活动者的行为陈述和系统的行为陈述按时间顺序交替出现,左右分明,形成了一些彼此交叉排列的段落,如图 9-1 所示。

其中,活动者行为陈述内容如下。

(1) 活动者对系统的输入。

(2) 活动者自身的行为陈述。

(3) 控制语句或括号。

系统行为陈述内容如下。

(1) 系统对活动者的输出。

(2) 系统自身的行为陈述。

(3) 控制语句或括号。

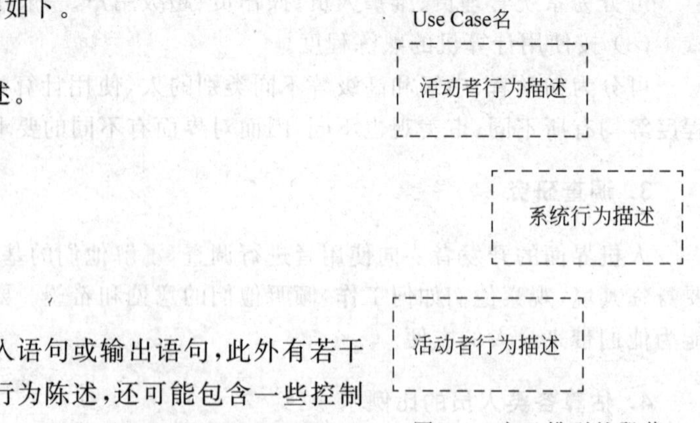

图 9-1 交叉排列的段落

每个段落至少含有一个输入语句或输出语句,此外有若干纯属活动者自身或系统自身的行为陈述,还可能包含一些控制语句或括号。把所有与输入、输出无关,仅属于活动者或系统自身行为的语句统统删除，把不再包含任何语句的控制语句和括号也删除，剩下的就是一个活动者使用一项系统功能时的人机交互描述。

按以上策略得到的人机交互内容及过程是完整的，因为前提是 Use Case 已经把活动者与系统交互的每一个“回合”，即每一个必不可少的输入或输出都进行了陈述。所得到的结果也是清晰的。人对系统的输入和系统向人提供的输入和系统向人提供的输出左右交叉排列，而且保留了一些结构化语句和括号，使逻辑上较为复杂的交互过程也能得到清晰的表达。

2. 人机交互的细化

从 Use Case 抽取的人机交互只是定义了使用一项系统功能时的基本交互内容与步骤。虽然它是完整的，但是未必完全符合使用者的工作习惯和爱好。也就是说，它只是反映了人机交互的客观需求，而没有反映人的主观需求，还要针对系统使用者的特点进行细化。人机交互的细化包括对交互过程中每一次输入和每一次输出的细化。

1）输入的细化

人对机器输入的每一条信息都是为了表达某种意图，其语义应该是确定的。在保持这种语义的前提下，细化的主要内容包括以下方面。

（1）输入设备的选择。

人对机器的输入可以从不同设备上进行，输入设备的选择在很大程度上取决于输入信息的类型，也在一定程度上受人的因素的影响。在有多种输入手段可选的情况下，考虑的重要因素是如何使人感到最方便。

（2）输入步骤的细化。

向系统输入同样一条信息，既可以一次输入完毕，也可以分为若干细小的步骤完成。这就需要进行权衡。以较少的步骤完成输入往往意味着一步的输入内容较多，不易记忆；或者要从较多的选项中进行选择，不易发现目标。以较多的步骤完成输入可以使每个步骤的操作比较简单，并且容易对用户形成引导。但是总的操作步骤会增加，使工作效率下降。影响上述决策的用户主观因素是：技能熟练的人员倾向于追求效率，初学者和一般水平的人员更重视系统以较多的步骤引导他们进行正确的操作。一项输入被细化之后，可能变成输入与输出交替的动作序列，其中的输出一般是系统对用户的提示信息。

（3）输入信息表现形式的选择。

输入可以分为两类：一类是人对系统的请求；另一类是向系统提供的数据。后一类输入一般是原原本本地输送给系统。需要讨论的是人对系统的命令。

人对系统输入一条命令，是为了向系统表明自己的一项意图，让系统知道在当前情况下接到这条命令之后该干什么。人的意图和机器理解之间的这种默契是由系统开发者规定的，而输入信息无论采取何种形式，无论是比较详细还是比较简略，都不影响其预先约定的语义。因此命令的表现形式可以按使用者的习惯与爱好做不同的选择。

最传统的命令形式是从键盘上输入的字符串。图形用户界面出现之后，较流行的命令形式是显示器屏幕上给出当前可供选择的选项，然后用键盘、鼠标等输入设备进行选择。其他各种输入设备，都有相应的命令输入方式。

命令表示形式和输入方式的选择主要考虑以下因素。

(1) 适合使用者的特点。

(2) 以文字方式表达的命令要求所使用的词汇能够较准确地反映命令的语义。

(3) 与流行的、大家已经习惯的命令表示形式和操作方式相符。

2) 输出的细化

人机交互过程中的每一项输出都是机器向人提供的必要信息。输出可分为三类：第一类是提示信息，是根据输入的要求设置的，旨在告诉用户应进行何种输入以及如何输入；第二类是系统向人报告的计算或处理结果；第三类是系统对输入操作的反馈信息，表示系统已接收到用户的输入，仅用于对该项输入的预计处理时间较长的情况。一、三两类输出一般都比较简单，这里主要讨论第二类输出的细化。和输入的细化类似，输出的细化也包括步骤的细化、设备的选择和表现形式的选择。

(1) 输出设备的选择。

常见的输出设备有显示器、打印机、绘图仪、扬声器等。显示器上的输出速度快、成本低、便于观察阅读，但不能长久保存；打印机、绘图仪等设备上的输出速度较慢，但便于长期保存。因此，需要长期保存或作为凭证的输出，宜选用打印机或绘图仪；临时性的输出只需用显示器。广义地讲，输出也包括向磁盘、磁带等存储设备以及向一切受计算机控制的设备的输出。不过这里讲的是人机交互问题，所以只考虑在人机交互过程中直接供人阅读的输出设备。

(2) 输出步骤的细化。

输出信息量如果不是很大，一般可以一次输出完毕。大量的输出信息可以分为若干步骤给出。一种常见的做法是发一条简单的信息通过用户得到更详细的输出信息。另一种做法是为用户设计一些阅读或浏览输出信息的输入动作，在这些动作的控制下展示输出信息中用户所关心的部分。这样，一项输出可能被细化成一个输入与输出交织的过程。考虑的主要因素是如何使用户感到方便，以及输出介质的版面限制。

(3) 输出信息表现形式的选择。

与输入信息相比，输出信息的表现形式更为多样化。在多媒体技术日益普及的今天，有文本、表格、图形、图像、声音、视频片断等多种输出形式。采用何种形式主要决定于系统的功能需求，也在一定程度上决定于使用者的特点。

9.2.3 分析处理异常事件的人机交互

多数系统还需处理一些异常情况，为此需要定义处理异常情况的人机交互。当系统正在执行其正常功能时发生的事件称作异常事件。它既可能来自人，也可以来自系统，都是在系统运行时随机发生的。来自人的异常事件一般表示在系统运行时要向系统下达新的命令。这些要求有可能已在用户需求中明确提出，并在分析问题域和系统责任时进行过描述，但是也可能不被看作系统的正常功能，而看作设计时补充定义的便利措施。无论属于哪种情况，都要在人机界面设备之前对其交互处理过程给出明确的定义。

来自系统的异常事件是在系统运行时因硬件或软件而产生的，其中大部分是操作系统捕捉的各级中断信号。但操作系统只进行标准处理，进一步的处理则要由应用系统定义。由于这些事件是随机发生的，所以应用系统不便在各项系统功能中分散地处理这些事件，而应集中地加以处理。有些事件是应用系统捕捉的，这些由应用系统捕捉的异常事件有可能在相应的正常功能中定义了处理过程，也可能要集中解决。无论哪种情况，都要在人机界面设计之前确定该事件的处理是否需要进行人机交互，并在需要时定义其交互过程。

处理异常事件的人机交互过程一般都比较简单。来自人的异常事件，通常是以预先约定的输入信号通知系统，系统把各种处理异常事件的命令显示出来供用户选择；用户选择所需的命令，开始他们所希望的处理。来自系统的异常事件首先由系统向用户通知发生了某种事件，并同时请求用户干预，或者并不请求干预，只是让用户确认已经注意到该事件。用户干预时也开始了一个交互过程，步骤一般也不太多。

9.2.4　命令的组织

本节介绍如何对命令进行适当的组织，形成一种容易学习掌握、便于操作的命令结构，使用户能够方便、有效地使用系统的各项功能。

下面的介绍中会用到一些概念，这里先给予介绍。基本命令是使用一项独立的系统功能的命令。一个从 Use Case 提取的人机交互过程是针对一项系统功能的，基本命令正是开始其交互过程并使用该项系统功能的命令。如果一条命令是在另一条命令的引导下被选用的，则后者称作前者的高层命令。高层命令主要是由低层命令组合而成的。高层命令相当于一个索引，其作用是将若干低层命令组织在一起，并在人机交互中引导用户选用在它之下的低层命令。命令步是在执行一条基本命令的交互过程中所包含的具体输入步骤。从 Use Case 提取的交互过程中的各项输入都是这样的命令步。这里不再区分一项输入是对系统的指示，还是命令参数或其他输入信息，总之都是基本命令的一个步骤。

1. 命令的组织措施

早期的系统中经常采用的命令方式是，在命令中详尽地指出人要求计算机所做工作的所有细节，包括以许多命令参数指出具体的处理要求，或者以批处理文件、作业说明书等方式规定各个步骤应该做什么。长长的命令字符串既难于记忆，也容易出错；预先估计工作进展中可能出现的各种情况并给出正确的对策更需要缜密的构思，人对尚未发生的事情往往缺乏这种面面俱到的先见之明。

早期的系统另一种很不讨人喜欢的做法是把整个系统几十条甚至几百条命令都一股脑儿地通过手册提供给用户，不在软件上采取任何组织措施，也不按系统的执行状态提示当前可选的命令集合。于是用户只能使用那些脑子里能记得住，或者有足够的耐心和时间去查阅的命令，其他大量的命令及其功能则很少问津。

交互式人机界面的出现使上述状况得到根本改善。其特点是通过以下两种措施改进了人与机器之间的交互。

1）组合

当命令很多时，将它们按功能或者按所属的子系统组合成若干命令组，使每一组只包含为数不多的几条命令，并给予一个能概括这些命令的适当的名称。这个名称被看成是一个较高层的命令（如果较高层的命令数量仍然很多，则进一步组合）。这样，用户不必只凭大脑来记住全系统的每一条命令，而是在机器的提示下从高层到低层逐步找到自己所需的命令。

2）分解

把一条复杂的命令分解成一系列较为简单的命令。后者也可称作前者的“命令步”。在机器的引导和提示下，每前进一步用户很容易知道下一步该选择什么命令或者该提供什么参数及其他输入信息。这样，将原先一条复杂的命令分散到一系列人机交互之中，使人不用记忆很多东西便能在机器的引导下一步步地完成要做的工作。

2. 基本命令及其内部结构

从一个 Use Case 提取的交互过程在整体上可以看作是一条命令，它针对系统的一项功能。其内部包含一系列较细小的命令步，可以看作是对它的分解或细化。这些命令步之间的关系最简单的情况是各个命令步形成一种线性结构——从一个命令步开始，没有分支，一直进行到最后一步；典型的情况是树状结构——从一个命令步开始，每个命令步之后有多种可选的后继命令步。用户可以在机器提示下选择所需的命令步，一步一步地达到目标；较为复杂的情况是网状结构——可能是半序的网状结构，从多个前驱可以达到一个共同的后继；也可能带有环，即某些命令步可以多次执行。最后这种复杂的情况在系统的引导下可以使用户感到与树状结构差不多——都是一层一层地展现若干继选项。

在多数情况下，一个 Use Case 所描述的人机交互情况是由活动者主动发起的。这种情况总有一个命令步作为首先启动该项功能的命令，这就是前面所说的基本命令。它在完成这个 Use Case 的所有命令步之中位于最高的层次。

少数 Use Case 所描述的人机交互是由系统首先发起的。和其他 Use Case 一样，这种交互也是为了使用一项系统功能，不过并非由活动者主动地去使用，而是由系统执行到某种状态时主动要求人来使用这种功能。既然是由系统首先发起，那么必须是在执行另一个 Use Case 时发起的。所以这种 Use Case 所描述的人机交互过程一般都位于其他 Use Case 的某个命令步之下，并与之相接。此时在系统的提示下可以选择的命令步可能是唯一的，也可能不是唯一的。

综上所述，对于每个由人员活动者主动发起的 Use Case 可以找到开始其交互过程的第一条命令，即基本命令。它的使用标志着该项功能被启用，它的内部是一些较低层的命令步。对于由系统主动发起的 Use Case，一般不必识别这样的基本命令，因为它是在其他 Use Case 的命令步中被启动的。

3. 高层命令及其结构

用户可能直接从如上所述的基本命令开始使用系统的任何一项功能。但若这些基本命令的数量太多，在同一个层次上记忆和选择这些命令就比较困难，需要采用前面所说的组合措施将它们组织到一些高层命令之下，以形成容易记忆、便于操作的命令层次。较常见的是以下两种组合。

(1) 按命令所属的子系统。

较大的系统往往划分为若干子系统，把属于同一个子系统的基本命令组织在一起，置于一个启动该子系统的命令之下是很自然的。例如，在一个编程环境中，正文编辑系统和编译系统是它的两个子系统，把属于这两个系统的全部命令分别组织到高层命令“编辑”(Edit)和“编译”(Complier)之下，这是目前大部分语言编程环境的通常做法。

(2) 按功能的相似性。

许多命令在功能上有某种程度的相似性，可以把它们组织在一起，并给予一个可反映其共同特点的命名。例如,现在流行的许多软件都把进行文件操作的命令(如创建、打开、关闭、保存、打印、删除等)组织到一个高层命令"文件"(File)之下。这样的高层命令实际上并不意味着要求系统执行某种具体的功能,而只是把用户引向一组可选择的基本命令。

无论按哪种观点进行命令组合,目标都是为了得到一个合理的命令层次结构,使用户能够在高层命令的引导下方便、快速地找到他们所需要的基本命令。

关键的要求有以下三点。

(1) 在每个高层命令之下展开让用户选择的下一层命令数量不要太多。

合适的数量是7个左右。如果数量太多,则应该进一步组合,通过增加层次而减少每一层的命令数量。

(2) 每个高层命令的名称要恰当。

为它选用的词汇要能概括它下一层的命令功能,使人一看到这个命令名就容易联想到在它的下一层一般应包括哪些命令。为了做到这一点,参照当前一些流行的软件对常见命令进行命名是很重要的。

(3) 层次不要太深。

层次太深意味着要进行很多次选择才能找到所需的基本命令。有些使用很频繁的基本命令可以适当地提高其组织层次,即跳过较低层的组合而直接参加较高层甚至最高层的组合。一般情况下,基本命令之上的高层命令要尽可能控制在三层以内。

4. 多人机界面的命令组织

有些系统的人机界面可能不止一个,而是有多个。在分布式系统中,凡是要在不同的处理机上进行人机交互的系统,一般需要多个独立的人机界面。同一台处理机上几个单独启动的子系统既可以具有各自独立的人机界面,也可以用一个总界面组织在一起。此外,当与系统进行交互的人员被确认为几类不同的活动者时,每一类活动者在系统面前所扮演的角色、拥有的权限以及所使用的系统功能可能差别很大。

如果根据系统分布、子系统划分或活动者分类等因素确定了系统要提供多个人机界面,则应分别在每个独立的人机界面范围内考虑命令的组织结构。首先要明确每个界面将由哪些活动者使用。然后按各种策略,列出这些活动者参与的每个Use Case,从Use Case提取交互过程描述并进行细化,进而形成本界面内的高层命令结构。

5. 异常命令

处理异常事件的命令因其随机性不能与正常的命令组织在同一个结构中,而应单独进行组织。

在一个人机交互界面中,所有处理由人发动的异常事件的命令可以组织在一个结构中,处理由系统发动的异常事件的命令要另外进行组织。不过,有些由应用系统捕捉的异常事件所发生的位置可能是确定的,比如发生在某个Use Case的某个命令步之后。此时不需要用这种办法表示,而应在正常命令结构的确切位置上增加一个分支。如果相应的Use Case已经描述了对此异常情况的处理及交互过程,则无须另加任何表示。

6. 命令对界面的需求

认清了系统需要哪些基本命令，每条基本命令包含哪些命令步，以及基本命令之上需要组成哪些高层命令之后，还需要解决的问题就是这些不同层次的命令或命令步对人机界面有什么要求。

1）基本命令

在界面上通过高层命令引导用户选择各项基本命令。一条基本命令被选中后，将事件传送给实现该命令功能的系统成分（在 OOD 中，就是由人机交互部分的对象接收命令，然后向问题域部分的对象发消息，请求进行处理）。这意味着控制点从人机界面转移到实现命令功能的对象服务。

2）高层命令

在界面上按高层命令的结构组织每一层命令的输入。常见的方式是以图符、主菜单条、下拉菜单等界面成分实现从最高层到其下各层的命令选择。高层命令并不涉及某一项具体的系统功能，只是显示下一层可选的系统功能以供用户选择。

3）命令步

命令步的输入和处理都是在实现某个基本命令功能的对象中控制的。何时输入，如何处理以及处理后向何处转移都由该对象的服务定义，界面只是被动地完成这些对象服务所要求的输入。

9.2.5 输出信息的组织结构

本节把每项输出信息看作一个单元，讨论它们之间的关系。人机交互过程中的输出信息可根据其作用分为以下三种类型。

(1) 对输入命令的反馈。

对输入命令的反馈一般只在该命令的预计执行时间较长时才有必要给出，目的是表明系统已接收到用户的命令，正在进行该命令所要求的工作，以及工作进展到何种程度。有时还可给出允许用户干预的命令提示。

(2) 对当前命令处理结果的报告。

命令的处理结果首先体现于计算机内部数据的变化。在人机界面上向用户报告的可能只是其中一部分内容；有些命令步可能不报告任何结果。

(3) 对下一步可输入命令的提示。

对下一步可输入命令的提示则几乎在任何命令之后都是需要的，除非是执行了结束一切工作的命令。

在一个人机交互界面启动之后，除了异常事件信息之外，其他情况下的任何输出信息都和当前执行的命令紧密地联系在一起。即，它们不外乎当前命令的输入反馈、处理结果和后继命令的提示。这些输出信息是伴随着命令的执行而出现的，所以不必另行组织输出信息的总体结构，只需采用与命令结构相同的结构框架。以下的讨论将着眼于两条相邻的命令（命令步）之间所发生的情况，即从一条命令执行之后，到它的后继命令执行之前这一范围内的输出信息的组织结构，以及这些输出信息与上下两层命令之间的关系。

如果只考虑命令，不考虑输出信息，那么在命令结构中，处处可以找到典型的局部结构——在一个命令结点之下有若干可选的后继命令结点作为它的下一层。如果从中加入对输出信息的表示，那么可以得到从一个命令开始执行，到给出该命令的反馈信息和处理结果，然后输出后继命令的提示信息，而对提示信息的选择将引起下一层某个命令的执行。

但是在比较复杂的情况下，输出信息和提示信息未必是集中给出的，而是根据不同的条件分别给出的；对下层命令的提示范围也因情况而异。

此外还有其他一些复杂情况，例如，当前命令按照某种条件结束时，不再进入下一层命令，而是返回它的上一层或更高的层次，或者转移到与当前命令无层次关系的其他分支的某个命令。庆幸的是，这种复杂的控制流程是在系统的功能部件，即实现各个 Use Case 并要求输出的对象服务中定义的，人机界面的设计不需要重新认识和定义输出信息之间以及它们与输入信息之间的这种逻辑关系，只需要设计一些在人机界面上完成各种输出的对象，来响应要求输出的对象的请求。

9.2.6 总结与讨论

前面介绍了在人机界面开发中应首先进行的几项工作，包括：对使用系统的人员进行分析，从 Use Case 分析人机交互，对命令和输出信息进行组织。其中，除了第一项工作无疑应看作分析之外，后两项工作似乎都可以争论。人机交互部分的软件主要是关于人机界面的程序及其文档。因此，所说的设计是指用类图表示人机界面的各种成分及其相互关系，形成一个能与未来的源程序对应的模型组成部分。对交互过程的描述和对命令结构的组织，实际上是提出了对人机界面的需求，并未给出一个描述人机界面如何实现的设计表示，所以把这些工作称作需求分析。

人机界面是应用系统中一个相对独立的部分，它的分析、设计和实现联系很紧密，而且需要较为共同的专业知识背景。从开发过程的组织和人员分工来看，把人机交互的需求分析和人机界面设计放在一起，比和系统功能部分的需求分析放在一起可能更为合理。人机界面的需求可分为客观需求和主观需求。

客观需求是由系统功能决定的，无论使用系统的是什么人，客观需求都是共同的。主观需求则因人而异，取决于人的职业背景、知识水平、生理及心理特点、个人爱好等因素。

分析客观需求的基本策略是从 Use Case 提取人机交互，前提有两条，一是每个 Use Case 对交互过程的描述包含人对系统的每一条必要的输入和每一条必要的输出；二是每一项被人员活动者使用的系统功能，都已经用 Use Case 进行了描述。前一个条件意味着，只要人和机器能按照其中所描述的输入和输出进行操作并做出反应，就能够正确地使用该项系统功能；后一个条件意味着，所有的人机交互过程都能够以这种策略得到。人机交互的细化和高层命令的组织只是为了使交互过程更适合人的主观需求。

分析主观需求的基本策略是考察每一类人员活动者。前提是已经识别了每一类活动者，没有哪些被漏掉。

在人机交互过程中，输入与输出相比，前者更体现人的主动性和主观意图，后者则是在系统驱动下进行的，用户只是被动地接收输出信息。把输入的高层结构组织好，使用户的操作更方便、更有效，是改进人机交互的关键。

输出信息的组织结构在总体上与命令的组织结构相一致，因为正常情况下的输出信息总是对当前命令的输入反馈、命令的处理结果或对后继命令提示。每条命令(命令步)执行期间的输出信息结构决定于实现命令所需功能的系统成分(对象服务)的逻辑结构。

命令的组织策略是：以启动每个 Use Case 的命令作为基本命令；在它们之下的层次是相应的 Use Case 所含的交互过程的各个命令步；在它们之上的层次是通过组合得到的高层命令。一个人机交互界面中的最高层命令是启动该界面的命令。基本命令的设置取决于系统的功能需求；高层命令的组织是为了使人能方便、有效地找到基本命令。基本命令内部的各命令步之间的结构主要决定于执行该项基本命令的系统成分自身的逻辑结构，也在一定程度上决定于人的主观需求，即人机交互的细化中考虑的问题。

人机交互的需求分析一方面对实现各个 Use Case 功能的对象服务按细化后的交互过程提出了更详细的输入与输出要求；另一方面明确了在人机界面上要进行哪些输入和输出，以及命令之间的结构关系。这些分析结果是人机界面设计的依据。

9.3 人机界面的设计准则

一个软件系统是否成功，最终的检验标准是它能否使用户感到满意。由于人机界面是系统与用户直接接触的部分，它给予用户的影响和感受最为明显，所以人机界面质量的优劣对于一个软件系统是否能获得成功具有至关重要的作用。

软件质量包括许多因素，如正确性、可靠性、安全性等。然而现今一个好的软件，不只是满足各项功能与非功能需求，也不只是运行时不出错或者很少出错，还要让用户在使用软件时感到由衷的满意，而达到这种满意的关键在于人机界面。如果一个软件的人机界面设计很粗陋，交互过程很费力，即使软件的内在质量再好，也难以使用户满意。

人机界面质量的好坏，很难用一些量化的指标来衡量。但是人们通过对人机界面的长期研究与实践也形成了一些公认的评价准则。

1. 一致性

界面的各个部分及各个层次，在术语、风格、交互方式、操作步骤等方面应尽可能保持一致。此外，要使自己设计的界面与当前的潮流一致。就像一个人衣着和社交方式要"入时"一样，过于陈旧或过分的标新立异都会给人以不合时宜之感。风格上的一致，意义是使人感到协调和自然；术语、交互方式和操作步骤的一致具有更实质性的意义——使人能够举一反三、触类旁通地掌握对界面的操作。

2. 使用简便

人通过界面完成一次与系统的交互，所进行的操作应尽可能少。包括把按键的次数和单击鼠标的次数减到最少，甚至要减少拖动光标的距离。另一方面，界面上供用户选择的信息(如菜单的选项、图标等)也要数量适当、排列合理、意义明确，使用户容易找到正确的选择。

3. 启发性

能够启发和引导用户正确、有效地进行界面操作。界面上出现的文字、符号和图形具有准确而明朗的含义或寓意，提示信息及时而明确，总体布局和组织层次合理，加上色彩、亮度的巧妙运用，使用户能够自然而然地想到为完成自己想做的事应进行什么操作。相反，则可能给人以误导，或者使人不知所措。现在一些广泛流行的软件在这方面做得相当出色：新用户只要敢于大胆尝试，就可以在其界面的引导和启发下逐步地学会怎样使用该软件，几乎不需要事先阅读或临时查阅用户手册，甚至很少需要使用其联机帮助功能。

4. 减少重复的输入

记录用户曾经输入过的信息，特别是那些较长的字符串，当另一时间和场合需要用户提供同样的信息时，能够自动地或者通过简单的操作复用以往的输入信息，而不必人工重新输入。

5. 减少人脑记忆的负担

使人在与系统交互时不必记忆大量的操作规则和对话信息。在这方面 P. Coad 和 E. Yourdon 说过一句很精彩的话："应该是给机器编程序，而不是给人编程序"。真可谓至理名言！假如你的设计结果要让用户记住一大堆关于如何使用系统的规则、操作步骤和注意事项，进入一个新的窗口时又要记住上一个窗口上的许多信息，那么用户就像一个受系统驱使的奴仆，在系统面前必须循规蹈矩小心应答，略有不慎便动辄得咎——试问这样的系统谁会喜欢？"给机器编程序"则意味着尽可能把人脑的记忆负担交给机器去承担，使人成为机器的主人，轻松地享受善解人意的机器为他们提供的服务。

6. 容错性

对用户的误操作有容忍能力或补救措施，包括：对可能引起不良后果的操作（例如删除某些不易恢复的内容，未保存工作结果而退出），给出警告信息或请求再次确认；提供撤销(Undo)和恢复(Redo)功能，使系统方便地回到以往的某个状态，或重新进入较新的状态。对无意义的操作（例如未选中任何目标而单击鼠标）最好是不予理睬，这比指出用户的错误并让他们确认效果更好。

7. 及时反馈

对那些需要较长的系统执行时间才能完成的用户命令，不要等系统执行完毕时才给出反馈信息；因为在这段时间内用户会感到寂寞，还可能心生疑虑——怀疑自己的操作是否生效，不知是该耐心等待还是该重新操作。系统应该及时地给出反馈信息，说明工作正在进展（例如显示一个沙漏）。当需要的时间更长时，要说明工作进行了多少（例如显示已完成部分的百分比）。

还有一些其他的评价准则，如艺术性、视感、风格等，这些评价准则也正是在人机界面设计中应努力追求的目标。

9.4　人机界面 OO 设计

人机界面的设计，一般是以一种选定的界面支持系统为基础，利用它所支持的界面构造成分，设计一个可满足人机交互需求、适合使用者的人机界面设计模型。在 OOD 中要以面向对象的概念和表示法来表示界面的构造成分以及它们之间的关系。

9.4.1 界面支持系统

人机界面的开发效率与支持系统功能的强弱有密切的关系。仅在操作系统和编程语言的支持下进行图形方式的人机界面开发工作量是很大的。利用通用的图形软件包可以使开发效率有所提高,但工作量仍相当大。现今应用系统的人机界面设计,大多依赖窗口系统、GUI 或可视化编程环境等更有效的界面支持系统。

1. 窗口系统

窗口系统是控制位映像显示器与输入设备的系统软件,它所管理的资源有屏幕、窗口、像素映像、色彩表、字体、图形资源及输入设备。

窗口系统中,屏幕上可显示重叠的多个窗口,用弹出式或下拉式菜单、对话框、滚动框、图符等交互机制供用户直接操作,采用鼠标确定光标位置和各种操作。

窗口系统通常有图形库、基窗口系统、窗口管理程序、用户界面工具箱等组成层次。其中,图形库提供了实现各种图形功能的函数;基窗口系统是整个窗口系统的核心,负责资源分配、同步、与其他层的通信,以及输入事件的分发,窗口管理程序控制各个窗口的位置和状态,提供了帮助用户对各个窗口进行操纵的用户界面;用户界面工具箱提供了支持应用程序图形用户界面开发的高层工具,对开发者屏蔽了窗口系统的低层细节,使开发者能利用它所提供的工具大大简化应用系统的用户界面开发。

窗口系统既是一种开发平台,又是一种运行平台。对开发者而言,它提供了支持应用系统(特别是系统的图形用户界面部分)开发的支撑机制、库函数、应用程序接口、工具箱和供开发者使用的人机交互界面;对应用系统的用户而言,它提供了支持系统运行的环境,包括对应用系统用户界面的显示和操作的支持。

2. 图形用户界面

现在,一般把一种在窗口系统之上提供层次更高的界面支持功能,具有特定的视感和风格,支持应用系统用户界面开发的系统称作图形用户界面,即 GUI。

典型的窗口系统(如 XWindow)一般不为用户界面规定某种特定的视感及风格,而在它之上开发的 GUI 则通常要规定各自的界面视感与风格,并为应用系统的界面开发提供比一般窗口系统层次更高、功能更强的支持。

窗口系统和图形用户界面这两个要领迄今尚未形成统一、严格的定义,原因之一是各个厂商都有自己的一套术语,并对这些术语各有自己的定义,所以有时很难区分哪些系统是窗口系统,哪些系统是 GUI。

3. 可视化编程环境

目前在人机界面的开发中最受欢迎的支持是将窗口系统、GUI、可视化开发工具、编程语言和类库结合为一体的可视化编程环境。

可视化编程使编程的传统含义——书写程序的源代码这一思想发生了很大变化——程序员可以在图形用户界面上通过对一些形象、直观的图形元素进行操作来构造自己的程序，而不是直接使用形式化的编程语言。这种编程方式更符合人的思维方式，因为大多数人比较擅长形象思维而不擅长抽象的形式思维。图形用户界面的可视编程具有更显著的积极意义。形式化的语言在描述界面时，要定义各个组成部分的形状、大小、位置、彩色等时，不是那么直接，也难以在编写一般程序的同时看到它在执行时将产生的界面会具有何种实际效果。

可视化的编程则是让程序员用一些图形元素直接地在屏幕上拼凑、绘制自己所需要的界面，并根据观察到的实际效果直接地进行调整。工具将把以这种方式定义的界面转化为源程序。将来程序执行时所产生的界面，就是现在绘制的界面。可视化编程环境大大提高了人机界面的开发效率，很受开发人员欢迎。

9.4.2 界面元素

人机界面的开发是用选定的界面支持系统所能支持的界面元素来构造系统的人机界面。在设计阶段，要根据人机交互的需求分析，选择可满足交互需求的界面元素，并策划如何用这些元素构成人机界面。下面列举了在当前流行的窗口系统和 GUI 中常见的界面元素。

1. 窗口

屏幕上得以独立显示、操作的区域称为窗口。这些区域可由系统或不同应用程序使用。窗口可以打开、关闭、移动或改变大小等。

2. 对话框

用来收集用户的输入信息或向用户提供反馈的区域称作对话框。输入信息包括由用户选择 Yes 或 No 的按钮、输入文件名的文本框，或其他设置各种参数的输入框。输出包括各种提示、可选项及错误消息等。

3. 菜单

菜单是显示一组操作或命令的清单，每一菜单项可以是文字或图符。菜单可用移动光标或鼠标键来选取。有固定或活动(如弹出型或下拉型)菜单两种。

4. 滚动条

用以移动窗口区域中显示位置的指示条称为滚动条。

5. 图形

图形是系统或用户定义的对象的符号图形表示，诸如文件、文件夹、光驱等。

此外，包括各种控制板(Panel)、剪贴板(Clipboard)、光标按钮等元素。但是各种窗口系统、GUI 和可视化编程环境所支持的界面元素并不完全相同。对应的界面元素的具体功能也有或多或少的差异。

9.4.3 设计过程与策略

面向对象的人机界面设计是在人机交互需求分析的基础上，以选定的界面支持系统为背景，选择实现人机交互所需的界面元素来构造人机界面，并用面向对象的概念和表示法来表示这些界面元素以及它们之间的关系，从而形成整个系统的 OOD 模型的人机交互部分。这一节介绍其设计过程与策略。

1. 选择和掌握界面支持系统

选择什么软件作为实现人机界面的支持系统，是在人机界面设计中需要首先明确的问题，主要考虑以下因素。

1）硬件、操作系统及编程语言

多数窗口系统是针对特定硬件的；GUI 一般基于特定的硬件和操作系统，甚至与操作系统结合为一体。可视化编程环境不但与硬件及操作系统有关，而且与特定的编程语言结合为一体。选择何种硬件、操作系统及编程语言是整个系统的问题。

2）界面实现的支持级别

可以把软件系统对人机界面实现的支持程度分为以下 5 个级别。

(1) 0 级——操作系统和一般编程语言：除此之外没有任何其他支持，人机界面的一切编程工作几乎全部由开发者在很低的层次上完成。

(2) 1 级——图形软件包：可以调用图形软件提供的函数实现界面上的一些图形元素。

(3) 2 级——窗口系统：提供了支持人机界面开发的支撑机制，例如库函数、工具箱、API 等。

(4) 3 级——GUI：为实现具有特定的风格和视感的图形用户界面提供了更强的支持。

(5) 4 级——可视化编程环境：使开发者可以采用"所见即所得"的方式构造自己的用户界面。选用的界面支持系统的级别越高，开发时的编程工作量就越少，但创造自己的界面风格和视感的余地也越少。一般应用系统的开发适合选择级别较高的支持系统，系统软件和有特殊要求的应用系统可能要选择级别较低的支持。

3）界面风格与视感

要考虑用户适合何种风格和视感的人机界面，对大部分用户而言，选择当前流行的窗口系统、GUI 或可视化编程环境是适宜的，因为流行意味着用户更容易接受，更容易学习和掌握。

此外，是开发者更熟悉哪种系统、软件的价格等因素。选定以哪种系统作为界面支持系统之后，设计人员必须致力于学习和掌握它。要了解该系统支持哪些界面元素、每种界面元素的功能是什么、系统提供了哪些工具、类库或函数库中提供了哪些类或函数、系统提供了何种机制等。只有把这些问题都搞清楚，才能充分利用系统所提供的功能高效地完成设计，并且使自己的设计能够高效地实现。

对面向对象的界面设计而言，现在大部分 GUI 和可视化编程环境都提供了内容很丰富的类库，其中用于定义界面元素的对象类占有很大的比例。大部分常用的界面元素都已经在类库中定义了相应的对象类。许多界面对象都不必靠设计人员自己去定义和实现，而是直接复用或者通过继承复用类库中的类。在这种条件下，设计和实现工作可以大为减轻。

2. 根据人机交互需求选择界面元素

对设计者而言，开发过程的前端是对人机交互的需求分析结果，后端是界面支持系统所提供的界面元素，他们的任务是建立需求和实现之间的桥梁，应重点考虑以下问题。

1）系统的启动

有些系统可以由一条最高层的命令启动，分布式系统和所含的子系统功能较为独立的系统可以由多条最高层命令分别启动。后一种情况可分别设计多主界面。界面支持系统可能提供了多种可以充当界面的元素。

主界面的启动，意味着整个系统的启动。它的建立是对人机交互需求所识别的最高层命令的实现。

2）基本命令的执行

在基本命令以上的高层命令的执行只是在人机界面上逐步把用户引向基本命令，而基本命令的执行则需要从界面对象把消息发送给实现命令功能的其他对象。设计者需要了解，选中了代表基本命令的界面元素将产生什么消息，并指出由哪个对象服务来处理该消息。

3）高层命令组织结构的实现

高层命令组织结构是通过界面元素的构造层次体现的。策略是：对照人机交互需求分析所识别的高层命令组织结构，从最高层命令及其对应的主窗口开始，逐层选择可以输入本层命令并且可以作为上一层界面元素组成部分的界面元素。一层一层地向下进行，直到每一条基本命令得以落实。也可以选用其他界面元素来组织命令的层次结构。

4）详细交互过程的输入与输出

在基本命令的每个命令步上进行的输入与输出都要选择适当的界面元素来完成。一般不需要针对每一条输入和输出决定采用何种界面元素来实现。在很多情况下应把输入和输出结合起来考虑。

一条基本命令内部的输入与输出是在实现该命令的系统成分驱动下进行的，界面元素接收其请求并完成输入与输出。在很多情况下，所选用的界面元素可以被多处、多次输入与输出共享。

5）异常命令的输入

异常命令是在随机发生的事件打断系统正常运行的情况下所输入的命令。多数界面支持系统都提供了支持异常命令输入的界面元素。

3. 用OO概念表示界面元素

在选定了界面支持系统，并且明确了要用它提供的哪些界面元素构成人机界面之后，剩下的工作就是用面向对象的概念及表示法来表示这些界面元素、它们的特征以及它们之间的关系，以形成设计文档，即OOD模型的人机交互部分。以下将逐个介绍各种OO概念在界面设计中的用法。

1）对象和类

每个具体的界面元素都是一个对象。每一组具有相同特征的界面元素用一个对象类来定义；且这种对象类创造的每一个对象实例就是一个可在人机界面上显示的界面元素。在级别较高的界面支持（如GUI和可视化编程环境）中，大部分常用的界面元素，如窗口、菜单、对话框、图符、滚动条、按钮等，都已经在类库中提供了相应的对象类。在这种条件下，设计文档时可以直接地复用这些类。其表示法是在类符号的名字栏中给出类名（注意要与类库中的名称相同），并注明“《复用》”的字样，属性和服务都不必填写，如图9-2所示。这种表示法表明该类可以直接从类库中复用，在设计和实现中都不必自己定义它的属性与服务。

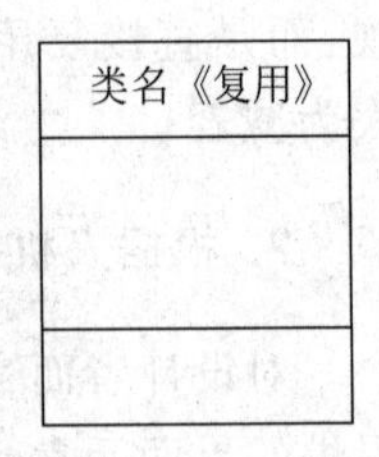

图9-2　从类库中复用

除了用对象类表示各种界面元素之外，还可能需要设计一些对各类界面对象进行管理、控制，提供消息或低层服务的对象类。有些界面支持系统的类库中可能已经提供了这样的类，可以在设计和实现中复用；有些系统可能提供了相应的机制，可以不必做显式的定义而自动地获得其支持；有些系统可能未提供任何支持，需要在应用系统中设计并实现这些类。

2）属性与服务

界面对象的属性用于描述界面元素的各种静态特征，例如位置、尺寸、颜色、分辨率、立体效果等物理特征，以及状态、内容（例如菜单的选项）等逻辑特征。属性也用于表示一个界面对象所含的部分对象，或者与它相关联的其他对象。界面对象的服务表示界面元素的行为，即它的各项操作。

在界面支持系统所提供的可复用类中已经定义的属性和服务，都不必再去定义。自己定义的类，包括在继承的基础上自己定义的特殊类，都要给出其属性与服务。

3）整体—部分结构

整体—部分结构在人机界面设计中的应用是十分广泛的。一方面，在图形结构上具有构成关系的界面元素之间都需要用整体—部分结构来表示。界面支持系统可能正是为了构成一个较复杂的界面对象才提供了作为其组成部分的另外一些界面对象，但是在一个应用系统的设计中，要从具体的需求出发决定选用哪些部分对象来组成整体对象，并在设计模型中用整体—部分结构来表达这种设计决策。

识别此种整体—部分结构的策略是，分析一个较复杂的界面对象是由哪些独立部分构成的。但是要注意，未必每一种部件都要用部分对象来表示。一些特征很简单的组成部分，可能只需要一两项数据就可描述清楚，而且不带有任何操作，就不要定义成一个部分对象，而应作为整体对象的一项属性。只有需要许多数据或者需要一些操作才能描述清楚的部件，才有必要定义成一类对象，并且建立与它所在的对象之间的整体—部分关系。

另一方面，整体部分结构还可以表示某些界面对象在操作中的逻辑层次。在这种情况下，可以用整体—部分结构来表示这组界面对象之间的关系。

识别这种整体—部分结构的策略是，参照命令的组织层次来定义实现这些命令输入的界面之间的整体—部分关系。但是要注意以下两点：一点是从实际需要出发。建立这种整体—部分结构，主要目的不是为了表现命令之间的层次关系，而是为了一种很实际的目的：当一个界面对象在处理本层的命令之后，必须知道下一层命令应该由哪个界面对象处理时，才有必要建立这两类对象之间的整体—部分结构。如果由于某些原因使处理上、下两层命令的界面对象之间不必保持这种联系信息，就不要建立二者之间的这种结构关系。二是整体一部分结构和实例连接之间的区别。

4）一般—特殊结构

在人机界面的设计中常常要用一般—特殊结构表示较一般的界面类和较特殊的界面类之间的关系，使后者能够继承前者的属性与服务，从而减少开发工作的强度。

如果选定的界面支持系统带有一个界面类库，那么在应用系统的人机界面设计中便可复用其中的许多类。但是类库中的类通常是按照大多数应用系统的共同需求来定义的，本系统所需的某些较具体的属性和服务可能未曾定义。在这种情况下复用这些类的办法是，把它们引入本系统作为一般类，通过继承定义本系统所需的特殊类。一般—特殊结构的这种用法在人机界面的设计中是很常见的，而且非常有效。须知，界面对象类的开发是一项相当繁重的工作。通过建立这样的结构，可以继承可复用类已定义的大量信息，再补充少量的属性和服务，事情就容易多了。

对于全部在本系统定义的一组界面对象类，如果从概念上以及从所含的属性与服务来看彼此之间存在着一般—特殊关系，那么显然也应该建立相应的一般—特殊结构，以便通过继承简化开发工作。一般—特殊结构的这种使用方式很普通，不必再多加介绍。

顺便要提及的是，各种界面支持系统的类库通常也是采用一般—特殊结构来组织类库中的界面对象类。应用系统如果复用其中一个类，则这个类需要在它所有的一般类的支持下才能呈现完整的功能。设计人员为了准确地了解类库中一个类的作用，可能要按照库中的一般—特殊结构去查阅在它的继承路径中各个层次上的一般类。但是在应用系统的OOD模型中只需指出在本系统中被直接用来创建对象，或者被直接继承，以定义特殊类的较下层的可复用类。在相应的系统支持机制下，类库中的高层一般类将起到一种隐式的、幕后的支持作用。

5）关联

如果两类对象之间存在着一种静态联系，即一个类的界面对象需要知道它与另一个类的哪个(或哪些)界面对象相联系，而且难以区分谁是整体、谁是部分，则应该用关联表示它们之间的这种关系。

6）消息连接

在人机界面的运行中，消息是大量存在的，下面首先从输入和输出两个方面讨论消息的产生与传输情况。

(1) 从命令输入到命令处理。

从用户向系统输入命令到系统对命令进行处理，产生消息的源头是输入设备上发生的事件。界面支持系统可能提供一种接收这些输入事件并向有关的界面对象分发消息的机制，并用对象加以表示。输入事件产生的原始消息被分配到相应的界面对象后，就有了具体的语义。

包括两种情况：一种是对界面元素本身的操作，与系统功能无关；另一种是向应用系统输入的一条命令。这里主要讨论后一种情况。如果这条命令是高层命令，那么当前的界面对象还要向其他界面对象发送消息，使它们活动起来，以便接收下一层的命令输入。如果所接收的命令是一条基本命令，即使用某项具体系统功能的命令，当前的界面对象也要向实际处理这条命令的功能对象发送消息。功能对象中要有一个服务来完成基本命令所要求的功能。如果这条基本命令内部包含若干命令步，则功能对象还需要通过消息启动另外一些界面对象，以接收每个命令步中的输入。

根据上面的讨论，从命令输入到命令处理所发生的消息有以下4种情况。

① 从输入设备和事件/消息分发机制向界面对象传送一个代表输入事件的消息。

② 界面对象之间的消息传递。一般是接收高层命令的界面对象向接收下一层命令的界面对象发送消息。

③ 从接收基本命令或命令步的界面对象向进行命令处理的功能对象发消息，目的是要求后者完成命令(或命令步)所规定的功能。

④ 从功能对象向界面对象发消息，目的是启动一个界面对象，以输出提示信息并接收命令步输入。

(2) 系统向用户输出信息。

系统在执行其功能时，将根据人机交互的要求向用户输出各种信息，包括对命令的处理结果，对下一次输入的提示，对输入操作的反馈信息和异常情况下的输出等。此时，功能对象将通过消息把输出信息传送给一个界面对象。这个界面对象将把输出信息在输出设备上显示出来，接收下一次输入可能同时由这个界面对象承担，也可能由其他界面对象承担。

总之，与输出有关的消息包括功能对象向界面对象发送的消息和一个界面对象向另一个界面对象发送的消息两种情况，其中的界面对象可能只负责输入，也可能既负责输入也负责输出。

以上讨论的与输入和输出有关的各种消息，都要在OOD模型中用消息连接表示出来，并且要在消息两端的类描述模板中做相应的说明。

9.5 可视化编程环境下的人机界面设计

当前广泛流行并深受开发人员欢迎的可视化编程环境给人机界面的开发带来了巨大的变化，也对人机界面的面向对象设计提出了挑战性的问题。

9.5.1 问题的提出

在可视化编程环境中，应用系统开发者可以通过环境界面上的操作，以“所见即所得”的方式定制自己所需的人机界面。如此定义的界面对象将由环境所提供的工具自动地转换为应用系统的源代码。在这种条件下，人机界面的实现已经不是传统意义上的“编程”，不需要程序员去逐行逐句地编写每个对象类以及它的每个属性与服务。

下面首先讨论在可视化编程环境中人机界面的开发还要不要经历从设计到实现的过程，然后对OOD方法中关于人机界面的设计策略给出一些顺应当前技术发展的建议。

9.5.2 设计的必要性

在可视化编程环境的支持下，人机界面的实现变得简单了，不再要大量的手工编程。可是从另一方面讲，如果没有设计，用可视化编程环境进行界面开发的人员凭什么去定制各种界面对象？对这些问题的回答是：在可视化编程环境下，人机界面的开发仍然需要设计，但是设计策略应该改进，设计文档能够简化。

1. 为什么仍然需要设计

在软件工程中，设计是软件实现之前的一个必要阶段。它的必要性主要体现在以下三个方面，实现手段的进步并未使这些理由发生根本动摇。

(1) 设计的主要目的是为实现提供依据，提供一份可实施的蓝图，即设计文档，然后让程序员根据设计文档去开发系统的源程序。一个很简单的程序，可以一边思考，一边编写。但是一个复杂的软件系统则必须在实现之前进行完整的分析和设计。无数软件工程的文献对此已做了详尽的论述。虽然数十年来编程技术在不断地进步，包括编程语言的改进、人机交互技术的提高、CASE工具的出现等，但是这一切只是意味着编程效率的提高。在编程之前需要设计，这一事实并未改变。可视化编程环境的出现也只是使程序的实现方式从完全靠手工编码发展到可视化编程和部分程序的自动生成。这也只是实现效率的提高，而不意味着在实现之前不需要设计。

如果不做设计就开始可视化开发，就很难得到一个整体效果良好、结构合理的人机界面，甚至可能隐藏一些逻辑上的错误。

(2) 与实现相比，设计是一种抽象层次较高的开发活动。设计人员不需要考虑太多的实现细节，因此可以保持比较开阔的视野，以主要精力解决一些范围较大的问题，从宏观上考虑各种系统成分之间的关系及系统布局。在可视化的界面开发中，操作者的主要精力放在每个界面对象的构造上，对一些宏观的问题则往往难以顾及。所以按照软件工程的常规做法，设计和实现通常是由不同层次和不同技术特长的人员分别担任的。这种分工使设计人员和实现人员分别承担不同的责任，关注不同层次的问题，有利于保证工程的质量，也使人才资源的使用趋于合理。

(3) 设计的另一个目的是降低失败的风险。任何一项工程，如果不经过精心设计就开始施工，那么一旦出了问题，就将付出很大的代价。软件项目中的编程，一旦需要返工，尽管不像其他项目那样造成原材料的损失，但是也要造成人力的浪费和延误交付所带来的损失。通过分析和设计，以及各个阶段的复审和评估，可以降低这种风险。可视化编程环境使人机界面的实现变得快捷，发现问题时重新开发一遍也不太费力。这似乎使失败的风险变得不那么严重了，但是即使重新做一遍也难以保证有根本性的改进，仍可能产生许多新的错误。

2. 为什么要改进设计策略和简化设计文档

在可视化编程环境下进行人机界面的开发，不但实现效率大为提高，设计阶段的工作也可得到显著改进。

主要原因是以下两点。

(1) 界面对象的各种物理属性是一种反映其外观形象的特征信息，由实现人员以所见即所得的方式直接地定制这些特征效果最好，效率也最高。相反，若由设计人员去凭空构想，通过对象的属性把这些特征描述出来，然后再由实现者去实现，则很难达到理想的效果，而且效率很低。所以，对于可视化编程环境下的界面开发需要有新的设计策略。这种策略应使设计人员只注意界面对象的逻辑特征，对它们的物理特征则统统忽略，留给实现人员去做决定。

（2）可视化编程环境一般都带有内容很丰富的界面类库。类库中对大部分常用的界面对象都给出了类的源代码。充分地复用这些类是提高开发效率的关键。这要求OOD方法能够表示对这些类的复用。表示法应该足够简单，使设计文档中不必包含那些已经由类库中的类定义的内部细节；另一方面，对这些类和其他类之间关系的表达也应该足够清晰。

所以，可视化编程环境下的人机界面开发仍然需要设计，但是设计策略应该做到相应的改进。这种改进将在很大程度上简化设计文档，并使设计效率得到很大提高。

9.5.3 基于可视化编程环境的设计策略

当采用可视化编程环境作为界面支持系统时，人机界面的设计可以比采用一般的窗口系统GUI简单很多。设计者获益于可视化编程环境及其类库，降低了设计的工程强度，简化了设计文档。但是他们首先要付出一定的努力去学习所依赖的环境和类库，并在设计中把复用类库中提供的类作为基本出发点。

1. 根据人机交互需求选择界面元素

这项工作在可视化编程环境所能支持的界面元素中进行选择。必要时，设计者应该在环境中实际操作和演示一下考虑中的各种界面元素，以决定哪些元素最适合本系统的人机交互。

2. 学习可视化编程环境及其类库

尽管软件设计人员的分工并不是负责系统实现，但是为了自己的设计与环境的实际情况相吻合，他们也必须学习和了解实现其设计的语言、类库、编程环境等软件。在人机界面的设计中，对可视化编程环境及其类库的学习尤为重要。因为不同的编程环境和类库所支持的界面对象各不相同，设计者必须根据这些具体特点来进行设计，才能使设计与实现很好地衔接。

需要学习和掌握的重点如下。

（1）该环境对各种界面对象所采用的术语及其含义。

（2）各个类所创建的界面对象的外观，以及它们适合人机交互中何种输入与输出。

（3）类库中提供了哪些界面对象类以及这些类的正式名称。

（4）各个类界面对象所能接收的界面操作事件如何与处理该事件的程序衔接。

（5）比较复杂的界面对象，可以包容其他哪些界面对象而形成组合对象。

（6）各个类之间的继承层次。

（7）必要时进一步了解各个界面对象类的属性与服务细节。

初次学习一种可视化编程环境，可能要付出不少努力；但这是必要的，并且今后在同样的环境下进行设计时将继续受益。

3. 建立类图

如果界面的实现将在可视化编程环境下进行，那么设计阶段的许多工作将可以得到简化。这里对设计策略的介绍，主要针对它与一般条件下设计策略的不同点，着重指出哪些工作是需要做的，哪些工作是不必做的。

1）类的复用

每当要建立类图中一个界面对象类时，应该首先想到使用环境所提供的可复用类。这些类通常能够满足应用系统的大部分人机交互需求。充分地复用这些类将大大地简化界面的设计和实现。所以，除非所需要的界面对象功能或风格很特殊，类库没有提供相应的支持，否则都要首先想到复用已有的类。

类库提供的可复用类是针对一般情况的，应用系统在复用这些类时通常要在环境支持下进行定制。所谓“定制”有两种含义，一种是对可复用类的定义进行扩充。另一种含义是将可复用类的某些参数具体化。前一种情况是通过对可复用类的继承，定义了本系统中的一个新类；后一种情况是直接复用类库中的类。

类库中提供的界面对象类通常都比较复杂，有许多属性和服务。另外，在类库中往往有很多层被它继承的一般类。在应用系统的类图中全部表示这些信息既是一项沉重的负担，又将使类图变得很庞大。而且这样做意义不大，因为这些信息都是现成的，不需要在应用系统中实现。所以给出这样一种简略的表示法——不填写被复用类的属性和服务，也不画出比它层次更高的一般类。这种策略可以明显地简化OOD文档，并且使设计者将主要精力用于解决本系统的问题。

2）属性上着重表示逻辑特征

通过继承可复用类而定义的新类是对可复用类的特化。通过属性体现的特化包括两种情况：一是对继承来的属性设置不同的初始值，二是在新类中增添新的属性。设计阶段不必关心描述界面对象物理特征的属性，应该把主要精力置于定义那些描述界面对象逻辑特征的属性，特别是那些表现命令的组织结构、界面元素之间组成关系和关联的属性。

3）服务应显式地表示从高层类继承的服务

对于被复用的类采用前面所述的简略表示法可以明显地简化OOD文档，但是也带来一个问题：在本系统的OOD类图中看不到新定义的类继承了哪些属性和服务。解决这一问题的补充策略是：在本系统定义的特殊类库中的类继承的，将是在本系统中被使用的服务。

需要指出的是，界面类库通常是比较复杂的，各个层次上的类都定义了不少属性和服务，都被应用系统定义的特殊类所继承。但是其中一些属性和服务被继承之后并不真正被使用。另有许多属性和服务是由编程环境自动使用的，应用开发者不必关心。只有在手工产生的程序代码中需要使用的那些服务，才是设计人员和实现人员必须了解的。继承来的属性一般不需要关注。

4）整体—部分结构——表现界面的组织结构和命令层次

通过整体—部分结构表现界面对象之间的组成关系和人机交互命令的层次关系，这里要补充说明的是以下几点。

(1) 在简单情况下可以隐式地表示部分对象。

如果一个整体对象的部分对象具有以下的简单性，则可以简化设计表示。

① 这种界面对象在本系统中总是依附于整体对象而存在，系统中不会单独地创建这样一个独立存在的对象实例。

② 该对象没有表示逻辑特征的属性，或者只有一个。

③ 该对象无论从物理上还是从逻辑上都不再包含级别更低的部分对象。

④ 不需要由程序员通过手工编程实现该对象与其他对象之间的消息。

当部分对象全部符合以上 4 个条件时，整体—部分结构的表示法可以简化，即类图中不画出部分对象的类，只是在整体对象中通过一个属性表示整体对象拥有这样一个部分对象，用这个部分对象的类名作为该属性的类型，并在类描述模板的属性说明中加以说明。当类图很庞大时，采用这种策略可以使之简化。但是这种策略多少失去了一些直观性。在类图不很庞大时还是显式地画出部分对象类为好。

(2) 区分对象的普通属性和它的部分对象。

当一个界面对象带有内部组织结构时，可视化编程环境对不同的情况有不同的定义方式。有些组成部分被作为对象的一个普通属性，有些组成部分则被作为一个部分对象。区分两种情况的依据是，环境类库有没有对这种组成部分给出相应的类定义。在OOD 中，只对后一种情况建立整体—部分结构，前一种情况则只用属性表示，不要建立整体—部分结构。

5) 一般—特殊结构——多从可复用类直接继承

如果一个应用系统中使用的两个或两个以上界面对象有许多共同特征，按照通常的设计策略是运用一般—特殊结构，在一般类中定义共同拥有的属性和服务，特殊类继承一般类，从而简化设计和实现。

6) 关联——注意命名规律

在可视化编程环境下，需要注意：在环境支持下实现的界面对象，环境将为其分配一个默认的对象标识。虽然这个默认的对象允许操作者修改，但是它的初始名称反映了环境的命名规律。设计者了解这些规律，尽可能采用与环境一致的命名，将有助于实现人员的理解。关联一端的对象标识将作为另一端对象的一个属性出现。

7) 消息连接——忽略自动实现的消息

界面类库中的每个类都定义了许多服务，每个服务对应着一种消息。应用系统在这些类的基础上定制的类能提供的服务也很多。但是其中有大量的消息是在可视化编程环境支持下自动实现的。特别是处理界面对象常规操作的消息。处理这些操作的消息是可视化编程环境生成应用程序代码时自动实现的。

这些消息不需要程序员通过手工编程去实现，因此设计类图时可以忽略对这些消息的表示。实际上，如果要在类图中全部表示这些消息，则势必使类图变得很复杂，而且没有什么实际意义。设计者需要关注并且要在类图和类描述模板中表达的，是那些必须由程序员通过手工编程来实现的消息，包括以下几种情况。

(1) 从要求在人机界面上进行输入或输出的功能对象向提供这种输入或输出服务的界面对象发送的消息。

(2) 由接收界面操作事件的界面对象，通过它的一个服务向对该事件进行实际处理的功能对象发送的消息。

此外，如果所用的可视化编程环境自动化程序较低，那么凡是需要通过手工编程来实现的消息，都要在设计中加以表示。

表示方式和通常的做法一样，在类图中画出消息发送者与接收者之间的消息连接符号，并在发送者一端的类描述模板中进行相应的说明。

9.6 人机界面设计实验

9.6.1 实验问题域概述

用户需求见1.5节。

9.6.2 实验9

1. 实验目的

(1) 熟悉面向对象的应用系统中人机界面的设计方法。

(2) 掌握人机界面的设计准则,理解人机界面的面向对象设计。

(3) 进一步练习如何在人机界面设计准则指导下,设计图书馆管理系统中要用的人机界面,学习可视化环境下的人机界面设计。

(4) 学习人机界面设计。

2. 实验环境

(1) 计算机一台,互联网环境。

(2) 界面设计工具、文字编辑等工具软件。

3. 实验内容

根据图书管理系统用户描述,在人机界面的设计准则下,尽量满足用户提出的界面要求。参照系统总体结构、物理结构、数据库结构,设计图书馆管理系统的人机界面。

4. 实验步骤

(1) 准备好实验环境的机器(计算机)和互联网。

(2) 在机器上安装必要的软件平台(数据库系统、语言、绘图、文字编辑等)。

(3) 熟练掌握人机界面开发应用工具。

(4) 认真阅读题目,理解用户需求。在人机界面设计准则的指导下,尽量满足用户提出的界面要求。参照系统总体结构、物理结构、数据库结构,设计图书馆管理系统的人机界面。

(5) 对所得图书馆系统的人机界面设计结果征求用户意见、调整。

(6) 用安装的数据库系统和面向对象语言系统(C++)对系统进行模拟,对调人机界面。

(7) 结束。

5. 实验报告要求

(1) 整理实验结果。

(2) 分析实验结果。阐述图书管理系统中人机界面设计的分析与设计过程,对界面效果进行评价。

(3) 小结实验心得体会。

小　　结

本章主要是从软件的角度讲授人机界面的设计问题。首先介绍与人机界面有关的分析问题，以及人机界面设计的一般准则，然后介绍如何运用面向对象的概念和表示进行人机界面的设计。

综合练习

一、填空题

1. 在进行人机交互部分设计之前，需要首先对该部分的需求进行分析，包括________、________。

2. 对使用系统的人进行分析，需要进行以下工作：________、________、________、________、________。

3. 人机交互过程中的输出信息可根据其作用分为三种类型：________、________、________。

4. 人机界面的设计准则：________、________、________、________、________、________、________。

二、选择题

1. 人机交互的细化中输入的细化不包括(　　)。

A. 输入设备的选择　　B. 输入步骤的细化

C. 输入信息表现形式的选择　　D. 输出信息表现形式的选择

2. 人机交互的细化中输出的细化包括(　　)。

A. 输出设备的选择　　B. 输入步骤的细化

C. 输入信息表现形式的选择　　D. 输入设备的选择

三、简答题

1. 窗口系统的定义是什么？它所管理的资源有哪些？

2. 列举从命令输入到命令处理所发生的消息有哪 4 种情况。

习题参考答案

第1章

一、填空题

1. 服务
2. 封装
3. 消息　对象标识　输入信息

二、选择题

1. AC
2. C
3. AD

三、简答题(略)

第2章

一、填空题

1. 逻辑部分　符号部分
2. 动态模型
3. 状态转换图

二、选择题

1. D
2. ABCDE
3. C

三、简答题(略)

第3章

一、填空题

1. 对象是对问题域中某个实体的抽象,这种抽象反映了系统保存有关这个实体的信息或与它交互的能力

类是对具有相同属性和行为的一个或多个对象的描述

2. 前者是后者的实例,后者是前者的定义模板
3. 主动对象是至少有一个服务不需要接收消息就能主动执行的对象

4. 阅读有关文档　与用户交流　进行实地调查　记录所得认识　整理相关资料

二、选择题

1. D

2. C

三、简答题

1.

一般对象类,如附图 A-1 所示。

主动对象类,如附图 A-2 所示。

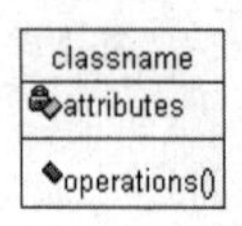

附图 A-1　一般对象类

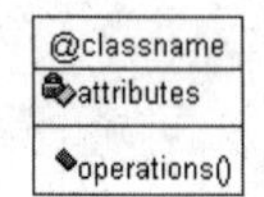

附图 A-2　主动对象类

2. 包括:认真听取问题域专家的见解;亲临现场,通过直接观察掌握第一手材料;阅读领域相关资料;借鉴他人经验。

3. 略。

第 4 章

一、填空题

1. 属性是描述对象静态特征的一个数据项

服务是描述对象动态特征(行为)的一个操作序列

2. 类属性是描述类的所有对象的共同特征的一个数据项,对于任何对象实例,它的属性值都是相同的

3. 属性的说明　属性的数据类型　属性所体现的关系　实现要求及其他

二、选择题

1. A

2. D

三、简答题

1. 主动服务是不需要接收消息就能主动执行的服务,它在程序实现中是一个主动的程序成分,例如用于定义进程或线程的程序单位。被动服务是只有接收到消息才执行的服务,它在编程实现中是一个被动的程序成分,例如函数、过程、例程等。

2.

(1) 从常理判断这个对象应该具有哪些属性。

(2) 根据当前问题域分析这个对象应该有哪些属性。

(3) 从系统责任要求的角度分析这个对象应具有哪些属性。

(4) 建立这个对象涉及系统中所需的哪些信息,包括要保存和管理的信息。

(5) 对象有哪些需要区别的状态,是否需增加一个属性来区别这些状态。

(6) 对象为了在服务中实现其功能,需要增设哪些属性。

(7) 表示整体—部分结构和实例连接需要用什么属性。

3. 状态转换图如附图 A-3 所示。

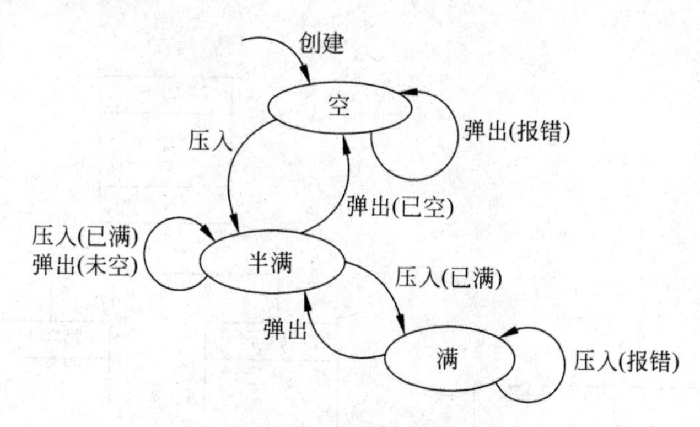

附图 A-3　状态转换图

第 5 章

一、填空题

1. 继承关系 整体—部分关系 对象之间的静态联系 对象之间的动态联系

2. 如果类 A 具有类 B 的全部属性和全部服务，而且具有自己特有的某些属性或服务，则 B 是 A 的一般类。

二、选择题

1. C

2. D

三、简答题

1. 如果对象 a 是对象 b 的一个组成部分，则 b 为 a 的整体对象，a 为 b 的部分对象。并把 b 和 a 之间的关系称作整体—部分关系。

2. 其图示如附图 A-4 所示。

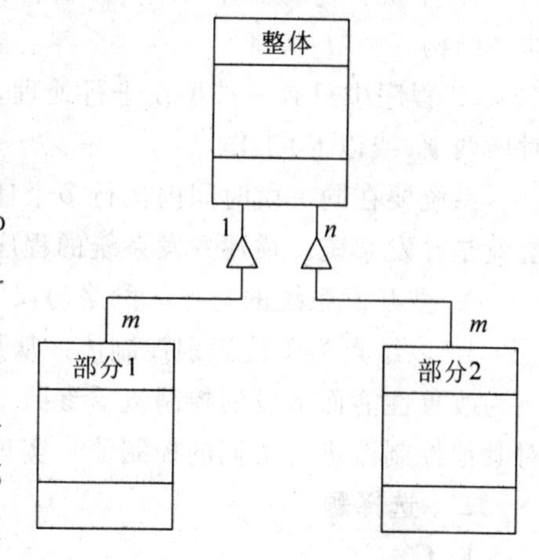

附图 A-4　整体—部分关系

3. 一种情况是在两个或更多的对象类中都有一组属性和服务描述这些对象的一个相同的组成部分；另一种情况是系统中已经定义了某类对象，在定义其他对象时，发现其中一组属性和服务与这个已定义的对象是相同的。

4. 关系图如附图 A-5 所示。

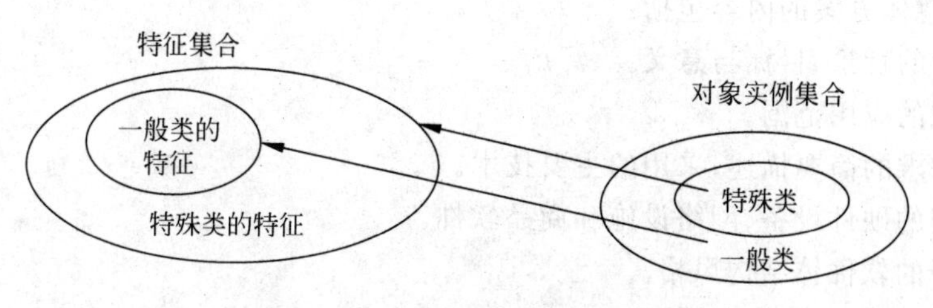

附图 A-5　一般类和特殊类的关系图

5. 附图 A-6(a)是一般—特殊结构连接符,从圆弧引出的连线连接到一般类,从直线分出的连线连接到每个特殊类。附图 A-6(b)是一个完整的一般—特殊结构,它包括结构中的每个类。

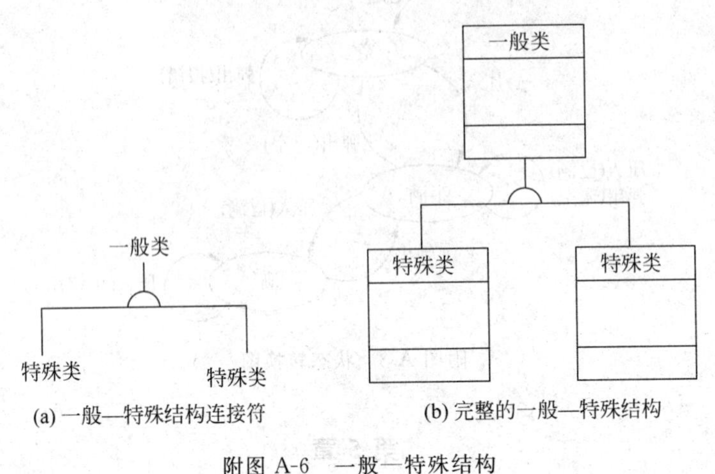

(a) 一般—特殊结构连接符　(b) 完整的一般—特殊结构

附图 A-6　一般—特殊结构

第 6 章

一、填空题

1. 主机+仿真端体系结构　文件共享体系结构　客户-服务器体系结构　浏览-服务器体系结构

2. 程序中只有一件事在进行处理,即使程序中包括多项工作,也不会在一个时间段同时做两项(或以上)工作

系统要在同一段时间内执行多个任务,而这些任务之间又没有确定的时间关系,这种系统就是并发系统。描述并发系统的程序叫作并发程序

3. 被开发系统的特点　网络协议　可用的软件产品　成本及其他

4. 以结点为单位识别控制流　从用户需求出发认识控制流　从 Use Case 认识控制流　为改善性能而增设的控制流　参照 OOA 模型中的主动对象　实现并行计算的控制流　对其他控制流进行协调的控制流　实现结点之间通信的控制流

二、选择题

1. C

2. D

三、简答题

1. 系统总体方案的内容包括:

(1) 项目的背景、目标与意义。

(2) 系统的应用范围。

(3) 对需求的简要描述,采用的主要技术。

(4) 使用的硬件设备、网络设施和商品软件。

(5) 选择的软件体结构风格。

(6) 规划中的网络拓扑结构。

(7) 子系统划分。

(8) 系统分布方案。

(9) 经费预算、工期估计、风险分析。

(10) 售后服务措施,对用户的培训计划。

2. 以下是几种典型的软件体系结构风格。

(1) 管道与过滤器风格。

(2) 客户-服务器风格。

(3) 面向对象风格。

(4) 隐式调用风格。

(5) 仓库风格。

(6) 进程控制风格。

(7) 解释器模型。

(8) 黑板风格。

(9) 层次风格。

(10) 数据抽象风格。

3.

(1) 在一个表示进程的主动对象中,有且仅有一个表示进程的主动服务。

(2) 如果要把一个进程和隶属于它的线程分散到不同的对象中去表示,则尽可能使每个对象中只含有一个表示线程的服务。

(3) 如果要把进程和隶属于它的线程放在一个对象中表示,就应该把这个进程的全部线程都放在同一个对象中,避免一部分集中,一部分分散。

第7章

一、填空题

1. 对象设计

2. 显式　隐式

3. 牺牲可读性　易于修改

二、选择题

1. ABCD

2. C

3. C

三、简答题(略)

第8章

一、填空题

1. 流式结构　记录式结构

2. 面向对象数据管理系统

3. 面向对象设计

二、选择题

1. D

2. D

3. D

三、简答题(略)

第9章

一、填空题

1. 对使用系统的人进行分析　对人和机器的交互过程进行分析

2. 列举所有的人员活动者　区分人员类型　调查研究　估算各类人员的比例　了解使用者的主观需求

3. 对输入命令的反馈　对当前命令处理结果的报告　对下一步可输入命令的提示

4. 一致性　使用简便　启发性　减少重复的输入　减少人脑记忆的负担　容错性　及时反馈

二、选择题

1. D

2. A

三、简答题

1. 窗口系统是控制位映像显示器与输入设备的系统软件,它所管理的资源有屏幕、窗口、像素、映像、色彩表、字体、图形资源和输入设备。

2.

(1) 从输入设备和事件/消息分发机制向界面对象传送一个代表输入事件的消息。

(2) 界面对象之间的消息传递。一般是接收高层命令的界面对象向接收下一层命令的界面对象发送消息。

(3) 从接收基本命令或命令步的界面对象向进行命令处理的功能对象发消息,目的是要求后者完成命令(或命令步)所规定的功能。

(4) 从功能对象向界面对象发消息,目的是启动一个界面对象,以输出提示信息并接收命令步输入。

参考文献

[1] 李代平,等. 软件体系结构教程. 北京:清华大学出版社,2008.
[2] 李代平,等. 软件工程习题与解答. 北京:清华大学出版社,2007.
[3] 李代平,等. 软件工程设计案例教程. 北京:清华大学出版社,2008.
[4] 李代平. 软件工程.2 版. 北京:清华大学出版社,2008.
[5] 李代平,等. 软件工程分析案例. 北京:清华大学出版社,2008.
[6] 李代平,等. 软件工程综合案例. 北京:清华大学出版社,2009.
[7] 李代平,等. 系统分析与设计. 北京:清华大学出版社,2009.
[8] 李代平. 信息系统分析与设计. 北京:冶金工业出版社,2006.
[9] 李代平. 面向对象分析与设计. 北京:冶金工业出版社,2005.
[10] 李代平. 软件工程. 北京:冶金工业出版社,2002.
[11] 李代平,等. 数据库应用开发. 北京:冶金工业出版社,2002.
[12] 李代平,等. SQL 组建管理与维护. 北京:地质出版社,2001.
[13] 李代平,等. SQL 开发技巧与实例. 北京:地质出版社,2001.
[14] Ian Sommerville. 软件工程. 程成,等译. 北京:机械工业出版社,2003.
[15] 齐志昌. 软件工程. 北京:高等教育出版社,2004.
[16] 杨芙清,梅宏,吕建,等. 浅论软件技术发展. 电子学报,2002,12:1901-1906.
[17] 张效祥. 计算机科学技术百科全书. 北京:清华大学出版社,1998.
[18] 王立福,张世琨. 软件工程——技术、方法和环境. 北京:北京大学出版社,1997.
[19] 杨芙清,梅宏,李克勤. 软件复用与软件构件技术. 电子学报,1999,27:68-75.
[20] 杨芙清. 软件复用及相关技术. 计算机科学,1999,26:1-4.
[21] 杨芙清. 青鸟工程现状与发展——兼论我国软件产业发展途径. 第 6 次全国软件工程学术会议论文集,软件工程进展——技术、方法和实践. 北京:清华大学出版社,1996.
[22] 杨芙清,梅宏,李克勤,等. 支持构件复用的青鸟Ⅲ型系统概述. 计算机科学,1999,5(26):50-55.
[23] 邵维忠. 面向对象的系统分析. 北京:清华大学出版社,1998.
[24] 邵维忠. 面向对象的系统设计. 北京:清华大学出版社,2003.
[25] 包晓露. UML 面向对象设计基础. 北京:人民邮电出版社,2001.
[26] 殷人昆. 实用面向对象软件工程教程. 北京:电子工业出版社,2000.
[27] 罗晓沛,侯炳辉. 系统分析员教程. 北京:清华大学出版社,2003.
[28] Li Daiping, Yu Yongquan. Algorithm on Thinking in Term of Images. Proceedings of ICISIP,2005:152-155.
[29] 李代平,罗寿文,方海翔. 一个分布式并行计算新平台. 计算机工程与设计,2005,1:24-26.
[30] 李代平,罗寿文,张信一. 网络并行任务划分策略研究. 计算机应用研究,2005,10:80-82.
[31] 李代平,罗寿文,方海翔. 网格并行计算模型研究. 计算机工程,2005,8:117-119.
[32] 李代平,罗寿文,方海翔. 分布式环境软件开发平台. 计算机工程与科学,2005,11:71-73.
[33] 李代平,张信一. 网络并行计算平台的构架. 计算机应用研究,2004,10:225-227.
[34] 李代平,罗寿文. 大型稀疏线性方程组的网络并行计算. 计算机应用研究,2004,12:134-135.
[35] 李代平,罗寿文. 网络并行程序开发平台体系结构形式化研究. 计算机工程与应用,2004,40(26):133-135.
[36] 李代平,张信一. 网络并行可视化平台架构. 计算机应用,2003,12:54-57.

[37] [美]Ivar Jacobson,Grady Booch,James Rumbaugh. The Unified Software Development Process. 周伯生,冯学民,樊东平,译.北京:机械工业出版社,2002.

[38] 孙惠民. UML设计实作宝典. 北京:中国铁道出版社,2003.

[39] [美]Carma McClure. Software Reuse Techniques: Adding Reuse to the Systems Development Process. 廖泰安,宋江志远,沈升源,译.北京:机械工业出版社,2003.

[40] [美]Eric J Braude. Software Design From Programming to Architecture. 李仁发,王肯,任小西,等译.北京:电子工业出版社,2005.

[41] 张广泉,张玲红. UML与ADL在软件体系结构建模中的应用研究. 重庆:重庆师范大学学报(自然科学版),2004,12(4):1-6.

[42] 于卫,杨万海,蔡希尧. 软件体系结构的描述方法研究. 计算机研究与发展,2000,37(10):1185-1191.

[43] [美]Christine Hofmeister,Robert Nord,Dilip Soni. Applied Software Architecture. 王千祥,等译.北京:电子工业出版社,2004.

[44] R Kazman, L Bass, G Abowd, et al. An architectural analysis case study: Internet information systems. Software Architecture workshop preceding ICSE95,Seattle,1995.

[45] Perry,DE. Software Engineering and Software Architecture. In: Feng Yu-lin,ed. Proceedings of the International Conference on Software: Theory and Practice. Beijing: Electronic Industry Press,2000.

[46] [美]Stophen T Albin. The Art of Software Architecture Design Methods and Techniques. 刘晓霞,郝玉洁,等译. 北京:机械工业出版社,2004.

[47] [美]Ivar Jacobson,Grady Booch,James Rumbaugh. The Unified Software Development Process. 周伯生,冯学民,樊东平,译.北京:机械工业出版社,2002.

[48] [美]Paul Clements,等. 软件构架评估. 影印版. 北京:清华大学出版社,2003.

[49] Garlan D. Software Architecture. Wiley Encyclopedia of software engineering,Marciniak J (Ed.). John Wiley & Sons,Ltd., 2001.

[50] C A R Hoare. Communicating Sequential Processes. Prentice Hall,1985.

[51] 张友生. 软件体系结构. 北京:清华大学出版社,2004.

[52] 梅宏,申峻嵘. 软件体系结构研究进展. 软件学报,2006,17:1257-1275.

[53] [美]Roger S Pressman. 软件工程:实践者的研究方法. 5版. 梅宏,译. 北京:机械工业出版社,2002.

[54] 胡正国. 程序设计方法学. 长沙:国防工业出版社,2002.

[55] 祝义. 基于UML和Z的软件体系结构求精方法及其应用. 学位论文,2005,4.

[56] 姜东胜. 分布式系统软件体系结构的若干问题研究. 学位论文,2000,4.

[57] 严海. 需求到软件体系结构的方法研究. 学位论文,2003.

[58] 周琼朔. 软件体系结构设计方法的研究及应用. 武汉理工大学学报,2005:102-105.

[59] 戎玫,张广泉. 软件体系结构求精方法研究. 计算机科学,2003,4.

图书资源支持

感谢您一直以来对清华版图书的支持和爱护。为了配合本书的使用，本书提供配套的资源，有需求的读者请扫描下方的“书圈”微信公众号二维码，在图书专区下载，也可以拨打电话或发送电子邮件咨询。

如果您在使用本书的过程中遇到了什么问题，或者有相关图书出版计划，也请您发邮件告诉我们，以便我们更好地为您服务。

我们的联系方式：

地　　址：北京海淀区双清路学研大厦 A 座 707

邮　　编：100084

电　　话：010－62770175－4604

资源下载：http://www.tup.com.cn

电子邮件：weijj@tup.tsinghua.edu.cn

QQ：883604(请写明您的单位和姓名)

资源下载、样书申请

书圈

用微信扫一扫右边的二维码，即可关注清华大学出版社公众号“书圈”。

图书资源支持